现代林业生态建设
与病虫害治理

主　编　王建军　王安静　卜祥梅

东北林业大学出版社
Northeast Forestry University Press
·哈尔滨·

图书在版编目（CIP）数据

现代林业生态建设与病虫害治理 /王建军，王安静，
卜祥梅主编. —哈尔滨：东北林业大学出版社，2024.1

ISBN 978-7-5674-3432-5

Ⅰ.①现… Ⅱ.①王… ②王… ③卜… Ⅲ.①林业 –
生态环境建设 – 研究 – 中国②病虫害防治 – 研究 – 中国
Ⅳ.①S718.5②S43

中国国家版本馆CIP数据核字（2024）第044583号

责任编辑：任兴华
封面设计：鲁　伟
出版发行：东北林业大学出版社
　　　　　（哈尔滨市香坊区哈平六道街 6 号　邮编：150040）
印　　装：廊坊市广阳区九洲印刷厂
开　　本：787 mm × 1 092 mm　1/16
印　　张：19
字　　数：290千字
版　　次：2024年 1 月第 1 版
印　　次：2024年 1 月第 1 次印刷
书　　号：ISBN 978-7-5674-3432-5
定　　价：68.00元

编 委 会

主　编　王建军　山西省五台山国有林管理局

　　　　王安静　梁山县林业保护和发展服务中心

　　　　卜祥梅　潍坊市临朐县寺头镇人民政府

副主编　郭尔庆　吉林省林业勘察设计研究院

　　　　郭志刚　吉林省林业勘察设计研究院

　　　　江迎春　湖北省麻城市林业局福田河林业站

　　　　刘利峰　康保县自然资源和规划局

　　　　王清珍　诸城市昌城镇农业农村办公室

　　　　王　乾　吉林省林业勘察设计研究院

　　　　王国蓉　甘肃省迭部生态建设管护中心电尕林场

　　　　张　博　吉林省林业勘察设计研究院

（以上副主编排序以姓氏首字母为序）

前　言

　　现代林业是历史发展到今天的产物，是现代科学、经济发展和生态文明建设的必然结果。现代林业是一个具有时代特征的概念，随着经济社会的不断发展，现代林业的内涵也在不断发生着变化。正确理解和认识新时期林业的基本内涵，对于指导现代林业建设的实践具有重要的意义。森林承载着人类的过去，更支撑着人类的未来。森林生态环境是人类生存的基本条件，是社会经济发展的重要基础。当今世界正面临着森林资源减少、水土流失、土地沙化、环境污染、部分生物物种濒临灭绝等系列生态危机。各种自然灾害频繁发生，严重威胁着人类的生存和社会经济的可持续发展。保护森林、发展林业、改善环境、维护生态平衡，已成为全球环境问题的主题，越来越受到社会的普遍关注。

　　我国的经济建设走的是一条科学、环保、可持续、循环发展的道路。可持续发展要求生态环境健康和稳定。林业作为生态经济的一大助力，为我国的经济建设贡献了难能可贵的力量。保证林业生态环境的健康良好发展，是促进社会可持续发展的内在要求和前提。

　　本书主要介绍了现代林业生态建设与病虫害治理，从现代林业基础介绍入手，对现代林业的发展与实践、现代林业与生态文明建设以及现代林业生态工程建设与管理进行了分析；另外对现代林业技术及创新做了一定的介绍，还对树木栽培基础及技术、树木常见病害及防治、树木常见害虫及防治、树木的养护管理进行了分析。

　　在本书写作的过程中，作者参考了许多资料以及其他学者的相关研究成果，在此表示由衷的感谢。鉴于时间较为仓促，作者水平有限，书中难免存在一些不足之处，因此恳请广大读者、专家学者指正，以便后续对本书做进一步的修改与完善。

编　者

2023 年 12 月

目 录

第一章 现代林业概论 ………………………………………………… 1

  第一节 林业及林业生产 …………………………………………… 1

  第二节 我国现代林业建设的主要任务 …………………………… 17

第二章 现代林业的发展与实践 …………………………………… 22

  第一节 气候变化与现代林业 ……………………………………… 22

  第二节 荒漠化防治与现代林业 …………………………………… 32

  第三节 森林及湿地生物多样性保护 ……………………………… 41

  第四节 现代林业的生物资源与利用 ……………………………… 50

  第五节 森林文化体系建设 ………………………………………… 63

第三章 现代林业与生态文明建设 ………………………………… 73

  第一节 现代林业与生态环境文明 ………………………………… 73

  第二节 现代林业与生态物质文明 ………………………………… 90

  第三节 现代林业与生态精神文明 ………………………………… 96

第四章 现代林业生态工程建设与管理 …………………………… 105

  第一节 现代林业生态工程的发展与建设方法 ………………… 105

  第二节 现代林业生态工程的管理机制 ………………………… 112

  第三节 现代林业生态工程建设领域的新应用 ………………… 118

  第四节 现代林业的经营管理 …………………………………… 124

第五章 现代林业技术及创新 ……………………………………… 129

  第一节 林业技术理论与实践 …………………………………… 129

  第二节 林业技术创新 …………………………………………… 148

第六章　树木栽培基础及技术 ……………………162
　　第一节　树木的生长发育规律 ……………………162
　　第二节　树木生长发育与环境 ……………………179
　　第三节　树木栽植技术 ……………………192

第七章　树木常见病害及防治 ……………………208
　　第一节　枝干病害 ……………………208
　　第二节　叶部病害 ……………………214
　　第三节　种实病害 ……………………221

第八章　树木常见害虫及防治 ……………………228
　　第一节　种子果实和苗圃害虫及防治 ……………………228
　　第二节　树木吸汁害虫及防治 ……………………233
　　第三节　树木食叶害虫及防治 ……………………245
　　第四节　树木蛀干害虫及防治 ……………………249

第九章　树木的养护管理 ……………………253
　　第一节　树木的整形修剪 ……………………253
　　第二节　树木的树体保护 ……………………266
　　第三节　树木的树洞处理 ……………………273
　　第四节　古树名木养护与管理 ……………………284

参考文献 ……………………297

第一章 现代林业概论

第一节 林业及林业生产

一、林业的内涵和特征

（一）林业的内涵

人们对林业概念的认识是一个变化的动态过程，古代林业是以开发利用原始林，取得燃料、木材及其他林产品为目的的。然而，随着可供人类直接利用的森林资源的逐渐减少，尤其是在一些森林资源利用较早、工业化较为发达的国家，森林资源形势日趋严峻，人们逐渐开始关心森林的恢复和培育方面的问题。这时林业概念多为"培育和保护森林以取得木材和其他林产品的生产事业"一类的描述。但是随着森林生态功能的显现和人们对森林生态功能需求的日益提高，林业开始更多地承担起缓解环境压力、减少水旱灾害、保护物种多样性等任务。这里介绍几个有代表性的林业的概念。

《辞海》中关于林业的定义：林业是培育和保护森林以取得木材和其他林产品，利用林木的自然特性以发挥防护作用的社会生产部门。林业包括造林、育林、护林、森林采伐和更新、木材和其他林产品的采集加工等。《中国农业大百科全书》中关于林业的定义：培育、经营、保护和开发利用森林的事业。它是提供木材和多种林产品的生产事业，又是维护陆地生态平衡的环境保护事业。

《经济与管理大辞典》中关于林业的定义分为狭义和广义两种。狭义林业是指通过造林和营林以获得木材和其他多种效益的生产部门，是广义农业的一个组成部分；广义林业除造林育林外，还包括森林采伐、木材运输、木材加工、木材综合利用等具有工业性质的生产活动。

邱俊齐在《林业经济学》一书中提出：林业是在人和生物圈中，通过先进的技术和管理手段，以培育、保护、利用森林资源，充分发挥森林多种效益，且能持续经营森林资源，促进人口、经济、社会、环境和资源协调发展的基础性产业和社会公益事业。

从不同方面及不同时期的林业概念，可以看出不同的背景、不同的林业实践以及人们认知能力的变化对林业认识的不同。

综上所述，本书把林业概念概括为：林业是指从事培育、保护、利用森林资源，充分发挥森林多种效益，且能持续经营森林资源，促进人口、经济、社会、环境和资源协调发展的基础性产业和社会公益事业。

林业的基本概念可以反映出林业生产经营的基本对象、目标，林业的基本属性以及林业的重要性。

林业的主要经营对象是森林资源。林业的核心内涵是对森林的合理经营利用和科学管理。林业生产的主要任务是科学地培育经营、管理保护、合理利用现有森林资源，有计划地植树造林，扩大森林面积，提高森林覆盖率，增加木材和其他林产品的生产，并根据林木的自然特性，发挥它在改造自然、调节气候、保持水土、涵养水源、防风固沙、保障农牧业生产、防治污染、净化空气、美化环境、缓解全球温室效应、防止荒漠化、保护生物多样性等多方面的效能和综合效益。林业生产经营活动范围涉及第一、第二、第三产业，表现出高度的综合性。林业在国民经济发展中占有举足轻重的地位。林业经营的目标是促进人口、经济、社会、环境和资源协调发展。林业不只是单纯的一项产业和生产事业，还是具有生态和经济双重意义的社会公益事业。作为公益事业它提供了改善生态环境的各项服务功能；同时作为基础产业，它提供国家经济建设和人民日常生活所必需的各种林产品。

（二）林业的特征

为了正确理解林业，人们需要深入了解林业的特点，以掌握林业发展的客观规律。林业是一个特殊行业，具有区别于其他行业的显著特点。

1. 林业生产目的多样性与产业、事业的复合性

林业生产目的是满足社会、经济以及人民生活水平提高的多样要求，不断地培育出更多更好的不同类型的森林资源，通过培育商品林为社会提供木（竹）材以及各种非木质林产品，取得经济效益；通过培育公益林为社会提供良好的生态环境，取得生态社会效益，以满足社会多方面的需求。

林业既是国民经济的基础产业，又是社会公益事业，是以生态环境建设为主体的复合型产业。建立完备的林业生态体系、发达的林业产业体系和繁荣的生态文化体系，是林业发展的总体目标。林业建设既要以生态建设为主体，又要满足经济社会发展对林业的经济需求，同时，还要增强生态意识，繁荣生态文化，倡导人与自然和谐的重要价值观。

林业生态体系具有鲜明的公益性，主要体现在林业经营着森林生态系统，对社会产生着巨大的公益效能。因此，社会应按其特点和特殊规律采取特殊手段和办法进行经营管理。

林业产业体系也有许多区别于其他产业的特殊性。从产业顺序上看，它是一个主要提供上游产品的基础产业；从竞争力上看，它是一个效益较低的弱势产业；从发展特征上看，它是一个兼有生态社会效益的资源限制性产业；从发展现状看，它是一个严重滞后的薄弱产业；从发展趋势看，它是一个越来越被人们重视的、前景广阔的产业。

2. 林业产品的特殊性和多种效益的综合性

林业生产所生产出的森林资源属于可再生资源，因此，林业的主要生产经营对象具有可再生性。早期人们经常会认为森林砍伐之后能够重新生长更新，是取之不尽、用之不竭的能源，正是在这种指导思想下，人们才忽视了森林恢复的生长周期长等特点，对森林的持续利用缺乏认识，导致了中世纪以来的森林资源的危机。20 世纪 80 年代提出的可持续林业就是要在合理经营森林资源的基础上，充分利用森林的可再生性来实现林业的可持续发展。

林业生产所生产出的森林资源具有双重性，森林资源本身是一种可再生的自然资源，同时，它也是一种极其珍贵的环境资源。林业既生产有形的物质产品（木材、非木质林产品等），又生产无形的非物质产品（环境），

产品形态具有双重性。根据林业产品的特殊性，我们实行分类经营，以便更好地满足经济社会发展对林业的多种需求。

经营森林生态社会系统的林业具有多种效益，既有物质产品效益，又有非物质产品效益；既有直接效益，又有间接效益；既有经济效益，又有生态、社会等公益效益，并且它们相互交织在一起。经营林业必须坚持多种效益的统一，为社会谋取整体优化的综合效益。

3.森林培育周期的长期性和成熟期的多样性

林业生产经营活动的基础是森林资源，其各种成果（产品）都来自森林资源中各种不同的生物体中，由于多样的生物都有其各自不同的生产周期，一般来说，森林资源的主体——森林中的林木生产周期较长，需要几年、十几年或几十年，非木质林产品生产周期仅为 1～2 年，植物及微生物体生产周期为 1～3 年，木材及其加工产品的生产周期更短。所以，一个完整的森林生产周期具有明显的长期性、层次性、阶段性和复杂性。不同产品的长周期、中周期、短周期紧紧交织在一起。

森林以不同的林种来满足人类社会的多种需求。不同的林种，成熟期不同，即便同一林种，在总的森林自然成熟期内，又以不同类型的工艺成熟来满足各类生产的需要。

4.生产的地域性和成果的不稳定性

由于各种生物对自然环境条件的要求不同，各个地区的自然条件又千差万别，因而，各地适宜繁衍的生物种类不尽相同，致使林业生产呈现出极强的地域性。同时，由于森林生产周期长，加之林业生产受自然力、各种人为因素或自然灾害影响大，使其生产成果具有明显的不稳定性。换句话说，林业生产经营具有高风险性。

5.自然再生产的连续性和经济再生产的间歇性

森林资源产品形成过程中，自然力起着独立的作用，而人的劳动（经济再生产）只在一定时期起补充、完善自然力的作用。具体地说，在产品形成的过程中，自然力每时每刻都连续不断地对产品的形成产生极为重要的影响，而人参与产品形成的劳动时间较之自然力的作用时间则是非常短暂和间歇的，往往只参与了一小部分的生产活动，且与自然力交织在一起。

6.林业的整体综合性和各环节的多样性

林业所面临的对象是森林生态社会系统，作为一个完整的整体，林业包括了资源、环境、社会与经济等各个部门和环节。同时，在这些环节当中又存在着各式各样的经济结构、所有制形式、经营模式等。

二、林业的作用

林业是国民经济和社会的重要组成部分，在国民经济发展和社会文明进步中占有重要的地位并具有重要作用。林业以自己的经营活动满足着人类社会对木材、其他林产品和非木质林产品的需要，并且为人类的生存创造良好的环境，同时林业的发展又促进了其他部门的发展。

（一）林业在国民经济建设中的作用

林业由于能提供木材和其他林产品，从而成为一个国家或地区经济发展的重要基础产业，为人民生活水平提高发挥着重要的作用，林业还为国民经济其他相关产业的发展提供保障，因此林业在国民经济发展中占有举足轻重的地位。

1.林业是经济发展的重要物质基础

林业提供经济发展所需的木材及其制品，木材是林业最具代表性的产品，是世界公认的四大材料（木材、钢材、水泥、塑料）之一，是可再生的生物资源产品，具有质量轻、强度高、吸音、绝缘、美观、易加工、优质纤维含量高等优良特性。正因如此木材也成为人类最初开发森林资源的主要目的的产品。木材的工业用途主要是在建筑、家具、交通、采矿（坑木）及电力建设等方面。随着科技水平和森林资源利用率的提高，木材的加工制品种类越发丰富，如人造板及其复合制品，纸、纸浆等林化产品都成为经济发展不可或缺的重要物质。

在全球四大材料（木材、钢材、水泥、塑料）中，木材是唯一可再生和循环利用的材料，与国计民生息息相关。经过发展，中国已是全球最大的木业加工、木制品生产基地和最主要的木制品加工出口国，同时也是国际上最大的木材采购国之一。

林业还提供大量的非木质林产品，非木质林产品主要包括木本粮食、油料、干鲜果品、饮料、木本饲料、药材、森林蔬菜等产品。这些产品由于来自大自然，纯净无污染，与人们的绿色消费观十分吻合，因此具有广阔的市场空间和发展前景。产品的生产已经成为森林资源丰富地区经济发展的重要支柱或新的经济增长点。

林业提供了重要的薪材能源和生物质能源。林业每年向社会提供大量的薪材，木质能源在中国农村和林区一直起着重要的作用。随着农村经济的迅速发展，农村能源消费结构虽然会变化，但在一些其他资源缺乏的地区，木材能源需求还会进一步增加。因此，确定合理适用的农村木质能源开发战略以及先进的木质能源利用技术是十分重要的，有利于林区、山区农民的脱贫致富。

矿物质能源的不可再生性及其大量消耗带来的环境污染问题，促使人们更加关注对可再生能源的开发和利用。用速生高产方式培育出大量木材使之转化为液体或气体燃料，是人类利用可再生能源的又一重要选择，而用人工培育速生丰产林作为发电燃料的产业在一些国家已经开始实行。森林生物质能源的开发与利用在我国占有重要的地位，是我国林业的一项重要内容。

2. 林业是农（牧）业生产的基本保障

森林在改造自然，减免水、旱、风、沙等灾害方面的强大力量，能大大改善农（牧）业生产条件，从而促进农牧业生产的发展。此外，林木的许多果实、种子、树叶，又可作为牲畜的饲料，促进农牧业发展。没有林业的保障，就没有农（牧）业生产稳步发展的条件，破坏林业也就破坏了农（牧）业。

3. 林业是林区经济发展的重要力量

在我国，林业生产大都地处自然条件差、经济不发达、交通闭塞的边远地区。林业生产为这些地区带来了道路和通信，带来了工业，带来了各类技术人员、管理人员和工人，也为乡村和城镇带来了积累，林区的现代经济才随之起步。可以说，林业已成为这些地区的支撑产业，没有林业，其中绝大部分地区的经济将面临困境甚至是停滞。所以林业的兴衰已经不是一个产业部门能否发展的问题，而是整个区域社会经济生活能否进行和改善的问题。由此也可以看出林业是林区经济发展的重要力量，林业对整个国民经济发展具有重要影响作用。

（二）林业在生态建设中的作用

林业是以经营森林生态系统为主的，具有产业和公益事业属性的特殊的综合性行业。林业的主要经营对象是森林，森林具有提供生产资料和发挥公益效能的双重作用。林业与生态系统平衡及环境保护和改善间的关系密切。随着人们对森林生态功能需要的日益提高，林业开始更多地承担起缓解环境压力，减少水旱灾害，保护物种多样性等责任。林业以自己的森林经营活动为人类的生存创造良好的环境，维系生态平衡。

1. 林业是生态环境建设的主体

林业在生态环境建设中发挥着不可替代的作用。森林是陆地上最大的生态系统。地球上植物总生物量约占地球上总生物量的99%，其中森林的总生物量又占植物总生物量的90%。所以，生态环境建设的主体是林业。

2. 林业对生态环境保护发挥着巨大作用

通过合理经营森林能充分发挥森林的巨大生态环境作用。

（1）森林可以涵养水源、保持水土。

地表裸露是造成水土流失的主要原因。在有森林覆盖的地方，降雨时，森林通过树冠可以截留雨水；枯枝落叶层和林下植物，可以保护地面不受雨水溅击侵蚀，提高地表吸水和透水性，使大部分水缓缓渗入地下，减少和控制地面径流，加上林木发达的根系对土壤的紧固作用，从而发挥森林涵养水源和保持水土的效益，能有效地防止水旱灾害发生。在有林的地区，林冠可以截留降水量的10% ~ 23%，降水量的50% ~ 80%可以渗入地下，林地内的地面径流一般在1%左右，最多不超过10%。实验表明，每公顷林地比无林地至少能多蓄水300 m³，34 hm²森林所蓄的水量相当于一个容量为100 m³的小型水库；森林可以调节气候、防止风沙危害大面积的森林，通过改变太阳辐射和大气流通，对空气的湿度、温度、风速和降水等气象因素，有着不同程度的影响。

（2）森林能增加空气的湿度和降水。

在森林区，由于树木能像抽水机一样从土壤中吸取大量水分，通过强大的蒸腾作用散发到空气中，因而森林区的空气湿度通常要比无林地区高10% ~ 25%。森林比同一纬度相同面积的海洋所蒸发的水分还多50%。由于森林从土壤中吸收水分以及森林的强大蒸腾作用消耗大量热能，从而降低了林内和森林上空的温度。据试验，夏季在森林地区上空 500 m 高度范围内，森林地区比无林地区气温低 8 ~ 10 ℃。由于气温降低，湿度又大，空气中水汽容易达到饱和状态而凝结，最后成云致雨。据长期研究证明，森林地区的雨水比无林地区多 17.5% ~ 26.6%。

在森林地区，日间约有 80% 的太阳辐射被林木的枝叶截阻，不能直接射到林地上，而树冠接受的太阳热能又因水分的蒸发和蒸腾作用而大部分被消耗掉。夜晚及冬季，则由于林冠遮蔽，林中的热量不宜很快散失。因此，在气温变化中，森林区呈现出昼低而夜高、冬暖而夏凉的特点。

（3）森林可以防风固沙，保护农田牧场免遭风沙的侵袭，对保障农牧业稳产有重要作用。

风经过森林时，一部分进入林内，由于树干和枝叶的阻挡以及气流本身的冲撞摩擦，风力逐渐削弱，风速很快降低，甚至消失，在林内 150 m 深处几乎平静无风；另一部分被迫沿林缘上升，越过森林，由于林冠起伏不平，激起许多漩涡成为乱流，消耗了一部分能量，结果风经过森林后，风力大为降低。农田防护林带和林网就是根据森林能降低风速的作用设计的，防风效果很明显：一条防护林带，可以使相当于树高 20 ~ 25 倍距离内的风速降低一半。如果林带和林网合理配置，就可以把灾害性大风变成无害的小风。沙是因风而起并产生流动的。由于森林（包括林带、林网）具有防风效益，林木庞大根系又能紧固沙土，所以森林会大大削弱风的挟沙能力，逐渐把流沙变为固定沙。日久天长，风化雨蚀，加上枯枝落叶和其他植被根菌的分化瓦解，沙子能变成具有肥力的土壤。

（4）森林还可减少灾害性天气的发生。

在寒冷季节，由于林内及其附近温度高于空旷地，因此可以延长生长期，减轻霜害；而在夏季，树林强大的蒸腾作用降低了气温，从而避免气流的急速上升，破坏了产生冰雹的条件，因此有林地区冰雹灾害少。国内外资料显示，当森林占土地面积的 30% 以上，而且分布均匀时，即具有显著的调节气候作用，可减免水、旱、风、沙、霜、雹等危害。

（5）森林可以净化环境、减轻污染、增进健康，森林还具有净化空气、减少噪声、卫生保健和美化环境的功能。

森林是吸碳放氧的"绿色工厂"。在一般情况下，空气中的二氧化碳含量为 0.03%。但随着现代工业的发展，空气中的二氧化碳含量不断增加，大气和水质污染日趋严重，已超出生物圈自然净化的能力，影响人类健康。如果地球上没有森林和其他绿色植物不断吸收二氧化碳、放出氧气来维持其平衡，人类就不能生存。

森林是大气的自然"过滤器"。被污染的空气中含有粉尘、飘尘油烟、尘埃以及铅、汞等金属微粒，容易使人体患有多种呼吸道疾病，烟尘还会影响太阳照明度，间接危害人体健康，森林具有庞大的吸附面，1 hm² 高大的森林，其叶面积总和是林地面积的 75 倍。树叶表面不很平滑，有的有茸毛和皱折吸尘，或能分泌黏液起到净化作用。1 hm² 森林一昼夜可滞留粉尘 32 ~ 68 t。

森林还具有吸收多种有毒物质的作用。虽然污染环境的有毒物质浓度大时树木本身也要受害，但在一定浓度下森林却能把相当多的有毒物质吸收处理掉，而自身不致受害。不同的树种可以吸收不同的有毒物质，如银杏、刺槐、丁香、核桃、柳杉等有吸收二氧化硫的作用，加拿大杨、栓皮栎、桂香柳等有吸收铅、汞、苯、醛、酮、醚、醇的作用。

森林是天然的"防疫员"。因为森林中有相当数量的臭氧，能氧化和分解有毒气体。许多树木在生长过程中能分泌出大量挥发性的或无挥发性的植物杀菌素。如桦树、柏树、梧桐、冷杉等能分泌出挥发性植物杀菌素，可以杀死空气中白喉、肺结核、伤寒、痢疾等病原菌，可防止传染病传播，有益于人们身心健康。

森林是城市噪声的"隔音板"和"消声器"。工业生产和交通工具所发出的噪声，是一种影响人体健康的不良因素。森林能有效地减弱噪声，为人类提供宁静的环境。据测定，100 m 树木防护林带可降低汽车噪声 30%、摩托车噪声 25%。

森林是不下岗的"监测兵"。环境污染的范围一般比较广泛，若使用理化监测手段，需要大量仪器设备和专业队伍，不易做到。而许多树木对污染十分敏感，在微量污染的情况下，即可有"症状"，人们可根据树木的反应来观测与掌握环境污染的程度、范围以及污染种类和毒性强度，以采取对策。例如，用苹果、油桐、雪松、落叶松、马尾松等监测二氧化硫，用杏、梨、梅、雪松、落叶松等监测氟化物，用桃、落叶松、油松等监测氯及氯化氢，用柳树等可检测汞污染，用悬铃木科植物监测氧化物等。

此外，森林对环境的保护作用，还在于它形态各异的冠形、花果、枝叶能美化人们的生活与工作环境，绿色的森林总给人一种优美、恬静而又柔和的感觉，能使人消除疲劳，调节身心健康。

3. 林业可以能动地改善生态环境

林业通过合理经营森林，调整其总量和结构，不仅能被动地保护生态环境，而且还能改善生态环境，使恶劣、脆弱的生态环境向良好、稳定的方向转化。如缓解全球温室效应、防止荒漠化、建设自然保护区等。

4. 林业建造和发展物种基因库

林业通过合理经营森林，可建造和发展巨大的物种基因库，在保护生物多样性方面具有决定性意义。一个动植物种群全部个体所带有的全部基因的总和就是一个物种基因库。林业可以通过建立和发展生物资源基因库，保护生物多样性，有效保护、合理开发和利用我国生物资源。生物多样性是生物（动物、植物、微生物）与环境形成的生态复合体以及与此相关的各种生态过程的总和，包括生态系统、物种和基因三个层次。生物多样性是人类赖以生存的条件，是经济社会可持续发展的基础，是生态安全和粮食安全的保障。生物多样性保护的方法：一是就地保护；二是迁地保护；三是开展生物多样性保护的科学研究，制定生物多样性保护的法律和政策；四是开展生物多样性保护方面的宣传和教育。其中最主要的是建立自然保护区，比如卧龙的大熊猫自然保护区、凉水的红松原始林自然保护区等。

5. 林业是转换太阳能的"生态产业"

林业是太阳能收集与转换的巨大的"生态产业"，是人类所需物质、能量的最有前途的供给者。林业在生态建设中的作用主要是通过合理经营森林生态系统，充分发挥森林的有益的生态功能实现的。

（三）林业在社会发展中的作用

林业与社会息息相关，林业对整个社会发展具有重要的促进作用。林业在社会发展中的地位与作用主要表现在以下几个方面。

1. 林业为人类生存和社会发展提供了良好的条件

虽然人类对森林的直接依赖性有所降低，但对森林的整体依赖性并没有减少，因为人类社会的生存和发展与以森林为主体的生态环境息息相关，而且随着当代森林的大幅度减少，人类生存对森林的依赖性更加突出。没有了森林，人类社会将失去其最基本的生命维持系统，人类也就没有未来。林业的发展能为城乡居民生活质量提高提供切实的保障。

2. 林业为社会劳动力提供了广阔的就业场所

林业是吸收劳动力、提供就业机会的一个重要行业。林业生产的地域性与多样性，为劳动者提供了相当规模的就业场所，并为他们提供了一定水平的收入，为国家的就业与收入政策的实施做出了重大贡献。

3. 森林促进了民族繁荣与社会文明

我们祖先的生存和衣、食、住、行各方面完全依赖于森林，没有森林，人类无法生存，也形不成社会，更谈不上人类社会的发展。人类最初的足迹是留在森林之中并在森林的庇护下逐渐繁荣的，人类从森林中走出来，结成社会，又发展社会，向森林走去，社会与林业息息相关。

森林孕育了人类文明，人类因工具而走向文明，而最早的工具就是森林产品（木棍），现在的工具也大部分是森林的产物。火的利用是人类文明的一大进步，而人类的第一堆火来自森林。东方文明的建筑体系以森林产品（木材）为原料。传统造纸方法（木浆造纸）推动了人类文明的进程。在人类文明发展中，森林文明将成为最重要的文明形式。

古埃及、古印度文明伴随着森林的消失而衰败。我国古黄河文明也随着森林被毁灭、生态环境的日益恶化开始衰落，历史上的政治、经济、文化中心从此退出。我国陕西榆林地区，过去是"四望黄沙，不产五谷"的凄惨景象，然而经过多年治沙造林的综合治理，如今该地区已经成为商品粮生产基地，被誉为"塞北小江南"，昔日文明得到了重现和发展。当前，人与自然和谐共处已成为一种生活的理念，森林的发达是社会文明进步的重要标志之一。繁荣的森林文化体系建设是林业发展的重要目标之一。

4. 森林促进了人类健康

随着人们生活水平的不断提高，人们已逐渐意识到森林不仅能提供美的享受，而且能增进身心健康，森林是人类疗养健身的胜地。森林能杀死有害细菌。正是由于这些作用，目前，走向大森林，谋求"森林浴"的活动在世界上许多国家盛行。现代社会高度城市化，工业污染不断加剧，人们节假日闲暇时间的增加，加之收入水平的不断提高，使森林旅游活动广泛展开，林业旅游活动已成为林业生产的重要内容。

三、林业生产及其分类

（一）林业生产的含义

林业生产是指以森林资源为劳动对象的各种生产过程的总称。它不但包括林业中的森林培育、采伐运输和加工，同时还包括非木质的其他植物、动物资源的培育、采集和加工。有时也将林区中的社会服务型产业（包括森林旅游）列入其中，这要视研究问题的角度和目的而定，若从林区经济角度去研究林业生产，则应把服务性生产列入其中。

林业生产从无到有，从简单到复杂的发展过程，体现了社会对林业要求的变化及林业生产经营方针转变。在漫长的林业发展过程中，世界林业经历了"盲目砍伐""朦胧保护意识""培育森林""综合利用森林资源"等几个发展阶段，目前林业发达国家已进入了林业可持续经营的探索阶段。总的来说，林业的发展阶段体现的是林业由单一木材生产向森林全方位开发和持续经营的转变，我国林业也表现出了这些整体特征。由此，林业生产的内容也在不断多样化和多元化。

（二）林业生产分类基础

1. 一般生产分类方法

从生产发展的历史和研究的角度出发，人们对生产进行了不同的分类，生产分类是研究生产发展的基础，是经济发展到一定的时期生产变化的反映。通过对生产发展的总结，生产分类主要有下列几种：马克思的两大部类分类法、三次产业分类法、标准产业分类法、生产结构产业分类法（包括产业分类法、霍夫曼的分类法、钱纳里·泰勒分类法等）、按要素的集约程度分类法等。这些生产分类的方法是林业生产分类的依据。

2. 林业生产的特殊性

由于林业生产具有产业的综合性，它不仅含有属于工业的林木加工业，还有属于种植业的森林培育业和林木采伐业以及有特色的森林对环境的保护性生产，因而林业生产的分类必须在参考工业生产的分类方法的基础上，形成自己的分类。林业生产分类必须考虑以下特殊因素。第一，林业生产内容的多样性及其发展基础的不均衡性，比如，营林生产与木材采运生产相比，无论在规模、独立性、技术应用程度等方面，前者都远不及后者，而林木加工利用又比非木质加工利用先进、久远，因此，在进行生产划分时，不要因其现在的生产规模小，没有实行独立核算，就不视其为独立性生产项目。第二，林业所提供的生态效益和社会效益的生产，同样也是林业生产的重要组成部分，对其要进行合理的归属。第三，林业生产的未来发展趋势是森林资源的立体开发、综合利用，也是林业生产划分的重要依据，这种趋势提醒人们非林木资源的开发利用将在林业中占据很重要的地位。总之，林业生产的划分要以现在生产内容为基础，但也要充分注意林业生产未来发展的可能，来确定林业生产应具有的内容及其归属。

（三）林业生产分类

为了更好地研究林业生产现状及其发展趋势，确认各项生产间的联系，必须对林业生产进行正确划分，以便于分别研究和恰当决策各项生产在林业生产中应占据的地位。

1. 按三次产业分类法划分

国民经济中一般采用三次产业分类法，将整个国民经济中的各项产业分为第一产业、第二产业、第三产业，它体现的是社会分工的演化过程。林业是一个综合性的产业，按此分类方法划分，林业中的第一产业生产包括森林资源培育生产（含林药种植等）和森林初次开发性产品生产（包括木竹采运生产及林产品采集生产）；林业中的第二产业生产包括林产品加工生产，既包括林木产品的加工生产（机械加工和林产化学加工生产），也包括林区非木质林产品的加工生产；林业第三产业生产包括森林旅游及林业派生部门的生产。派生部门是在林业基本生产部门的基础上形成和发展的，以流通和服务部门为主，如林区基础建设系统、商业服务系统、林业交通运输系统、林政管理与经济调节系统、林业信息与科技系统等。

2. 按森林资源最终发挥的作用划分

林业生产的分类是在参考一般工业生产分类方法的基础上，充分考虑林业生产特殊性，形成自己的分类方法。可将林业生产按以下的思路进行划分。

（1）根据森林资源最终所发挥的作用不同，将林业生产分为有形林业生产和无形林业生产。有形林业生产，指的是能提供各种实物林产品的生产；而无形林业生产，则是指提供保护性资源的生产（即生态效益和社会效益的生产）。

（2）根据森林资源的主要组成成分，将林业生产中的有形林业生产分为林木产业生产和非木质林产品产业生产两大系列。林木产业生产系列，即是以林木培育、采运、加工为对象的生产系列；非木质林产品产业生产系列，则是以森林资源中非木质资源为对象的培育、采集（采掘）、加工生产系列。

此外，根据统计需要，林区习惯上把林业生产分成五大类产业，即营林生产、木材采运生产、林产工业（包括木材加工生产和林产化学加工生产）、多种经营生产和森林旅游生产。林区多种经营生产属于非木质资源生产加工这一部分的泛称。

（四）林业各项生产间的联系

对于林业生产间联系的客观分析，是合理确定林业生产的前提和基础。在林业生产过程中林业生产间的联系方式主要有前向关联关系、后向关联关系。林业生产间的前向关联就是通过提供供给与其他生产发生关联。例如，木材采运生产是木材加工生产的前向关联生产；林业生产间的后向关联就是通过自身的需求与其他生产部门发生关联，例如，木材加工生产是木材采运生产的后向关联生产。

1. 有形林产品生产间的联系

（1）林木资源培育和林木资源加工间的联系。

林木资源培育和林木资源加工间的联系具有时间上的连续性和产品的递进性。营林、木材采运、木材加工是林木资源生产的不同阶段。每一阶段都以前一阶段所提供的产品为基础。对同一林地上森林资源而言，营林生产的结束表明木材采运生产的开始，同时木材采运生产所提供的原料是木材加工生产所需的原料。可见，营林、木材采运、木材加工这三部分是林木全部生产过程中相对独立的生产阶段，随着林业生产专业化水平的提高，它们完全可以成为独立的生产，但这种联系却不会改变。林木资源加工业与林木资源培育业相互影响。林木资源加工业规模受制于林木资源培育业的规模。林木资源培育是林木资源加工的基础。当森林资源短缺是主要矛盾时，在不考虑国际贸易因素的情况下，林木资源培育所生产的林木产品的结构、数量决定了林木加工生产的数量和结构。因此，它要求林木采伐后要及时恢复，使之保持与加工业规模相适应的动态平衡；同时，这也是林木资源扩大再生产的客观需求。如果不按这种联系去确定林业生产，则会出现两种情况。第一，若木材加工规模大于林木培育规模，就必将带来林木资源的过量采伐，而使林木生产企业失去发展后劲。第二，若林木加工规模小于森林培育规模，则可能造成林木资源的贬值和浪费。因此，这两种情况都会造成林业再生产规模的萎缩，必须避免。

（2）非木质资源培育与非木质资源加工业的联系。

它们之间也相互影响、相互促进。非木质资源培育与非木质资源加工业的联系，同样培育是加工的基础，加工能促进培育的扩大再生产。采掘生产具有特殊性，因其不具备可培育性，其利用加工是一次性的。因此我们要提高资源的利用率，并考虑生产过程对生态环境的影响。

（3）林木资源培育加工与非木质资源培育加工的联系。

林木资源的培育加工是林业生产中的主导产业。林业生产的主要目的是靠林木资源的生产利用实现的。因此，它在林业生产中的主导产业地位是不会改变的。非木质资源培育利用的规模、速度、水平很大程度上取决于林木培育加工的规模、速度和水平，非木质资源的培育加工也是林业生产中重要的组成部分，虽然目前其规模尚不能与林木生产规模相比，但由于其有生产周期短、见效快的特点，可以很好地弥补林木生产在这方面的不足。因而，随着森林资源综合利用不断向更广更深方向发展，其产品质量的不断提高，其必将成为林业生产中不可缺少的部分。

同一时间同一空间上的林业各项生产的规模具有相互制约的特点，凡是处于同一空间上的各项林业生产，由于它们对各种生产要素的共同要求，而使得在总量既定下的各项资源在各项生产中的分配量表现出相互制约性，即分配到某一项生产中的资源多，则分配给另一些生产项目中的量必然少。因此，要求在提高资源利用率的前提下，合理地分配资源。

2. 有形林产品生产与无形林产品生产间的联系

林种在空间布局规模上存在此消彼长的联系，森林资源是林业生产的物质基础。在林业生产经营过程中，人们根据不同的需要，对森林进行了多种划分。按森林培育目的、用途不同，从森林生产经营角度划分，人们将森林分为生态公益林和商品林。生态公益林是在森林生产经营中主要追求森林公益效益（生态效益、社会效益）的森林，生态公益林的生产主要是无形林产品的生产。而商品林是在森林生产经营中主要追求经济效益的森林，商品林的生产主要是各种实物林产品的生产。

有形林产品生产与无形林产品生产间最大的联系，是林种在空间布局上体现的。处于同一地域空间上的有形林产品生产和无形林产品生产，由于对各种生产要素的共同要求和林地资源的有限性，林种在空间布局数量上存在此消彼长的联系，分配到某一项生产中的资源多，则分配给另一项生产中的资源必然少，即生态公益林布局的规模多，则商品林相对就少。同一地域空间上生态公益林与商品林的结构与布局，主要由政府宏观调控，而宏观调控的依据是社会对林业产品的需求。林种空间布局结构还与国家和地区经济发展水平及经济发展所处的阶段有关。社会需求是多样的，必须合理调整生态公益林与商品林的结构，即有形林产品生产与无形林产品生产的结构，来充分满足社会对林业的各种需求。社会需求还是不断变化的，随着社会经济的发展、科技的进步和生态环境的变化，人们对林业生产的主导需求也会相应发生变化，也应相应合理调整生态公益林与商品林的结构，以满足人们对林业的各种需求的变化。

同一林种在功能上也存在此消彼长的联系，林业肩负生态环境建设和经济建设双重任务，要发挥生态、经济、社会三大效益。林业的多种效益相互交叉、渗透，相互依存、制约，相互矛盾、统一，总体上是同一的，在局部上又很难兼容。任意林种都有产出多种功能的可能性，而同一林种的森林在生产经营中功能上存在此消彼长的联系，一种功能的实现，会影响其他功能的有效实现。如森林生长性生产是一个累积渐进的过程，生产经营森林的各个环节也有很大的时间伸缩性，商品林中的用材林，一旦收获利用木材获得经济效益，生产迅速下降，甚至降为零，影响生态效益和社会效益的发挥，待其生产（长）回升又需很长时间。林业生产追求的是多种效益统一的有机构成（因一定时空条件而异）的综合效益最大化。同一林种在生产经营过程中，也可以通过调整生产经营方式、完善生态效益补偿机制等措施，来实现林业综合效益最大化。

（五）林业生产的物质产品

物质产品的生产消费，是人类社会最基本的经济活动，社会所需要的各种物质产品，都是由各个物质生产部门提供的。林业为社会生产提供着具有重要经济效能的有形物质产品，包括为生产木材和其他林产品而提供资源生产的营林产品，如种苗，立木蓄积，特用的枝、叶、皮、茶、桑、果、木本粮油、香料等经济林产品，各种野生动物、山药材、山野菜、食用菌等林特产品，藤、棕、条等林副产品和花卉、盆景等开发产品；生产的木（竹）材及其加工产品等森林工业产品，如原木（竹）、锯材（板、方材）、人造板、木竹家具、小木制品等木材加工和综合利用产品，纸浆、纸板、火柴杆、铅笔杆、包装箱、工具箱等轻工产品以及松香、松脂、松节油、栲胶、紫胶、活性炭等林产化学加工产品；其他林业多种经营产品，如种植、养殖、采掘等产品，林机、林电、林建等产品以及森林旅游等第三产业产品等。林业生产这些物质产品的重要作用就在于参与国民经济周转和社会的物质平衡，促进经济发展，满足社会的物质产品需求，所以说林业是不可缺少的重要的物质生产部门。

第二节　我国现代林业建设的主要任务

在现代社会各个方面不断快速发展的背景下，林业产业发展方面的要求也不断提升，实现林业产业的理想发展也就成为必然需求。新形势下的林业产业发展过程中，为能够满足实际需求，相关工作人员需要清楚认识林业发展现状，并且要通过有效对策开展现代化林业建设，保证现代化林业建设能够取得更显著的效果，在此基础上使林业产业发展符合社会发展的要求，取得理想的发展成果。

一、林业产业发展现状

一直以来，林业产业都是社会产业结构中的重要组成部分，因而林业发展也就成为国家发展中的重要任务，对于国家整体产业结构的完善及发展具有重要的意义及价值。就当前林业产业发展实际情况而言，林业数量虽然在不断增多，并且林业种植规模也在不断扩大，为社会上提供较多的林业资源。但是，林业发展现状仍不是十分理想，具体表现在林业产业化发展模式并未真正形成，林业结构比较分散，不同地区的林业发展情况存在很大的差异，同时对于林业资源的利用不够充分，林业资源浪费情况十分严重，这些对于林业发展都会产生不良的影响。另外，当前林业发展中的科技化水平比较低，缺乏现代化科学技术手段的应用。林业经营管理模式也比较落后，导致林业产业发展效益不够理想，最终也会导致林业健康持续发展受到影响。所以，在今后林业发展过程中，积极实现林业现代化建设也就成为必然需求，在林业现代化建设的有效基础上，能够使林业发展的现代化水平提高，保证林业发展取得更加理想的效果，满足社会上对林业资源的需求。

二、我国现代林业建设的任务

发展现代林业，建设生态文明是中国林业发展的方向、旗帜和主题。现代林业建设的主要任务是，按照生态良好、产业发达、文化繁荣、发展和谐的要求，着力构建完善的林业生态体系、发达的林业产业体系和繁荣的生态文化体系，充分发挥森林的多种功能和综合效益，不断满足人类对林业的多种需求。重点实施好天然林资源保护、退耕还林、湿地保护与恢复、城市林业等多项生态工程，建立以森林生态系统为主体的、完备的国土生态安全保障体系，是现代林业建设的基本任务。随着我国经济社会的快速发展，林业产业的外延在不断拓展，内涵在不断丰富。建立以林业资源节约利用、高效利用、综合利用、循环利用为内容的发达产业体系是现代林业建设的重要任务。林业产业体系建设重点应包括加快发展以森林资源培育为基础的林业第一产业，全面提升以木竹加工为主的林业第二产业，大力发展以生态服务为主的林业第三产业。建立以生态文明为主要价值取向的、繁荣的林业生态文化体系是现代林业建设的新任务。生态文化体系建设的重点是努力构建生态文化物质载体，促进生态文化产业发展，加大生态文化的传播普及，加强生态文化基础教育，提高生态文化体系建设的保障能力，开展生态文化体系建设的理论研究。

（一）努力构建人与自然和谐的、完善的生态体系

林业生态体系包括三个系统一个多样性，即森林生态系统、湿地生态系统、荒漠生态系统和生物多样性。

努力构建人与自然和谐的完善的林业生态体系，必须加强生态建设，充分发挥林业的生态效益，着力建设森林生态系统，大力保护湿地生态系统，不断改善荒漠生态系统，努力维护生物多样性，突出发展，强化保护，提升质量，努力建设布局科学、结构合理、功能完备、效益显著的林业生态体系。

（二）不断完善充满活力的、发达的林业产业体系

林业产业体系包括第一产业、第二产业、第三产业和一个新兴产业。不断完善充满活力的发达的林业产业体系，必须加快产业发展，充分发挥林业的经济效益，全面提升传统产业，积极发展新兴产业，以兴林富民为宗旨，完善宏观调控，加强市场监管，优化公共服务，坚持低投入、高效益、低消耗、高产出，努力建设品种丰富、优质高效、运行有序、充满活力的林业产业体系。

（三）逐步建立丰富多彩的、繁荣的生态文化体系

生态文化体系包括植物生态文化、动物生态文化、人文生态文化和环境生态文化等。

逐步建立丰富多彩的繁荣的生态文化体系，必须培育生态文化，充分发挥林业的社会效益，大力繁荣生态文化，普及生态知识，倡导生态道德，增强生态意识，弘扬生态文明，以人与自然和谐相处为核心价值观，以森林文化、湿地文化、野生动物文化为主体，努力构建主题突出、内涵丰富、形式多样、加快城乡绿化，改善人居环境，发展森林旅游，增进人民健康，

提供就业机会，增加农民收入，促进新农村建设。

（四）大力推进优质高效的服务型林业保障体系

林业保障体系包括科学化、信息化、机械化三大支柱和改革、投资两个关键，涉及绿色办公、绿色生产、绿色采购、绿色统计、绿色审计、绿色财政和绿色金融等。

林业保障体系要求林业行政管理部门切实转变职能、理顺关系、优化结构、提高效能，做到权责一致、分工合理、决策科学、执行顺畅、监督有力、成本节约，为现代林业建设提供体制保障。

大力推进优质高效的服务型林业保障体系，必须按照科学发展观的要求，大力推进林业科学化、信息化、机械化进程；坚持和完善林权制度改革，进一步加快构建现代林业体制机制，进一步扩大重点国有林区、国有林场的改革，加大政策调整力度，逐步理顺林业机制，加快林业部门的职能转变，建立和推行生态文明建设绩效考评与问责制度；同时，要建立支持现代林业发展的公共财政制度，完善林业投资、融资政策，健全林业社会化服务体系，按照服务型政府的要求建设林业保障体系。

三、现代化林业建设有效对策

（一）树立林业持续发展理念

在现代化林业建设过程中，十分重要的一项目标及任务就是实现林业持续良好发展，而林业持续良好发展需要以持续发展理念为基础与依据。作为林业工作人员，应当对现代化林业建设的要求及需求加强认识，并且要能够认识到可持续发展的必要性及意义。在此基础上才能够形成可持续发展理念，而在可持续发展理念得以形成的基础上，可使工作人员对林业发展模式进行更深入的研究，也就能够使现代化林业建设具有更好的依据与理论支持。所以，林业工作人员需要充分认识及掌握可持续发展理念，在此基础上才能够将这一理念在现代化林业建设中更好地应用，使现代化林业建设取得更好的效果。

（二）加大科技投入力度

在当前林业发展过程中，由于现代化科学技术的应用比较少，导致林业发展及现代化林业建设很难取得理想的效果。所以，为能够使现代化林业建设符合需求，相关工作人员应当在林业建设发展中加大科学技术的投入力度。在现代林业发展过程中，应当对现代化科学技术进行利用，使林业发展的现代化水平得以提升，也就能够使现代化林业建设具有更理想的基础。具体而言，在现代化林业建设及发展中，可对信息化技术进行利用，通过这一技术的应用，有效实现林业经营管理，更好地了解林业资源信息。对于林业资源更好地把握及利用，实现林业资源的充分利用，体现其价值，这样一来，也就能够使林业信息化水平得以有效提升，保证现代化林业建设能够取得更加满意的效果，实现更好的发展。

（三）实现林业多样化发展

在当前现代化林业建设过程中，传统单一的林业发展模式已经无法满足实际需求，为能够使现代化林业建设得以更好地实现，需要实现林业多样化发展。在林业发展中，林业部门及相关工作人员不但要积极发展经济林业，并且要积极发展生态林业与旅游林业，从而使林业多样化发展得以更好实现，同时也能够增加林木品种的多样化，使林业生态系统的稳定性得以增强。在林业多样化发展得以实现的基础上，能够吸引社会上各个方面投入林业建设，使林业建设与发展具有更良好的基础与保障，这对于现代化林业建设具有十分重要的作用及意义，有利于实现现代化林业建设。

第二章　现代林业的发展与实践

第一节　气候变化与现代林业

一、气候变化下林业发展面临的挑战与机遇

（一）气候变化对林业的影响与适应性评估

气候变化会对森林和林业产生重要影响，特别是高纬度的寒温带森林，如改变森林结构、功能和生产力，特别是对退化的森林生态系统，在气候变化背景下的恢复和重建将面临严峻的挑战。气候变化下极端气候事件（高温、热浪、干旱、洪涝、飓风、霜冻等）发生的强度和频率增加，会增加森林火灾、病虫害等森林灾害发生的频率和强度，危及森林的安全，同时进一步增加陆地温室气体排放。

1. 气候变化对森林生态系统的影响

（1）森林物候。

随着全球气候的变化，各种植物的发芽、展叶、开花、叶变色、落叶等生物学特性，以及初霜、终霜、结冰、消融、初雪、终雪等水文现象也发生改变。气候变暖使中高纬度北部地区20世纪后半叶以来的春季提前到来，而秋季则延迟到来，植物的生长期延长了近2个星期。20世纪80年代以来，中国东北、华北及长江下游地区春季平均温度上升，物候期提前；渭河平原及河南西部春季平均温度变化不明显，物候期也无明显变化趋势；西南地区东部、长江中游地区及华南地区春季平均温度下降，物候期推迟。

（2）森林生产力。

气候变化后植物生长期延长，加上大气 CO_2 浓度升高形成的"施肥效应"，使得森林生态系统的生产力增加。气候变暖使得 1982～1999 年间全球森林 NPP（Net Primary Productivity，净第一生产力）增长了约 6%。中国森林 NPP 的增加，部分原因是全国范围内生长期延长的结果。气温升高使寒带或亚高山森林生态系统 NPP 增加，但同时也提高了分解速率，从而降低了森林生态系统 NEP（Net Ecosystem Productivity，净生态系统生产力）。

不过也有研究结果显示，气候变化导致一些地区森林 NPP 呈下降趋势，这可能主要是由于温度升高加速了夜间呼吸作用，或降雨量减少所致。

未来气候变化通过改变森林的地理位置分布、提高生长速率，尤其是大气 CO_2 浓度升高所带来的正面效益，从而增加全球范围内的森林生产力。未来全球气候变化后，中国森林 NPP 地理分布格局不会发生显著变化，但森林生产力和产量会呈现出不同程度的增加。在热带、亚热带地区，森林生产力将增加 1%～2%，暖温带将增加 2% 左右，温带将增加 5%～6%，寒温带将增加 10%。尽管森林 NPP 可能会增加，但由于气候变化后病虫害的爆发和范围的扩大、森林火灾的频繁发生，森林固定生物量却不一定增加。

（3）森林的结构、组成和分布。

过去数十年里，许多植物的分布都有向极地扩张的现象，而这很可能就是气温升高的结果。一些极地和苔原冻土带的植物都受到气候变化的影响，而且正在逐渐被树木和低矮灌木所取代。北半球一些山地生态系统的森林林线明显向更高海拔区域迁移。气候变化后的条件还有可能更适合于区域物种的入侵，从而导致森林生态系统的结构发生变化。在欧洲西北部、南美墨西哥等地区的森林，都发现有喜温植物入侵而原有物种逐步退化的现象。

未来气候有可能向暖湿变化，造成从南向北分布的各种类型森林带向北推进，水平分布范围扩展，山地森林垂直带谱向上移动。为了适应未来气温升高的变化，一些森林物种分布会向更高海拔的区域移动。但是气候变暖与森林分布范围的扩大并不同步，后者具有长达几十年的滞后期。未来中国东部森林带北移，温带常绿阔叶林面积扩大，较南的森林类型取代较北的类型，森林总面积增加。未来气候变化可能导致我国森林植被带的北移，尤其是落叶针叶林的面积减少很大，甚至可能移出我国境内。

（4）森林碳库。

过去几十年大气 CO_2 浓度和气温升高导致森林生长期延长，加上氮沉降和营林措施的改变等因素，使森林年均固碳能力呈稳定增长趋势，森林固碳能力明显。气候变暖可能是促进森林生物量碳储量增长的主要因子。气候变化对全球陆地生态系统碳库的影响，会进一步对大气 CO_2 浓度水平产生压力。在 CO_2 浓度升高条件下，土壤有机碳库在短期内是增加的，整个土壤碳库储量会趋于饱和。

不过，森林碳储量净变化，是年均降雨量、温度等变量因素综合干扰的结果。由于极端天气事件和其他扰动事件的不断增加，土壤有机碳库及其稳定性存在较大的不确定性。

2. 气候变化对森林火灾的影响

生态系统对气候变暖的敏感度不同，气候变化对森林可燃物和林火动态有显著影响。气候变化引起了动植物种群变化和植被组成或树种分布区域的变化，从而影响林火发生频率和火烧强度，林火动态的变化又会促进动植物种群改变。火烧对植被的影响取决于火烧频率和强度，严重火烧能引起灌木或草地替代树木群落，引起生态系统结构和功能的显著变化。虽然目前林火探测和扑救技术明显提高，但伴随着区域明显增温，北方林年均火烧面积呈增加趋势。极端干旱事件常常引起森林火灾大爆发，火烧频率增加可能抑制树木更新，有利于耐火树种和植被类型的发展。

温度升高和降水模式改变将增加干旱区的火险，火烧频度加大。气候变化还影响人类的活动区域，并影响到火源的分布。林火管理有多种方式，但完全排除火烧的森林防火战略在降低火险方面相对作用不大。火烧的驱动力、生态系统生产力、可燃物积累和环境火险条件都受气候变化的影响。积极的火灾扑救促进碳沉降，特别是腐殖质层和土壤，这对全球的碳沉降是非常重要的。

气候变化将增加一些极端天气事件与灾害的发生频率和量级。未来气候变化特点是气温升高、极端天气／气候事件增加和气候变率增大。天气变暖会引起雷击和雷击火的发生次数增加，防火期将延长。温度升高和降水模式的改变，提高了干旱性升高区域的火险。气候变化会引起火循环周期缩短，火灾频度的增加导致灌木占主导地位。

降水和其他因素共同影响干旱期延长和植被类型变化，因为对未来降水模式的变化的了解有限，与气候变化和林火相关的研究还存在很大不确定性。气候变化可能导致火烧频度增加，特别是降水量不增加或减少的地区。降水量的普遍适度增加会带来生产力的增加，也有利于产生更多的易燃细小可燃物。变化的温度和极端天气事件将影响火发生频率和模式，北方林对气候变化最为敏感。火烧频率、大小、强度、季节性、类型和严重性影响森林组成和生产力。

3. 气候变化对森林病虫害的影响

气候变暖使我国森林植被和森林病虫害分布区系向北扩大，森林病虫害发生期提前，世代数增加，发生周期缩短，发生范围和危害程度加大。年平均温度，尤其是冬季温度的上升促进了森林病虫害的大发生。如油松毛虫已向北、向西水平扩展。白蚁原是热带和亚热带所特有的害虫，但由于近几十年气候变暖，白蚁危害正由南向北逐渐蔓延。属南方型的大袋蛾随着温暖带地区大规模泡桐人工林扩大曾在黄淮地区造成严重问题。东南丘陵松树上常见的松瘤象、松褐天牛、横坑切梢小蠹、纵坑切梢小蠹已在辽宁、吉林危害严重。

随着气候变暖，连续多年的暖冬，以及异常气温频繁出现，森林生态系统和生物相对均衡局面常发生变动，我国森林病虫害种类增多，种群变动频繁发生，周期相应缩短，发生危害面积一直居高不下。气温对病虫害的影响主要是在高纬度地区。同时气候变化也加重了病虫害的发生程度，一些次要的病虫或相对无害的昆虫相继成灾，促进了海拔较高地区的森林，尤其是人工林病虫害的发生。过去很少发生病虫害的云贵高原近年来病虫害频发，云南某地区海拔 3 800 ～ 4 000 m 高山上冷杉林内的高山小毛虫常猖獗成灾。

气候变化引起的极端气温天气逐渐增加，严重影响苗木生长和保存率，林木抗病能力下降，高海拔人工林表现得尤为明显，增加了森林病虫害突发成灾的频率。全球气候变化对森林病虫害发生的可能影响主要体现在以下几个方面。

（1）使病虫害发育速度增加，繁殖代数增加；

（2）改变病虫害的分布和危害范围，使害虫越冬代北移，越冬基地增加，迁飞范围增加，对分布范围广的种影响较小；

（3）使外来入侵的病虫害更容易建立种群；

（4）对昆虫的行为发生变化；

（5）改变寄主—害虫—天敌之间的相互关系；

（6）导致森林植被分布格局改变，使一些气候带边缘的树种生长力和抗性减弱，导致病虫害发生。

4.气候变化对林业区划的影响

林业区划是促进林业发展和合理布局的一项重要基础性工作。林业生产的主体——森林受外界自然条件的制约，特别是气候、地貌、水文、土壤等自然条件对森林生长具有决定性意义。不同地区具有不同的自然环境条件，导致森林分布具有明显的地域差异性。林业区划的任务是根据林业分布的地域差异，划分林业的适宜区。其中以自然条件的异同为划分林业区界的基本依据。中国全国林业区划以气候带、大地貌单元和森林植被类型或大树种为主要标志；省级林业区划以地貌、水热条件和大林种为主要标志；县级林业区划以代表性林种和树种为主要标志。

未来气候变暖后，中国温度带的界限北移，寒温带的大部分地区可能达到中温带温度状况，中温带面积的 1/2 可能达到暖温带温度状况，暖温带的绝大部分地区可能达到北亚热带温度状况，而北亚热带可能达到中亚热带温度状况，中亚热带可能达到南亚热带温度状况，南亚热带可能达到边缘热带温度状况，边缘热带的大部分地区可能达到中热带温度状况，中热带的海南岛南端可能达到赤道带温度状况。

全球变暖后，中国干湿地区的划分仍为湿润至干旱 4 种区域，干湿区范围有所变化。总体来看，干湿区分布较气候变暖前的分布差异减小，分布趋于平缓，从而缓和了自东向西水分急剧减少的状况。

未来气候变化可能导致中国森林植被带北移，尤其是落叶针叶林的面积减少很大，甚至可能移出中国境内；温带落叶阔叶林面积扩大，较南的森林类型取代较北的类型；华北地区和东北辽河流域未来可能草原化；西部的沙漠和草原可能略有退缩，被草原和灌丛取代；高寒草甸的分布可能略有缩小，将被热带稀树草原和常绿针叶林取代。

中国目前极端干旱区、干旱区的总面积，占国土面积的近 40%，且干旱和半干旱趋势十分严峻。温度上升 4 ℃时，中国干旱区范围扩大，而湿润区范围缩小，中国北方趋于干旱化。随着温室气体浓度的增加，各气候类型区的面积基本上呈增加的趋势，其中以极端干旱区和亚湿润干旱区增加的幅度最大，半干旱区次之，持续变干必将加大沙漠化程度。

5. 气候变化对林业重大工程的影响

气候增暖和干暖化，将对中国六大林业工程的建设产生重要影响，主要表现在植被恢复中的植被种类选择和技术措施、森林灾害控制、重要野生动植物和典型生态系统的保护措施等。中国天然林资源主要分布在长江、黄河源头地区或偏远地区，森林灾害预防和控制的基础设施薄弱，因此面临的林火和病虫灾害威胁可能增大。

未来中国气温升高，特别是部分地区干暖化，将使现在退耕还林工程区内的宜林荒地和宜林退耕地逐步转化为非宜林地和非宜林退耕地，部分荒山造林和退耕还林形成的森林植被有可能退化，形成功能低下的"小老树"林。三北和长江中下游地区等重点防护林建设工程的许多地区，属干旱半干旱气候区，水土流失严重，土层浅薄，土壤水分缺乏，历来是中国造林最困难的地区。未来气候变暖及干旱化趋势，将使这些地区的立地环境变得更为恶劣，造林更为困难。一些现在的宜林地可能需以灌草植被建设取代，特别是在森林—草原过渡区。

6. 林业对气候变化的适应性评估

"适应性"是指系统在气候变化条件下的调整能力，从而缓解潜在危害。森林生态系统的适应性包括两个方面：一是生态系统和自然界本身的调节和恢复能力；二是人为的作用，特别是社会经济的基础条件、人为的调控和影响等。

在自发适应方面，我国针对人工林已经采取了多种适应措施，如管理密度、硬阔/软阔混交、区域内和区域间木材生长与采伐模式、轮伐期、新气候条件下树木品种和栽培面积改变、调整木材尺寸及质量、调整火灾控制系统等。评价自发适应的途径，主要是利用气候变化影响评价模型，预测短期、即时或者自发性适应措施的有效性。自发适应对策的评估，与气候变化影响的评估直接相关。目前大部分气候变化影响和适应对策评价研究方法，主要由以下几个方面组成：明确研究区域、研究内容，选择敏感的部门等；选择适合大多数问题的评价方法；选择测试方法，进行敏感性分析；选择和应用气候变化情景；评价对生物、自然和社会经济系统的影响；评价自发的调整措施；评价适应对策。

在人为调节适应方面，决策者首先必须明确气候变化确实存在而且将产生持续的影响，尤其是未来气候变化对其所在行业的影响。这需要制定相关政策，坚持气候观测与信息交流，支持相关技术、能力和区域网络研究，发展新的基层组织、政策和公共机构，在发展规划中强调气候变化的位置，建设持续调整和适应能力，分析确定各适应措施的可行性和原因等。我国已采取的措施包括：制定和实施各种与保护森林生态系统相关的法律和法规，如《中华人民共和国森林法》《中华人民共和国土地管理法》等，以控制和制止毁林，建立自然保护区和森林公园，对现存森林实施保护，大力开展林业生态工程建设等。

当前的林火管理包括许多方式与手段，充分发挥林火对生态系统的有益作用，并防止其破坏性。通过林火与气候变化的研究，改变林火管理策略，适应变化的气候情景。但林火管理涉及许多社会问题，特别是城市郊区的火灾常常影响到居民生命与财产安全，在扑救这些区域火灾时，就不会考虑经济成本。目前对林火管理的经济成本研究还局限于某一地区或某一方面，林火管理政策中也存在一些争议。如林火管理者常常采用计划烧除清理可燃物来预防森林大火的发生，但火烧常常引起空气污染。火后森林的恢复过程取决于火烧程度。在没有受到外界干扰的热带原始森林，森林预计可以在几年内充分恢复。

（二）林业减缓气候变化的作用

森林作为陆地生态系统的主体，以其巨大的生物量储存着大量碳，是陆地上最大的碳贮库和最经济的吸碳器。树木主要由碳水化合物组成，树木生物体中的碳含量约占其干重（生物量）的 50%。树木的生长过程就是通过光合作用，从大气中吸收 CO_2，将 CO_2 转化为碳水化合物贮存在森林生物量中。因此，森林生长对大气中 CO_2 的吸收（固碳作用）能为减缓全球变暖的速率做出贡献，保护森林植被是全球温室气体减排的重要措施之一。林业生物质能源作为"零排放"能源，大力发展林业生物质能源，从而减少化石燃料燃烧，是减少温室气体排放的重要措施。

1. 维持陆地生态系统碳库

全球森林生物量碳储量达 282.7 Gt，平均每公顷森林的生物量碳储量 71.5 t，如果加上土壤、粗木质残体和枯落物中的碳，每公顷森林碳储量达 161.1 t。据 IPCC 估计，全球陆地生态系统碳储量约 2 477 Gt，其中植被碳储量约占 20%，土壤碳约占 80%。占全球土地面积约 30% 的森林，其森林植被的碳储量约占全球植被的 77%，森林土壤的碳储量约占全球土壤的 39%。单位面积森林生态系统碳储量（碳密度）是农地的 1.9 ~ 5.0 倍。可见，森林生态系统是陆地生态系统中最大的碳库，其增加或减少都将对大气 CO_2 产生重要影响。

2. 增加大气 CO_2 吸收汇

森林植物在其生长过程中通过同化作用，吸收大气中的 CO_2，将其固定在森林生物量中。森林每生长 1 m³ 木材，约需要吸收 1.83 t CO_2。在全球每年近 60 Gt 碳的净初级生产量中，热带森林占 20.1 Gt 碳，温带森林占 7.4 Gt 碳，北方森林占 2.4 Gt 碳。

在自然状态下，随着森林的生长和成熟，森林吸收 CO_2 的能力降低，同时森林自养和异养呼吸增加，使森林生态系统与大气的净碳交换逐渐减小，系统趋于碳平衡状态，或生态系统碳储量趋于饱和，如一些热带和寒温带的原始林。但达到饱和状态无疑是一个十分漫长的过程，可能需要上百年甚至更长的时间。即便如此，仍可通过增加森林面积来增强陆地碳贮存。而且如上所述，一些研究测定发现原始林仍有碳的净吸收。森林被自然或人为扰动后，其平衡将被打破，并向新的平衡方向发展，达到新平衡所需的时间取决于目前的碳储量水平、潜在碳储量和植被与土壤碳累积速率。对于可持续管理的森林，成熟森林被采伐后可以通过再生长达到原来的碳储量，而收获的木材或木产品一方面可以作为工业或能源的代用品，从而减少工业或能源部门的温室气体源排放；另一方面，耐用木产品可以长期保存，部分可以永久保存，从而减缓大气 CO_2 浓度的升高。

增强碳吸收汇的林业活动包括造林、再造林、退化生态系统恢复、建立农林复合系统、加强森林可持续管理以提高林地生产力等能够增加陆地植被和土壤碳储量的措施。通过造林、再造林和森林管理活动增强碳吸收汇已得到国际社会广泛认同，并允许发达国家使用这些活动产生的碳汇用于抵消其承诺的温室气体减限排指标。造林碳吸收因造林树种、立地条件和管理措施而异。

有研究表明，由于中国大规模的造林和再造林活动，到 2050 年，中国森林年净碳吸收能力将会大幅度增加。

3.增强碳替代

碳替代措施包括以耐用木质林产品替代能源密集型材料、生物能源（如能源人工林）、采伐剩余物的回收利用（如用作燃料）。由于水泥、钢材、塑料、砖瓦等属于能源密集型材料，且生产这些材料消耗的能源以化石燃料为主，而化石燃料是不可再生的。如果以耐用木质林产品替代这些材料，不但可增加陆地碳贮存，还可减少生产这些材料的过程中化石燃料燃烧引起的温室气体排放。虽然部分木质林产品中的碳最终将通过分解作用返回大气，但由于森林的可再生特性，森林的再生长可将这部分碳吸收回来，避免由于化石燃料燃烧引起的净排放。

二、林业项目应对气候变化的途径和措施

林业对气候变化的应对可以采取以下几点措施。

（一）植树造林，增加碳汇固定能力

碳储存量最多的地方就是陆地生态系统中的森林生态系统，它也是全球碳循环中必不可缺的一个部分。植树造林工作是实现我国经济发展和构建和谐社会过程中必不可少的工作，对于碳储存也有较大的作用，因此在具体的实践中要加大植树造林的力度，从而促进对碳的储存，不断增加森林碳的储存量。我国的森林资源有两种形式，一种是自然林，另一种是人造林，自然林分布的区域较广。增加人造林的方式是很多的，主要有全面共同义务植树造林、落实重点防护林的保护措施和在清洁机制基础上进行造林和再造林项目的开展。

（二）提高现有森林的质量，增加碳汇

陆地生态系统的主体之一就是森林，森林中的植被通过光合作用可以

吸收空气中的二氧化碳，释放大量的氧气，供人们的日常生产生活需要。大气中的二氧化碳通过光合作用被固定在森林中的植物和土壤中，森林的碳储量因而得到增加，进而使森林的碳汇功能增强。我国的森林资源较丰富，但由于我国的人口数量也较多，造成我国森林人均占有量较少的局面，我国大量的森林资源对碳的储存量已经超过全球一年的二氧化碳的排放量，对改善生态环境和提高人们生活水平有一定的作用和意义。我国的森林资源主要形式是人工林和次生林，森林中林木的密度不是很高，与高规格的森林相比，对于碳的存储量还存在一定的差距。因此要加强对我国现有森林资源质量的管理提高工作，进一步提升森林对于二氧化碳的储存能力。

（三）保护湿地和控制水土流失，减少温室气体排放

湿地被誉为"地球之肾"，其土壤和植被中蕴含着大量的有机碳。然而从最新湿地普查结果来看，我国湿地的数量在一步步减少，这一结果严重影响到我国生态文明的建设和可持续发展，也导致湿地中储存的有机碳大量分解。要提高森林碳汇，一定要保护湿地不受侵蚀，控制水土流失，提高土壤的固碳能力。

（四）寻找林产品能源替代化石能源的途径，减少碳排放

目前，人们的生活和生产中还是非常缺少可利用能源，并且面对着环境日益恶化的情况。如果我们在林业产品中寻找到了有效的途径，将其作为主要的可利用能源，并将化石能源给替换掉，这样不仅解决了能源缺失的问题，还能较少环境的污染，达到了两全其美的目的。森林本身就是可再生的能源，也是重要的可利用能源，它为人们的生活提供了产品原料，还对空气和水质都能起到净化的作用，维护了生态环境的稳定。利用林业资源去代替钢材等密集型的能源材料，再通过木材的转化物质去代替化石能源的利用，这样能对不可再生能源起到很好的节约作用，还能减少温室气体的排放和大气层的储存量，有助于环境保护。

综上所述，大力发展碳汇林业有着极大的低碳经济优势，在应对全球气候恶化变暖情况下有着极为重要的地位。最近几年以来，尤其是在世界不断关注环保节能的情况下，更应该在自身森林资源丰富的情况下，加强

林业对于气候环境的应对能力。加大林业的发展力度，不仅仅是提高森林的占地面积，同时也是全世界新的发展方向，这是提升碳汇林业的最佳切入口。

第二节 荒漠化防治与现代林业

一、我国的荒漠化及防治现状

（一）荒漠化现状

荒漠化是我国极为严重的生态环境问题之一，主要表现为生态系统破坏、环境恶化、自然资源浪费等。目前，我国沙漠迅速扩大，荒漠化蔓延到了全国各地。

（二）我国荒漠化发展趋势

中国在防治荒漠化和沙化方面取得了显著的成就。目前，中国荒漠化和沙化状况总体上有了明显改善，与第四次全国荒漠化和沙化监测结果相比，全国荒漠化土地面积减少了 121.20 万 hm^3，沙化土地减少了 99.02 万 hm^3。荒漠化和沙化整体扩展的趋势得到了有效的遏制。

我国荒漠化防治所取得的成绩是初步的和阶段性的。治理形成的植被刚进入恢复阶段，一年生草本植物比例还较大，植物群落的稳定性还比较差，生态状况还很脆弱，植物群落恢复到稳定状态还需要较长时间。沙化土地治理难度越来越大。沙区边治理边破坏的现象突出。研究表明，全球气候变化对我国荒漠化产生重要影响，我国未来荒漠化生物气候类型区的面积仍会扩展，区域内的干旱化程度也会进一步加剧。

二、我国荒漠化治理分区

我国地域辽阔，生态系统类型多样，社会经济状况差异大，根据实际情况，将全国荒漠化地区划分为 5 个典型治理区域。

（一）风沙灾害综合防治区

本区包括东北西部、华北北部及西北大部干旱、半干旱地区。这一地区沙化土地面积大。由于自然条件恶劣，干旱多风，植被稀少，草地沙化严重，这一地区生态环境十分脆弱；农村燃料、饲料、肥料、木料缺乏，严重影响当地人民的生产和生活。生态环境建设的主攻方向是在沙漠边缘地区、沙化草原、农牧交错带、沙化耕地、沙地及其他沙化土地，要采取综合措施，保护和增加沙区林草植被，控制荒漠化扩大趋势。以三北风沙线为主干，以大中城市、厂矿、工程项目周围为重点，因地制宜兴修各种水利设施，推广旱作节水技术，禁止毁林毁草开荒，采取植物固沙、沙障固沙等各种有效措施，减轻风沙危害。对于沙化草原、农牧交错带的沙化耕地、条件较好的沙地及其他沙化土地，通过封沙育林育草、飞播造林种草、人工造林种草、退耕还林还草等措施，进行积极治理。因地制宜，积极发展沙产业。鉴于中国沙化土地分布的多样性和广泛性，可细分为3个亚区。

1. 干旱沙漠边缘及绿洲治理类型区

该区主体位于贺兰山以西，祁连山和阿尔金山、昆仑山以北，行政范围包括新疆大部、内蒙古西部及甘肃河西走廊等地区。区内分布塔克拉玛干、古尔班通古特、库姆塔格、巴丹吉林、腾格里、乌兰布和、库布齐7大沙漠。本区干旱少雨，风大沙多，植被稀少，年降水量多在200 mm以下，沙漠浩瀚，戈壁广布，生态环境极为脆弱，天然植被破坏后难以恢复，人工植被必须在灌溉条件下才有可能成活。依水分布的小面积绿洲是人民赖以生存、发展的场所。目前存在的主要问题是沙漠扩展剧烈，绿洲受到流沙的严重威胁；过牧、樵采、乱垦、挖掘，使天然荒漠植被大量减少；不合理地开发利用水资源，挤占了生态用水，导致天然植被衰退死亡，绿洲萎缩。本区以保护和拯救现有天然荒漠植被和绿洲、遏制沙漠侵袭为重点。具体措施：将不具备治理条件和具有特殊生态保护价值的不宜开发利用的连片沙化土地划为封禁保护区；合理调节河流上下游用水，保证生态用水；在沙漠前沿建设乔灌草合理配置的防风阻沙林带，在绿洲外围建立综合防护体系。

2. 半干旱沙地治理类型区

该区位于贺兰山以东、长城沿线以北，以及东北平原西部地区，区内分布有浑善达克、呼伦贝尔、科尔沁和毛乌素 4 大沙地，其行政范围包括北京、天津、内蒙古、河北、山西、辽宁、吉林、黑龙江、陕西和宁夏 10 省（自治区、直辖市）。本区是影响华北及东北地区沙尘天气的沙尘源区之一。干旱多风，植被稀疏，但地表和地下水资源相对丰富，年降水量在 300 ~ 400 mm 之间，沿中蒙边界在 200 mm 以下。本区天然与人工植被均可在自然降水条件下生长和恢复。目前存在的主要问题是过牧、过垦、过樵现象突出，植被衰败，草场退化、沙化发生发展活跃。本区以保护、恢复林草植被，减少地表扬沙起尘为重点。具体措施：牧区推行划区轮牧、休牧、围栏禁牧、舍饲圈养，同时沙化严重区实行生态移民，农牧交错区在搞好草畜平衡的同时，通过封沙育林育草、飞播造林（草）、退耕还林还草和水利基本建设等措施，建设乔灌草相结合的防风阻沙林带，治理沙化土地，遏制风沙危害。

3.亚温润沙地治理类型区

该区主要包括太行山以东、燕山以南、淮河以北的黄淮海平原地区，沙化土地主要由河流改道或河流泛滥形成，其中以黄河故道及黄泛区的沙化土地分布面积最大。行政范围涉及北京、天津、河北、山东、河南等省（直辖市）。该区自然条件较为优越，光照和水热资源丰富，年降水量 450 ~ 800 mm。地下水丰富，埋藏较浅，开垦历史悠久，天然植被仅分布于残丘、沙荒、河滩、洼地、湖区等，是我国粮棉重点产区之一，人口密度大，劳动力资源丰富。目前存在的主要问题是局部地区风沙活动仍强烈，冬春季节风沙危害仍很严重。本区以田、渠、路林网和林粮间作建设为重点，全面治理沙化土地。主要治理措施：在沙地的前沿大力营造防风固沙林带，结合渠、沟、路建设，加强农田防护林、护路林建设，保护农田和河道，并在沙化面积较大的地块大力发展速生丰产用材林。

（二）黄土高原重点水土流失治理区

本区域包括陕西北部、山西西北部、内蒙古中南部、甘肃东部、青海东部及宁夏南部黄土丘陵区。总面积 30 多万 km²，是世界上面积最大的黄土覆盖地区，气候干旱，植被稀疏，水土流失十分严重，水土流失面积约占总面积的 70%，是黄河泥沙的主要来源地。这一地区土地和光热资源丰富，但水资源缺乏，农业生产结构单一，广种薄收，产量长期低而不稳，群众生活相对困难。加快这一区域生态环境治理，不仅可以解决农村问题，改善生存和发展环境，而且对治理黄河至关重要。生态环境建设的主攻方向是：以小流域为治理单元，以县为基本单位，以修建水平梯田和沟坝地等基本农田为突破口，综合运用工程措施、生物措施和耕作措施治理水土流失，尽可能做到泥不出沟。陡坡地退耕还草还林，实行草、灌木、乔木结合，恢复和增加植被。在对黄河危害最大的砒砂岩地区大力营造沙棘水土保持林，减少粗沙流失危害。大力发展雨水集流节水灌溉，推广普及旱作农业技术，提高农产品产量，稳定解决温饱问题。积极发展林果业、畜牧业和农副产品加工业，帮助农民脱贫致富。

（三）北方退化天然草原恢复治理区

我国草原分布广阔，总面积约270万 km²，占国土面积的1/4以上，主要分布在内蒙古、新疆、青海、四川、甘肃、西藏等地区，是我国生态环境的重要屏障。长期以来，受人口增长、气候干旱和鼠虫灾害的影响，特别是超载过牧和滥垦乱挖，使江河水系源头和上中游地区的草地退化加剧，有些地方已无草可用、无牧可放。生态环境建设的主攻方向是：保护好现有林草植被，大力开展人工种草和改良草场（种），配套建设水利设施和草地防护林网，加强草原鼠虫灾防治，提高草场的载畜能力。禁止草原开荒种地。实行围栏、封育和轮牧，搞好草畜产品加工配套。

（四）青藏高原荒漠化防治区

本区域面积约176万 km²，该区域绝大部分是海拔3 000 m以上的高寒地带，土壤侵蚀以冻融侵蚀为主。人口稀少，牧场广阔，其东部及东南部有大片林区，自然生态系统保存较为完整，但天然植被一旦破坏将难以恢复。生态环境建设的主攻方向：以保护现有的自然生态系统为主，加强天然草场，长江、黄河源头水源涵养林和原始森林的保护，防止不合理开发。其中分为两个亚区，高寒冻融封禁保护区和高寒沙化土地治理区。

（五）西南岩溶地区石漠化治理区

该区主要以金沙江、嘉陵江流域上游干热河谷和岷江上游干旱河谷，川西地区、三峡库区、乌江石灰岩地区、黔桂滇岩溶地区热带 —— 亚热带石漠化治理为重点，加大生态保护和建设力度。

三、荒漠化防治对策

荒漠化防治是一项长期艰巨的国土整治和生态环境建设工作，需要从制度、政策、机制、法律、科技、监督等方面采取有效措施，处理好资源、人口、环境之间的关系，促进荒漠化防治工作的健康发展。认真实施《全国防沙治沙规划》，落实规划任务，制定年度目标，定期监督检查，确保取得实效。抓好防沙治沙重点工程，落实工程建设责任制，健全标准体系，狠抓工程质量，严格资金管理，搞好检查验收，加强成果管护，确保工程稳步推进。创新体制机制。实行轻税薄费的税赋政策，权属明确的土地使用政策，谁投资、谁治理、谁受益的利益分配政策，调动全社会的积极性。强化依法治沙，加大执法力度，提高执法水平，推行禁垦、禁牧、禁樵措施，制止边治理、边破坏现象，建立沙化土地封禁保护区。依靠科技进步，推广和应用防沙治沙实用技术和模式，加强技术培训和示范工作，增加科技含量，提高建设质量。建设防沙治沙综合示范区，探索防沙治沙政策措施、技术模式和管理体制，以点带片，以片促面，构建防沙治沙从点状拉动到组团式发展的新格局。健全荒漠化监测和预警体系，加强监测机构和队伍建设，健全和完善荒漠化监测体系，实施重点工程跟踪监测，科学评价建设效果。发挥各相关部门的作用，齐抓共管，共同推进防沙治沙工作。

（一）加大沙漠化防治科技支撑力度

科学规划，周密设计。科学地确定林种和草种结构，宜乔则乔，宜灌则灌，宜草则草，乔灌草合理配置，生物措施、工程措施和农艺措施有机结合。大力推广和应用先进科技成果和实用技术。根据不同类型区的特点有针对性地对科技成果进行组装配套，着重推广应用抗逆性强的植物良种、先进实用的综合防治技术和模式，逐步建立起一批高水平的科学防治示范基地，辐射和带动现有科技成果的推广和应用，促进科技成果的转化。

加强荒漠化防治的科技攻关研究。荒漠化防治周期长，难度大，还存在着一系列亟待研究和解决的重大科技课题。如荒漠化控制与治理、沙化退化地区植被恢复与重建等关键技术；森林生态群落的稳定性规律；培育适宜荒漠化地区生长、抗逆性强的树木良种，加快我国林木良种更新，提高林木良种使用率，荒漠化地区水资源合理利用问题，保证生态系统的水分平衡等。

大力推广和应用先进科技成果和实用技术。在长期的防治荒漠化实践中，我国广大科技工作者已经探索、研究出了上百项实用技术和治理模式，如节水保水技术、风沙区造林技术、沙区飞播造林种草技术、封沙育林育草技术、防护林体系建设与结构模式配置技术、草场改良技术、病虫害防治技术、沙障加生物固沙技术、公路铁路防沙技术、小流域综合治理技术和盐碱地改良技术等，这些技术在我国荒漠化防治中已被广泛采用，并在实践中被证明是科学可行的。

（二）建立沙漠化监测和工程效益评价体系

荒漠化监测与效益评价是工程管理的一个重要环节，也是加强工程管理的重要手段，是编制规划、兑现政策、宏观决策的基础，是落实地方行政领导防沙治沙责任考核奖惩的主要依据。为了及时、准确、全面地了解和掌握荒漠化现状及治理成就及其生态防护效益，为荒漠化管理部门进行科学管理、科学决策提供依据，必须加强和完善荒漠化监测与效益评价体系建设，进一步提高荒漠化监测的灵敏性、科学性和可靠性。

加强全国沙化监测网络体系建设。在几次全国荒漠化、沙化监测的基础上，根据《中华人民共和国防沙治沙法》的有关要求，要进一步加强和完善全国荒漠化、沙化监测网络体系建设，修订荒漠化监测的有关技术方案，逐步形成以面上宏观监测、敏感地区监测和典型类型区定位监测为内容的，以"3S"技术结合地面调查为技术路线的，适合当前国情的比较完备的荒漠化监测网络体系。

建立沙尘暴灾害评估系统。利用最新的技术手段和方法，预报沙尘暴的发生，评估沙尘暴所造成的损失，为各级政府提供防灾减灾的对策和建议，具有十分重要的意义。近年来，国家林业和草原局在沙化土地监测的基础上，与气象部门合作，开展了沙尘暴灾害损失评估工作。应用遥感信息和地面站点的观测资料，结合沙尘暴影响区域内地表植被、土壤状况、作物面积和物候期、生长期、畜牧业情况及人口等基本情况，通过建立沙尘暴灾害经济损失评估模型，对沙尘暴造成的直接经济损失进行评估。今后，需要进一步修订完善灾害评估模型，以提高灾害评估的准确性和可靠度。

完善工程效益定位监测站（点）网建设。防治土地沙化重点工程，要在工程实施前完成工程区各种生态因子的普查和测定，并随着工程进展连续进行效益定位监测和评价。国家林业和草原局拟在各典型区建立工程效益监测站，利用"3S"技术，点面监测结合，对工程实施实时、动态监测，掌握工程进展情况，评价防沙治沙工程效益。工程监测与效益评价结果应分区、分级进行，在国家级的监测站下面，根据实际情况分级设立各级监测网点。

（三）完善管理体制、创新治理机制

我国北方的土地退化经过近半个世纪的研究和治理，荒漠化和沙化整体扩展的趋势得到初步遏制，但局部地区仍在扩展。基于我国的国情和沙情，我国土地荒漠化和沙化的总体形势仍然严峻，防沙治沙的任务仍然非常艰巨。我国荒漠化治理过多地依赖政府行为，忽视了人力资本的开发和技术成果的推广与转化。制度安排的不合理是影响我国沙漠化治理成效的重要原因之一。要走出现实的困境，就必须完成制度安排的正向变迁，在产权得到保护和补偿制度建立的前提下，通过一系列的制度保证，将荒漠的公益性治理的运作机制转变为利益性治理，建立符合经济主体理性的激励相容机制，鼓励农牧民和企业参与治沙，从根本上解决荒漠化的贫困根源，使荒漠化地区经济、社会得到良性发展，实现社会、经济、环境三重效益的整体最大化。

1. 设立生态特区和封禁保护区

在我国北方共计有 7 400 多千米的边境风沙线，既是国家的边防线，人民的生命线。另外西部航天城、卫星发射基地等，直接关系到国防安全和国家安全。荒漠化地区的许多国有林场（包括苗圃、治沙站）和科研院所是防治荒漠化的主力军，但科学研究因缺乏经费不能开展，许多关键问题如节水技术、优良品种选育、病虫害防治等得不到解决，很多种、苗基地处于瘫痪、半瘫痪状态，职工工资没有保障，工程建设缺乏技术支撑和持续发展后劲。

有鉴于此,建议将沙区现有的航天基地等和科研基地(长期定位观测站、治沙试验站、新技术新品种试验区等)划为生态特区。

沙化土地封禁保护区是指在规划期内不具备治理条件的以及因保护生态的需要不宜开发利用的连片沙化土地。据测算,按照沙化土地封禁保护区划定的基本条件,我国适合封禁保护的沙化土地总面积约 60 万 km²,主要分布在西北荒漠和半荒漠地区以及青藏高原高寒荒漠地区,区内分布有塔克拉玛干、古尔班通古特、库木塔格、巴丹吉林、腾格里、柴达木、亚玛雷克、巴音温都尔等沙漠。行政范围涉及新疆、内蒙古、西藏、甘肃、宁夏、青海 6 个省(自治区),114 个县(旗、区)。这些地区是我国沙尘暴频繁活动的中心区域或风沙移动的路径区,对周边区域的生态环境有明显的影响。因此,加快对这些地区实施封禁保护,促进沙区生态环境的自然修复,减轻沙尘暴的危害,改善区域生态环境,是当前防沙治沙工作所面临的一项十分紧迫的任务。

主要采取的保护措施包括:一是停止一切导致这部分区域生态功能退化的开发活动和其他人为破坏活动;二是停止一切产生严重环境污染的工程项目建设;三是严格控制人口增长,区内人口已超过承载能力的应采取必要的移民措施;四是改变粗放生产经营方式,走生态经济型发展的道路,对已经破坏的重要生态系统,要结合生态环境建设措施,认真组织重建,尽快遏制生态环境恶化趋势;五是进行重大工程建设要经国务院指定的部门批准。沙化土地封禁保护区建设是一项新事物,目前仍处于起步阶段。特别是封禁保护的区域多位于边远地区、贫困地区和少数民族地区,如何妥善处理好封禁保护与地方经济社会发展的关系,保证其健康有序地推进,还没有可以借鉴的成熟模式和经验,还需要在实践过程中不断地探索和总结。封禁保护区建设涉及农、林、国土等不同的行业和部门,建设项目包括封禁保护区居民转移安置、配套设施建设、管理和管护队伍建设、宣传教育等,是一项工作难度大、综合性较强的系统工程。因此,研究制定切实可行的措施与保障机制,对于保证封禁保护区建设成效具有重要意义。

2. 创办专业化治沙生态林场

目前,荒漠化地区"林场变农场,苗圃变农田,职工变农民"的现象比较普遍。近几年在西北地区爆发的黄斑天牛、光肩星天牛虫害,使多年来营造的大面积防护林毁于一旦,给农业生产带来严重损失,宁夏平原地区因天牛危害砍掉防护林使农业减产20%~30%,这种本可避免的损失与上述困境有直接的关系。

为了保证荒漠化治理工程建设的质量和投资效益;建议在国家、省、地、县组建生态工程承包公司,由农村股份合作林场、治沙站、国有林场以及下岗人员参与国家和地方政府的荒漠化治理工程投标。所有生态工程建设项目实行招标制审批,合同制管理,公司制承包,股份制经营,滚动式发展机制,自主经营,自负盈亏,独立核算。

3.出台荒漠化治理的优惠政策

我国先后颁布和制定过多项防沙治沙优惠政策(如发放贴息贷款、沙地无偿使用、减免税收等),但大多数已不能适应新的形势发展。为了鼓励对荒漠化土地的治理与开发,新的优惠政策应包括四个方面。一是资金扶持。由于荒漠化地区治理、开发投资大,除工程建设投资和贴息贷款外,建议将中央农、林、牧、水、能源等各产业部门、扶贫、农业综合开发等资金捆在一起,统一使用,以加大治理和开发的力度和规模。二是贷款优惠。改进现行贴息办法,实行定向、定期、定律贴息。根据工程建设内容的不同实行不同的还贷期限,如投资周期长的林果业,还贷期限以延长至8~15年为宜。简化贷款手续,改革现行贷款抵押办法,放宽贷款条件。三是落实权属。鼓励集体、社会团体、个人和外商承包治理和开发荒漠化土地,实行"谁治理、谁开发、谁受益"的政策,50~70年不变,允许继承、转让、拍卖、租赁等。四是税收减免。

4.完善生态效益补偿制度

防治荒漠化工程的主体是生态工程,需要长期经营和维护,其回报则主要或全部是具有公益性质的生态效益。为了补偿生态公益经营者付出的投入,弥补工程建设经费的不足,合理调节生态公益经营者与社会受益者之间的利益关系,增强全社会的环境意识和责任感,在荒漠化地区应尽快建立和完善生态效益补偿制度。补偿内容包括三个方面:一是向防治荒漠化工程的生态受益单位和个人,征收一定比例的生态效益补偿金;二是使用治理修复的荒漠化土地的单位和个人必须缴纳补偿金;三是破坏生态者不仅要支付罚款和负责恢复生态,还要缴纳补偿金,收取的补偿金专项用于防治荒漠化工程建设，不得挪用，以保证工程建设持续、快速、健康地发展。

第三节 森林及湿地生物多样性保护

生物多样性是人类赖以生存的基本条件，是人类经济社会得以持续发展的基础。森林是"地球之肺"，湿地是"地球之肾"。森林、湿地及其栖居的各种动植物，构成了生物多样性的主体。面对森林与湿地资源不断破坏、森林及湿地生物多样性日益锐减的严峻形势，积极开展森林及湿地生物多样性保护的研究与实践，对于保护好生物多样性、维护自然生态平衡、推动经济社会可持续发展具有巨大作用和重要意义。

当前全球及中国生物多样性研究的重点是从基本概念、岛屿生物地理学、自然保护区建设等方面解决重要理论、方法与技术问题，为认识和了解生物多样性、开展生物多样性保护的研究与实践提供科学依据。

一、生物多样性保护的生态学理论

（一）生态系统的保护理论

生态系统的保护是保护生物多样性的基础和前提。生态系统是由生物群落、与之紧密关联的非生物组成部分和它们之间的相互作用所构成的复杂整体，其保护关乎人类社会的可持续发展。保护生态系统需要全面认识生态系统的特征和功能，分析生态系统内部和外部的各种要素以及它们之间的相互作用。

（二）物种保护理论

物种保护是保护生物多样性的根本目标。物种是生态系统的一个重要组成部分，是生物进化历程中的独立生命体，对于生态系统的稳定性和生态平衡至关重要。物种的保护建立在对物种特征和生物学习性的认识上，有助于建立适当的保护措施，可以更好地保护物种的生存和繁衍。

（三）生物资源保护理论

生物资源保护是保护生物多样性的重要内容之一。生物资源是生态系统中的有机物质、有机体和非生物等资源，是人类生产与生存的物质基础和条件之一。保护生物资源包括了保护种质资源、遗传资源、生态系统及其服务功能等。这些资源对于促进生态环境的可持续发展具有重要意义。

（四）集合种群生态学

狭义集合种群指局域种群的灭绝和侵占，即重点是局域种群的周转。广义集合种群指相对独立地理区域内各局域种群的集合，并且各局域种群通过一定程度的个体迁移而使之关联为一体。

用集合种群的途径研究种群生物学有两个前提：①局域繁育种群的集合被空间结构化；②迁移对局部动态有某些影响，如灭绝后，种群重建的可能性。

一个典型的集合种群需要满足4个条件。

条件1：适宜的生境以离散斑块形式存在。这些离散斑块可被局域繁育种群占据。

条件2：即使是最大的局域种群也有灭绝风险。否则，集合种群将会因最大局域种群的永不灭绝而可以一直存在下去，从而形成大陆－岛屿型集合种群。

条件3：生境斑块不可过于隔离而阻碍局域种群的重新建立。如果生境斑块过于隔绝，就会形成不断趋于集合种群水平上灭绝的非平衡集合种群。

条件4：各个局域种群的动态不能完全同步。如果完全同步，那么集合种群不会比灭绝风险最小的局域种群的续存时间更长。这种异步性足以保证在目前环境条件下不会使所有的局域种群同时灭绝。

由于人类活动的干扰，许多栖息地都不再是连续分布，而是被割裂成多个斑块，许多物种就是生活在这样破碎化的栖息地当中，并以集合种群形式存在，包括一些植物、数种昆虫纲以外的无脊椎动物、部分两栖动物、一些鸟类和部分小型哺乳动物，以及昆虫纲中的很多物种。

集合种群理论对自然保护有以下几个启示。①集合种群的长期续存需要10个以上的生境斑块。②生境斑块的理想间隔应是一个折中方案。③空间现实的集合种群模型可用于对破碎景观中的物种进行实际预测。④较高生境质量的空间变异是有益的。⑤现在景观中集合种群的生存可能具有欺骗性。

在过去几年中，集合种群动态及其在破碎景观中的续存等概念在种群生物学、保护生物学、生态学中牢固地树立起来。在保护生物学中，由于集合种群理论从物种生存的栖息地的质量及其空间动态的角度探索物种灭绝及物种分化的机制，成功地运用集合种群动态理论，可望从生物多样性演化的生态与进化过程中寻找保护珍稀濒危物种的规律。它很大程度上取代了岛屿生物地理学。

另外，随着景观生态学、恢复生态学的发展，基于景观生态学理论的自然保护区研究与规划，以及基于恢复生态学理论的退化生态系统恢复技术，在生物多样性保护方面也正发挥着越来越重要的作用。

二、生物多样性保护技术

（一）一般途径

1. 就地保护

就地保护是保护生物多样性最为有效的措施。就地保护是指为了保护生物多样性，把包含保护对象在内的一定面积的陆地或水体划分出来，进行保护和管理。就地保护的对象主要包括有代表性的自然生态系统和珍稀濒危动植物的天然集中分布区等。就地保护主要是建立自然保护区。自然保护区的建立需要大量的人力、物力，因此，保护区的数量终究有限。同时，某些濒危物种、特殊生态系统类型、栽培和家养动物的亲缘种不一定都生活在保护区内，还应从多方面采取措施，如建设设立保护点等。在林业上，应采取有利生物多样性保护的林业经营措施，特别应禁止采伐残存的原生天然林及保护残存的片断化的天然植被，如灌丛、草丛，禁止开垦草地、湿地等。

2. 迁地保护

迁地保护是就地保护的补充。迁地保护是指为了保护生物多样性，把由于生存条件不复存在、物种数量极少或难以找到配偶等原因，而生存和繁衍受到严重威胁的物种迁出原地，通过建立动物园、植物园、树木园、野生动物园、种子库、精子库、基因库、水族馆、海洋馆等不同形式的保护设施，对那些比较珍贵的、具有较高价值的物种进行的保护。这种保护在很大程度上是挽救式的，它可能保护了物种的基因，但长久以后，可能保护的是生物多样性的活标本。因为迁地保护是利用人工模拟环境，自然生存能力、自然竞争等在这里无法形成。珍稀濒危物种的迁地保护一定要考虑种群的数量，特别对稀有和濒危物种引种时要考虑引种的个体数量，因为保持一个物种必须以种群最小存活数量为依据。对某一个种仅引种几个个体对保存物种的意义有限，而且一个物种种群最好来自不同地区，以丰富物种遗传多样性。迁地保护为趋于灭绝的生物提供了生存的最后机会。

3. 离体保护

离体保护是指通过建立种子库、精子库、基因库等对物种和遗传物质进行的保护。这种方法利用空间小、保存量大、易于管理，但该方法在许多技术上有待突破，对于一些不易储藏、储存后发芽率低等"难对付"的种质材料，目前还很难实施离体保护。

（二）自然保护区建设

自然保护区在保护生态系统的天然本底资源、维持生态平衡等多方面都有着极其重要的作用。在生物多样性保护方面，由于自然保护区很好地保护了各种生物及其赖以生存的森林、湿地等各种类型生态系统，为生态系统的健康发展以及各种生物的生存与繁衍提供了保证。自然保护区是各种生态系统以及物种的天然储存库，是生物多样性保护最为重要的途径和手段。

1. 自然保护区地址的选择

保护地址的选择，首先必须明确其保护的对象与目标要求。一般来说需考虑以下因素。

①典型性。应选择有地带性植被的地域，应有本地区原始的"顶极群落"，即保护区为本区气候带最有代表性的生态系统。

②多样性。即多样性程度越高，越有保护价值。

③稀有性。即保护那些稀有的物种及其群体。

④脆弱性。脆弱的生态系统对极易受环境的改变而发生变化，保护价

值较高。另外还要考虑面积因素、天然性、感染力、潜在的保护价值以及科研价值等方面。

2. 自然保护区设计理论

由于受到人类活动干扰的影响，许多自然保护区已经或正在成为生境岛屿。岛屿生物地理学理论为研究保护区内物种数目的变化和保护的目标物种的种群动态变化提供了重要的理论方法，成为自然保护区设计的理论依据。但在一个大保护区好还是几个小保护区好等问题上，一直存在争议，因此岛屿生物地理学理论在自然保护区设计方面的应用值得进一步研究与认识。

3. 自然保护区的形状与大小

保护区的形状对于物种的保存与迁移起着重要作用。当保护区的面积与其周长比率最大时，物种的动态平衡效果最佳，即圆形是最佳形状，它比狭长形具有较小的边缘效应。

对于保护区面积的大小，目前尚无准确的标准。主要应根据保护对象和目的，应基于物种—面积关系、生态系统的物种多样性与稳定性等加以确定。

4. 自然保护区的内部功能分区

自然保护区的结构一般由核心区、缓冲区和实验区组成，不同的区域具有不同的功能。

核心区是自然保护区的精华所在，是被保护物种和环境的核心，需要加以绝对严格保护。核心区具有以下特点：

①自然环境保存完好；

②生态系统内部结构稳定，演替过程能够自然进行；

③集中了本自然保护区特殊的、稀有的野生生物物种。

核心区的面积一般不得小于自然保护区总面积的1/3。在核心区内可允许进行科学观测，在科学研究中起对照作用。不得在核心区采取人为的干预措施，更不允许修建人工设施和进入机动车辆。应禁止参观和游览的人员进入。

缓冲区是指在核心区外围为保护、防止和减缓外界对核心区造成影响和干扰所划出的区域，它有两方面的作用：

①进一步保护和减缓核心区不受侵害；

②可允许进行经过管理机构批准的非破坏性科学研究活动。

实验区是指自然保护区内可进行多种科学实验的地区。实验区内在保护好物种资源和自然景观的原则下，可进行以下活动和实验：

①栽培、驯化、繁殖本地所特有的植物和动物资源；

②建立科学研究观测站从事科学试验；

③进行大专院校的教学实习；

④具有旅游资源和景点的自然保护区，可划出一定的范围，开展生态旅游。

景观生态学的理论和方法在保护区功能区的边界确定及其空间格局等方面的应用越来越引起人们的关注。

5. 自然保护区之间的生境廊道建设

生境廊道既为生物提供了居住的生境，也为动植物的迁移扩散提供了通道。自然保护区之间的生境廊道建设，有利于不同保护区之间以及保护区与外界之间进行物质、能量、信息的交流。在生境破碎，或是单个小保护区内不能维持其种群存活时，廊道为物种的安全迁移以及扩大生存空间提供了可能。

三、我国生物多样性保护重大行动

（一）全国野生动植物保护及自然保护区建设工程总体规划

1. 总体目标

通过实施全国野生动植物保护及自然保护区工程建设总体规划（规划期为 2001 ~ 2050 年），拯救一批国家重点保护野生动植物，扩大、完善和新建一批国家级自然保护区、禁猎区和种源基地及珍稀植物培育基地，恢复和发展珍稀物种资源。到建设期末，使我国自然保护区数量达到 2 500 个（林业自然保护区数量为 2 000 个），总面积 1.728 亿 hm^2，占国土面积的 18%（林业自然保护区总面积占国土面积的 16%）。要形成一个以自然保护区、重要湿地为主体，布局合理、类型齐全、设施先进、管理高效、具有国际重要影响的自然保护网络。加强科学研究、资源监测、管理机构、法律法规和市场流通体系建设和能力建设，基本实现野生动植物资源的可持续利用和发展。

2. 工程区分类与布局

根据国家重点保护野生动植物的分布特点，将野生动植物及其栖息地保护总体规划在地域上划分为东北山地平原区、蒙新高原荒漠区、华北平原黄土高原区、青藏高原高寒区、西南高山峡谷区、中南西部山地丘陵区、华东丘陵平原区和华南低山丘陵区共8个建设区域。

3. 建设重点

（1）国家重点野生动植物保护。

具体开展大熊猫、朱鹮、老虎（即东北虎、华南虎、孟加拉虎和东南亚虎）、金丝猴、藏羚羊、扬子鳄、大象、长臂猿、麝、普氏原羚、野生鹿、鹤类、野生雉类、兰科植物、苏铁保护15个重点野生动植物保护项目建设。

（2）国家重点生态系统类型自然保护区建设。

森林生态系统保护和自然保护区建设：①热带森林生态系统保护。加强已建国家级自然保护区的建设，新建保护区8处，面积30万 hm²。②亚热带森林生态系统保护。重点加强现有国家级自然保护区建设，新建34个国家级自然保护区，增加面积280万 hm²。③温带森林生态系统保护。重点建设现有国家级自然保护区，新建16个自然保护区，面积120万 hm²。

荒漠生态系统保护和自然保护区建设：加强30处面积3 860万 hm²重点荒漠自然保护区的建设，新建28处总面积为2 000万 hm²的荒漠自然保护区，重点保护荒漠地区的灌丛植被和生物多样性。

（二）全国湿地保护工程实施规划

湿地为全球三大生态系统之一，是陆地（各种陆地类型）与水域（各种水域类型）之间的相对稳定的过渡区或复合区、生态交错区，是自然界陆、水、气过程平衡的产物，形成了各种特殊的、单纯陆地类型和单纯深阔水域类型所不具有的复杂性质（特殊的界面系统、特殊的复合结构、特殊的景观、特殊的物质流通和能量转化途径和通道、特殊的生物类群、特殊的生物地球化学过程等），是地球表面系统水循环、物质循环的平衡器、缓冲器和调节器，具有极其重要的功能。具体表现为生命与文明的摇篮；提供水源，补充地下水；调节流量，控制洪水；保护堤岸，抵御自然灾害；

净化污染；保留营养物质；维持自然生态系统的过程；提供可利用的资源；调节气候；航运；旅游休闲；教育和科研等。作为水陆过渡区，湿地孕育了十分丰富而又独特的生物资源，是重要的基因库。

1. 长期目标

根据《全国湿地保护工程规划（2002—2030年）》建设目标，湿地保护工程建设的长期目标是：通过湿地及其生物多样性的保护与管理，湿地自然保护区建设等措施，全面维护湿地生态系统的生态特性和基本功能，使我国自然湿地的下降趋势得到遏制。通过补充湿地生态用水、污染控制以及对退化湿地的全面恢复和治理，使丧失的湿地面积得到较大恢复，使湿地生态系统进入一种良性状态。同时，通过湿地资源可持续利用示范以及加强湿地资源监测、宣教培训、科学研究、管理体系等方面的能力建设，全面提高我国湿地保护、管理和合理利用水平，从而使我国的湿地保护和合理利用进入良性循环，保持和最大限度地发挥湿地生态系统的各种功能和效益，实现湿地资源的可持续利用，使其造福当代、惠及子孙。

2. 建设布局

根据我国湿地分布的特点，全国湿地保护工程的建设布局为东北湿地区、黄河中下游湿地区、长江中下游湿地区、滨海湿地区、东南和南部湿地区、云贵高原湿地区、西北干旱半干旱湿地区、青藏高寒湿地区。

3. 建设内容

湿地保护工程涉及湿地保护、恢复、合理利用和能力建设四个环节的建设内容，它们相辅相成，缺一不可。下面介绍保护与恢复。

（1）湿地保护工程。

对目前湿地生态环境保持较好、人为干扰不是很严重的湿地，主要以保护为主，以避免生态进一步恶化。

自然保护区建设。我国现有湿地类型自然保护区近500个，已投资建设了30多处。规划期内投资建设200多个。其中，现有国家级自然保护区、国家重要湿地范围内的地方级及少量新建自然保护区100多个。

保护小区建设。为了抢救性保护我国湿地区域内的野生稻基因，需要在全国范围内建设13个野生稻保护小区。

对4个人为干扰特别严重的国家级湿地自然保护区的核心区实施移民。

（2）湿地恢复工程。

对一些生态恶化、湿地面积和生态功能严重丧失的重要湿地，目前正在受到破坏亟须采取抢救性保护的湿地，要针对具体情况，有选择性地开展湿地恢复项目。

湿地污染控制。规划选择污染严重生态价值又大的江苏阳澄湖、漆湖、新疆博斯腾湖、内蒙古乌梁素海4处开展富营养化湖泊湿地生物控制示范，选择大庆、辽河和大港油田进行开发湿地的保护示范。

湿地生态恢复和综合整治工程。对列入国际和国家重要湿地名录，以及位于自然保护区内的自然湿地，已被开垦占用或其他方式改变用途的，规划采取各种补救措施，努力恢复湿地的自然特性和生态特征。

（三）工程（项目）建设技术

1. 保护技术

①应用景观生态学等理论对保护区进行科学的规划设计；

②合理扩大保护区范围；

③实施封禁、封育措施，或适当加以人工辅助；

④建设保护设施，如隔离围栏、保护区界碑（桩）、野生动植物救护设施设备等，建设宣教工程，如宣传牌、宣传栏、宣传材料制作，以及加强监察巡防等。

2. 恢复技术

①基于生态关键种理论，确定生态关键种，实施促进生态关键种生存、生长与繁育更新的恢复技术。

②基于外来物种与原有物种竞争关系及其入侵机制的认识，实施原有物种的培育更新并结合其他物理或化学措施，有效控制生物入侵、恢复自然植被群落。

③基于群落演替规律和动态模拟为基础，选择应用地带性植被，并对群落结构进行优化调控、改造更新与恢复技术。

④基于岛屿生物地理学、景观生态学等理论，扩展保护区及其斑块的面积，丰富生境异质性，合理构建生境廊道，实施退田还湖、退耕还林等措施，有效恢复生物的栖息地。

⑤对于水资源缺乏而退化的湿地，根据湿地区域生态需水量及季节需

求，模拟湿地自然进水季节与自然进水过程，应用生态补水技术，实施湿地生态补水工程。

⑥对于污染的湿地，针对污染的类型与强度，选择适宜的材料和设计，实施植物净化修复、"人工浮岛"去污、缓冲带构建以及湿地基底改造等污染修复技术。

⑦对于珍稀濒危物种，研究实施物种的繁殖、培育、野生驯化技术，以有效增加珍稀濒危物种的种群数量。

⑧对于林木种质遗传多样性保存，研究确定核心种质、有效群体大小、遗传多样性分析等方面的技术方法，研究采用科学的异地保存、离体保存等保存技术体系，以全面保存种质遗传多样性。

第四节　现代林业的生物资源与利用

一、林业生物质材料

林业生物质材料是以木本植物、禾本植物和藤本植物等天然植物类可再生资源及其加工剩余物、废弃物和内含物为原材料，通过物理、化学和生物学等高科技手段，加工制造的性能优异，环境友好，具有现代新技术特点的一类新型材料。其应用范围超过传统木材和制品以及林产品的使用范畴，是一种能够适应未来市场需求、应用前景广阔、能有效节约或替代不可再生矿物资源的新材料。

（一）林业生物质材料发展基础和潜力

1.发展林业生物质材料产业有稳定持续的资源供给

太阳能或者转化为矿物能积存于固态（煤炭）、液态（石油）和气态（天然气）中；或者与水结合，通过光合作用积存于植物体中。对转化和积累太阳能而言，植物特别是林木资源具有明显的优势。森林是陆地生态系统的主体，蕴藏着丰富的可再生资源，是世界上最大的可加以利用的生物质资源库，是人类赖以生存发展的基础资源。森林资源的可再生性、生物多样性、对环境的友好性和对人类的亲和性，决定了以现代科学技术为依托的林业生物产业在推进国家未来经济发展和社会进步中具有重大作用，不仅显示出巨大的发展潜力，而且顺应了国家生物经济发展的潮流。近年实施的六大林业重点工程，已营造了大量的速生丰产林，目前资源培育力度还在进一步加大。此外，丰富的沙生灌木和非木质森林资源以及大量的林业废弃物和加工剩余物也将为林业生物质材料的利用提供重要资源渠道，这些都将为生物质材料的发展提供资源保证。

2. 发展林业生物质材料研究和产业具有坚实的基础

长期以来，我国学者在林业生物质材料领域，围绕天然生物质材料、复合生物质材料以及合成生物质材料方面做了广泛的科学研究工作，研究了天然林木材和人工林木材及竹、藤材的生物学、物理学、化学与力学和材料学特征以及加工利用技术，研究了木质重组材料、木基复合材料、竹藤材料及秸秆纤维复合/重组材料等各种生物质材料的设计与制造及应用，研究了利用纤维素质原料粉碎冲击成型而制造一次性可降解餐具，利用淀粉加工可降解塑料，利用木粉的液化产物制备环保型酚醛胶黏剂等，基本形成学科方向齐全、设备先进、研究阵容强大，成果丰硕的木材科学与技术体系，打下了扎实的创新基础。近几年来，我国林业生物质材料产业已经呈现出稳步跨越、快速发展的态势，正经历着从劳动密集型到劳动与技术、资金密集型转变，从跟踪仿制到自主创新的转变，从实验室探索到产业化的转变，从单项技术突破到整体协调发展的转变，产业规模不断扩大，产业结构不断优化，产品质量明显提高，经济效益持续攀升。

我国学者围绕天然生物质材料、复合生物质材料以及合成生物质材料方面做了广泛的科学研究工作，研究了天然林木材和人工林木材的生物学、物理学、化学和材料学特征以及加工利用技术，研究了木质重组材料、木基复合材料、竹藤材料及秸秆纤维复合/重组材料等各种生物质材料的设计与制造及应用研究。

3. 发展林业生物质材料适应未来的需要

材料工业方向必将发生巨大变化，发展林业生物质材料适应未来工业目标。生物质材料是未来工业的重点材料。生物质材料产业开发利用已初见端倪，逐步在商业和工业上取得成功，在汽车材料、航空材料、运输材料等方面占据了一定的地位。

随着林木培育、采集、储运、加工、利用技术的日趋成形和完善，随着生物质材料产业体系的形成和建立，相对于矿物质资源材料来说，随着矿物质材料价格的高涨，生物质材料从根本上平衡和协调了经济增长与环境容量之间的相互关系，是一种清洁的可持续利用的材料。生物质材料将实现规模化快速发展，并将逐渐占据重要地位。

4.发展林业生物质材料产业将促进林业产业的发展，有益于新农村建设

中国宜林地资源较丰富，特别是中国有较充裕廉价的劳动力资源，可以通过培育林木生物质资源，实现资源优势和人力资源优势向经济优势的转化，利于国家、惠及农村、富在农民。

发展林业生物质材料产业将促动我国林产工业跨越性发展。我国正处在传统产业向现代产业转变的加速期，对现代产业化技术装备需求迫切。林业生物质材料技术基础将先进的适应资源特点的技术和高性能产品为特征的高新技术相结合，适应了我国现阶段对现代化技术的需求。

5.发展林业生物质材料产业需改善管理体制上的不确定性

不可忽视的是目前生物质材料产业还缺乏系统规划和持续开发能力。林业生物质材料产业的资源属林业部门管理，而产品分别归属农业、轻工、建材、能源、医药、外贸等部门管理，作为一个产品类型分支庞大而各产品相对弱小的产业，系统的发展规划尚未列入各管理部门的规划重点，导致在应用方面资金投入、人才投入较弱。

此外在管理和规划上需重点关注的问题有以下几点。

①随着林业生物质材料产业的壮大，逐渐完善或建立相应的资源供给、环境控制、收益回报等政策途径。

②在实践的基础上，在产品和地区的水平上建立林业生物质材料产业可持续发展示范点。

③以基因技术和生物技术为主的技术突破来促进生产力的提高。

④按各产品分类，从采集、运输和产品产出上降低成本，提高市场竞争力。

⑤重点发展环境友好型工程材料和化工材料等，开拓林业生物质材料在建筑、装饰、交通等方面的应用。

⑥重点开展新型产品在不同领域的应用性研究，示范并推动林业生物质材料产业的发展。

从长远战略规划出发，进一步开展生物质材料产出与效率评估、生物质材料及产品生命循环研究。

（二）林业生物质材料发展重点领域与方向

1. 主要研发基础与方向

具体产业领域发展途径是以生物质资源为原料，采用相应的化学加工方法，以获取能替代石油产品的化学资源，采用现代制造理论与技术，对生物质材料进行改性、重组、复合等，在满足传统市场需求的同时，发展被赋予新功能的新材料；拓展生物质材料应用范围，替代矿物源材料（如塑料、金属等）在建筑、交通、日用化工等领域上的使用；相应地按照材料科学学科的研究方法和基本理念，林业生物质材料学科研发基础与方向由以下9个研究领域组成。

（1）生物质材料结构、成分与性能。

主要开展木本植物、禾本植物、藤本植物等生物质材料及其衍生新材料的内部组织与结构形成规律、物理、力学和化学特性，包括生物质材料解剖学与超微结构、生物质材料物理学与流体关系学、生物质材料化学、一生物质材料力学与生物质材料工程学等研究，为生物质材料定向培育和优化利用提供科学依据。

（2）生物质材料生物学形成及其对材料性能的影响。

主要开展木本植物、禾本植物、藤本植物等生物质材料在物质形成过程中与营林培育的关系，以及后续加工过程中对加工质量和产品性能的影响研究。在研究生物质材料基本性质及其变异规律的基础上，一方面研究生物质材料性质与营林培育的关系，另一方面研究生物质材料性质与加工利用的关系，实现生物质资源的定向培育和高效合理利用。

（3）生物质材料理化改良。

主要开展应用物理的、化学的、生物的方法与手段对生物质材料进行加工处理的技术，克服生物质材料自身的缺陷，改善材料性能，拓宽应用领域，延长生物质材料使用寿命，提高产品附加值的研究。

（4）生物质材料的化学资源化。

主要开展木本植物、禾本植物、藤本植物等生物质材料及其废弃物的化学资源转换技术研究，以获取能替代石油基化学产品的新材料。

（5）生物质材料生物技术。

主要通过酶工程和发酵工程等生物技术手段，开展生物质材料生物降解、酶工程处理生物质原料制造环保型生物质材料、生物质材料生物漂白和生物染色、生物质材料病虫害生物防治、生物质废弃物资源生物转化利用等领域的基础研究技术开发。

（6）生物质重组材料设计与制备。

主要开展以木本植物、禾本植物和藤本植物等生物质材料为基本单元进行重组的技术研究，研究开发范围包括木质人造板和非木质人造板的设计与制备，制成具有高强度、高模量和优异性能的生物质结构（工程）材料、功能材料和环境材料。

（7）生物质基复合材料设计与制备。

主要开展以木本植物、禾本植物和藤本植物等生物质材料为基体组元，与其他有机高聚物材料或无机非金属材料或金属材料为增强体组元或功能体单元进行组合的技术研究，研究开发范围包括生物质基金属复合材料、生物质基无机非金属复合材料、生物质基有机高分子复合材料的设计与制备，满足经济社会发展对新材料的需求。

（8）生物质材料先进制造技术。

主要以现代电子技术、计算机技术、自动控制理论为手段，研究生物质材料的现代设计理论和方法，生物质材料的先进加工制造技术以及先进生产资源管理模式，以提升传统生物质材料产业，实现快速、灵活、高效、清洁的生产模式。

（9）生物质材料标准化研究。

主要开展木材、竹材、藤材及其衍生复合材料等生物质材料产品的标准化基础研究、关键技术指标研究、标准制定与修订等，为规范生物质材料产业的发展提供技术支撑。

2.重点产业领域进展

林产工业正逐步转变传统产业的内涵，采用现代技术及观念，利用林业低质原料和废弃原料，发展具有广泛意义的生物质材料的重点主题有三方面：一是原料劣化下如何开发和生产高等级产品，以及环境友好型产品；二是重视环境保护与协调，节约能源降低排出，提高经济效益；三是利用现代技术，如何拓展应用领域，创新性地推动传统产业进步。林业生物质材料已逐渐发展成 4 类。

（1）化学资源化生物质材料。

该项包括木基塑料（木塑挤出型材、木塑重组人造板、木塑复合卷材、合成纤维素基塑料）、纤维素生物质基复合功能高分子材料、木质素基功能高分子复合材料、木材液化树脂、松香松节油基生物质复合功能高分子材料等。

（2）功能性改良生物质材料。

该项包括陶瓷化复合木材、热处理木材、密实化压缩增强木材、木基/无机复合材料、功能性（如净化、保水、导电、抗菌）木基材料、防虫防腐型木材等。

陶瓷化复合木材通过国家"攀登计划""863"计划等课题的资助，我国已逐步积累和形成了此项拥有自主知识产权的制造技术，在理论和实践上均有创新；目前热处理木材和密实化压缩增强木材相关产品和技术在国内建有 10 多家小型示范生产线，产品应用在室外材料和特种增强领域。

（3）生物质结构工程材料。

该项包括木结构用规格材、大跨度木（竹）结构材料及构件、特殊承载木基复合材料、最优组态工程人造板、植物纤维基工程塑料等。

中国木基结构工程材料在建筑领域应用已达到 50 万 m²，主要采用的是进口材料。目前国内正在构建木结构用规格材和大跨度木（竹）结构材料及构件相关标准架构，建成和在建示范性建筑约 2 000 m²，大跨度竹结构房屋已应用在云南屏边县希望小学；大型风力发电用竹结构风叶进入产业化阶段；微米长纤维轻质与高密度车用模压材料取得突破性进展等。

（4）特种生物质复合材料。

快速绿化用生物质复合卷材、高附加值层积装饰塑料、多彩植物纤维复合装饰吸音材料、陶瓷化单板层积材、三维纹理与高等级仿真木基材料、木质碳材料等。

特种生物质复合材料基本上处于技术开发与产业推广阶段,木基模压汽车内衬件广泛用于汽车业,总量不超过 1 万 m³;高附加值层积装饰塑料已应用于特种增强和装饰方面,比赛用枪、刀具装饰性柄、纽扣等;植物纤维复合装饰吸音材料已用于高档内装修,以及公路隔音板等。

二、林业生物质能源

生物质能一直与太阳能、风能以及潮汐能一起作为新能源的代表,由于林业生物质资源量丰富且可以再生,其含硫量和灰分都比煤炭低,而含氢量较高,现在受关注的程度直线上升。

(一)林业生物质能源发展现状与趋势

1.能源林培育

目前,世界上许多国家都通过引种栽培,建立新的能源基地,如"石油植物园""能源农场"。美国已筛选了 200 多种专门的能源作物快速生长的草本植物和树木;法国、瑞典等国家利用优良树种无性系营造短轮伐期能源林,并且提出"能源林业"的新概念,把 1/6 现有林用作能源林。最有发展前途的能源作物是短期轮作能源矮林和禾本科类植物,选择利用的能源树种主要是柳树、杨树、桉树、刺槐、巨杉、梧桐等。围绕培育速生、高产、高收获物的能源林发展目标,在不同类型能源林树种选育、良种繁育、集约栽培技术、收获技术等方面取得了一系列卓有成效的研究成果。

我国有经营薪炭林的悠久历史,但研究系统性不高、技术含量低、规模较小。1949 年后,开始搞一些小规模的薪炭林,但大都是天然林、残次生林和过量樵采的人工残林,人工营造的薪炭林为数不多,规模较小,经营管理技术不规范,发展速度缓慢,具有明显的局部性、自发性、低产性等特点。但近些年,薪炭林的建设逐年滑坡,造林面积逐年减少。说明我国薪炭林严重缺乏,亟须发展,以增加面积和蓄积,缓解对煤炭、其他用途林种消耗的压力。并且,日益增长的对生物质能源的需求,如生物发电厂、固体燃料等,更加大了对能源林的需求。

在木本油料植物方面,我国幅员辽阔,地域跨度广,水热资源分布差异大,含油植物种类丰富,分布范围广,共有 150 余科 1 500 余种,其中种子含油量在 40% 以上的植物为 154 种，但是可用作建立规模化生物质燃料油原料基地乔灌木种不足 30 种，分布集中成片可建为原料基地，并能利用荒山、沙地等宜林地进行造林，建立起规模化的良种供应基地。生物质燃料油植物仅 10 种左右，其中包括麻风树、油桐、乌桕、黄连木、文冠果等。从世界范围来看，真正被用于生物柴油生产的木本油料优良品种选育工作才刚刚开始。

2. 能源产品转化利用

（1）液体生物质燃料。

生物质资源是唯一能够直接转化为液体燃料的可再生能源，以其产量巨大、可储存和碳循环等优点已引起全球的广泛关注。目前液体生物质燃料主要被用于替代化石燃油作为运输燃料。开发生物质液体燃料是国际生物质能源产业发展最重要的方向，已开始大规模推广使用的主要液体燃料产品有燃料乙醇、生物柴油、生物质油等。

①燃料乙醇。

燃料乙醇是近年来最受关注的石油替代燃料之一，以美国最为突出。美国生产燃料乙醇采用的技术路线为纤维素原料稀酸水解 – 戊糖己糖联合发酵工艺。欧盟已经采用以植物纤维为原料，通过稀酸水解技术，将其中的半纤维素转化为绿色平台化合物糠醛，再将水解残渣（纤维素和木质素）进行真空干燥，并进行纤维素的浓酸水解，从而大幅度提高水解糖得率（大于 70%），为木质纤维素制备燃料乙醇的经济可行性提供了较好的思路。

我国自 20 世纪 50 年代起，先后开展了稀酸常压、稀酸加压、浓酸大液比水解，纤维素酶水解法的研究并建成了南岔水解示范厂，主要利用原料为木材加工剩余物，制取目标为酒精和饲料酵母。与国外先进水平相比，我们的生产存在着技术落后，设备老化，消耗高，效益低，成本居高不下等问题。

从战略角度看，世界各国都将各类植物纤维素作为可供使用生产燃料酒精丰富而廉价的原料来源，其中利用木质纤维素制取燃料酒精是解决原料来源和降低成本的主要途径之一。而纤维素生产酒精产业化的主要瓶颈是纤维素原料的预处理以及降解纤维素为葡萄糖的纤维素酶的生产成本过高。因此，该领域以提高转化效率和降低生产成本的目标展开相关研究，如高效纤维素原料预处理和催化水解技术，用基因技术改造出能同时转化多种单糖或直接发酵纤维素原料为乙醇的超级微生物和能生产高活性纤维素酶的特种微生物，植物纤维资源制取乙醇关键技术的整合与集成等。

②生物柴油。

生物柴油是化石液体燃料理想的替代燃料油，是无污染的可再生绿色能源，被认为是继燃料乙醇之后第二个可望得到大规模推广应用的生物液体能源产品。目前，生产生物柴油的主要原料有：菜籽油（德国）、葵花籽油（意大利、法国）、大豆油（美国）、棕榈油（马来西亚）、亚麻籽油和橄榄油（西班牙）、棉籽油（希腊）、动物油脂（爱尔兰）、废弃煎炸油（澳大利亚）。

③生物质油。

生物质油是生物质热解生成的液体燃料，被称为生物质裂解油，与固体燃料相比，生物质油易于储存和运输，其热值为传统燃料用油的一半以上，并可作为化工原料生产特殊化工产品。目前，生物质油有2种具有开发价值的用途：代替化石燃料；提取某些化学物质。

（2）气体生物质燃料。

林业生物质气体燃料主要有生物质气化可燃气、生物质氢气以及燃烧产生的电能和热能。

①生物质气化。

生物质气化是以生物质为原料，以氧气（空气、富氧或纯氧）、水蒸气或氢气等作为气化介质，在高温条件下通过热化学反应将生物质中可燃部分转化为可燃气的过程，生物质气化时产生的气体有效成分为CO、H_2和CH_4等，称为生物质燃气。对于生物质气化过程的分类有多种形式。如果按照制取燃气热值的不同可分为：制取低热值燃气方法（燃气热值低于8 MJ/m^3），制取中热值燃气方法（燃气热值为$16 \sim 33 \text{ MJ/m}^3$），制取高热值燃气方法（燃气热值高于$33 \text{ MJ/m}^3$）。如果按照设备的运行方式的不同，可以将其分为固定床、流化床和旋转床。如果按照气化剂的不同，可以将其分为干馏气化、空气气化、氧气气化、水蒸气气化、水蒸气－空气气化和氢气气化等。生物质气化炉是气化反应的关键设备。在气化炉中，生物质完成了气化反应过程并转化为生物质燃气。目前主要应用的生物质气化设备有热解气化炉、固定床气化炉以及流化床气化炉等几种形式。

生物质气化发电技术是把生物质转化为可燃气，再利用可燃气推动燃气发电设备进行发电。它既能解决生物质难于燃用而且分布分散的缺点，又可以充分发挥燃气发电技术设备紧凑而且污染少的优点，所以气化发电是生物质能最有效、最洁净的利用方法之一。气化发电系统主要包括3个方面：一是生物质气化，在气化炉中把固体生物质转化为气体燃料；二是气体净化，气化出来的燃气都含有一定的杂质，包括灰分、焦炭和焦油等，需经过净化系统把杂质除去，以保证燃气发电设备的正常运行；三是燃气发电，利用燃气轮机或燃气内燃机进行发电，有的工艺为了提高发电效率，发电过程可以增加余热锅炉和蒸汽轮机。

生物质气化及发电技术在发达国家已受到广泛重视，生物质能在总能源消耗中所占的比例增加相当迅速。

提高气化效率、提高燃气质量、提高发电效率是未来生物质气化发电技术开发的重要目标，采用大型生物质气化联合循环发电（BIGCC）技术有可能成为生物质能转化的主导技术之一，效率可达40%；同时，开发新型高效率的气化工艺也是重要发展方向之一。

②生物质制氢。

氢能是一种新型的洁净能源，是新能源研究中的热点，在21世纪有可能在世界能源舞台上成为一种举足轻重的二次能源。国际上氢能研究从20世纪90年代以来受到特别重视。目前制氢的方法很多，主要有水电解法、热化学法、太阳能法、生物法等。生物质制氢技术是制氢的重要发展方向，主要集中在生物法和热化学转换法。意大利开发了生物质直接气化制氢技术，过程简单，产氢速度快，成本显著低于电解制氢、乙醇制氢等，欧洲正在积极推进这项技术的开发。

生物质资源丰富、可再生，其自身是氢的载体，通过生物法和热化学转化法可以制得富氢气体。随着"氢经济社会"的到来，无污染、低成本的生物质制氢技术将有一个广阔的应用前景。

3. 固体生物质燃料

固体生物质燃料是指不经液化或气化处理的固态生物质，通过改善物理性状和燃烧条件以提高其热利用效率和便于产品的运输使用。固体生物质燃料适合于利用林地抚育更新和林产加工剩余物以及农区燃料用作物秸秆。由于处理和加工过程比较简单，投能和成本低，能量的产投比高，是原料富集地区的一种现实选择，欧洲和北美多用于供热发电。固体生物质燃料有成型、直燃和混合燃烧三种燃烧方式和技术。

（1）生物质成型燃料。

生物质燃料致密成型技术（BBDF）是将农林废弃物经粉碎、干燥、高压成型为各种几何形状的固体燃料，具有密度高、形状和性质均一、燃烧性能好、热值高、便于运输和装卸等特点，是一种极具竞争力的燃料。从成型方式上来看，生物质成型技术主要有加热成型和常温成型两种方式。生物质成型燃料生产的关键是成型装备，按照成型燃料的物理形状分为颗粒成型燃料、棒状成型燃料和块状燃料成型燃料等形式。

我国在生物质成型燃料的研究和开发方面开始于 20 世纪 70 年代，主要有颗粒燃料和棒状燃料两种，以加热生物质中的木质素到软化状态产生胶黏作用而成型，在实际应用过程中存在能耗相对较高、成型部件易磨损以及原料的含水率不能过高等不足。近几年在借鉴国外技术的基础上，开发出的"生物质常温成型"新技术大大降低了生物质成型的能耗，并开展了产业化示范。

（2）生物质直接燃烧技术。

直接燃烧是一项传统的技术，具有低成本、低风险等优越性，但热利用效率相对较低。锅炉燃烧发电技术适用于大规模利用生物质。生物质直接燃烧发电与常规化石燃料发电的不同点主要在于原料预处理和生物质锅炉，锅炉对原料适用性和锅炉的稳定运行是技术关键。

林业生物质直接燃烧发电主要集中在美国、芬兰和瑞典等国家，其中美国是世界上林业废物直接燃烧发电规模最大的国家，拥有超过 500 座以林业生物质为原料的电厂，大部分分布在纸浆、纸制品和其他木材加工厂的周围。

生物质直接燃烧发电的关键是生物质锅炉。我国已有锅炉生产企业曾生产过木柴（木屑）锅炉、蔗渣锅炉，品种较全，应用广泛，锅炉容量、蒸汽压力和温度范围大。但是由于国内生物质燃料供应不足，国内市场应用多为中小容量产品，大型设备主要是出口到国外生物质供应量大、集中的国际市场。

（3）生物质混燃技术。

混燃是许多工业化国家采用的技术之一，有许多稻草共燃的实验和示范工程。混合燃烧发电包括：直接混合燃烧发电、间接混合燃烧发电和并联混合燃烧发电 3 种方式。直接混合燃烧发电是指生物质燃料与化石燃料在同一锅炉内混合燃烧产生蒸汽，带动蒸汽轮机发电，是生物质混合燃烧发电的主要方式，技术关键为锅炉对燃料的适应性、积灰和结渣的防治、避免受热面的高温腐蚀和粉煤灰的工业利用。

（二）林业生物质能源主要研究方向

1. 能源林的培育

重点培育适合能源林的柳树、杨树和桉树等速生短轮伐期品种，建立配套的栽培及经营措施；在木本燃料油植物树种的良种化和丰产栽培技术方面，以黄连木、油桐、文冠果等主要木本燃料油植物为对象，大力进行良种化，解决现有低产低效林改造技术；改进沙生灌木资源培育建设模式，提高沙柳、柠条等灌木资源利用率，建立沙生灌木资源培育和能源化利用示范区。

2. 燃料乙醇

重点加大纤维素原料生产燃料乙醇工艺技术的研究开发力度，攻克植物纤维原料预处理技术、戊糖己糖联合发酵技术，降低酶生产成本，提高水解糖得率，使植物纤维基燃料乙醇生产达到实用化。在华东或东北地区进行以木屑等木质纤维为原料生产燃料乙醇的中试生产；在木本淀粉资源集中的南方地区形成燃料乙醇规模化生产。

3. 生物柴油

重点突破大规模连续化生物柴油清洁生产技术和副产物的综合利用技术，形成基于木本油料的具有自主知识产权、经济可行的生物柴油生产成套技术；开展生物柴油应用技术及适应性评价研究。在木本油料资源集中区开展林油一体化的生物柴油示范。并根据现有木本油料资源分布以及原料林基地建设规划与布局，形成一定规模的生物柴油产业化基地。

4. 生物质气化发电 / 供热

主要发展大规模连续化生物质直接燃烧发电技术、生物质与煤混合燃烧发电技术和生物质热电联产技术；针对现有生物质气化发电技术存在燃气热值低、气化过程产生的焦油多的技术瓶颈，研究开发新型高效气化工艺。在林业剩余物集中区建立兆瓦级大规模生物质气化发电 / 供热示范工程；在柳树、灌木等资源集中区建立生物质直燃 / 混燃发电示范工程；在三北地区建立以沙生灌木为主要原料，集灌木能源林培育、生物质成型燃料加工、发电 / 供热一体化的热电联产示范工程。通过示范，形成分布式规模化生物质发电系统。

5. 固体成型燃料

重点以降低生产能耗、降低产品成本、提高模具耐磨性为主攻方向，开发一体化、可移动的颗粒燃料加工技术和装备，开发大规模林木生物质成型燃料设备以及抚育、收割装备；形成固体成型燃料生产、供热燃烧器具、客户服务等完善的市场和技术体系。在产业化示范的基础上，在三北地区建立一定规模的以沙生灌木为原料的生物质固化成型燃料产业化基地；在东北、华南和华东等地建立具有一定规模的以林业剩余物或速生短轮伐期能源林为原料的生物质固化成型燃料产业化基地。

6. 石油基产品替代

重点研究完全可降解、低成本生物质塑料，用生物质塑料取代石油基塑料；开发脂肪酸酯、甘油、乙烯、乙醇下游产品，以增加生物质产业的领域范围和经济效益。

7. 生物质快速热解制备生物质油

重点研究林业生物质原料高温快速裂解、催化裂解液化、高压裂解液化、超临界液化、液化油分离提纯等技术，并开展相关的应用基础研究，在此基础上开发生物质油精制与品位提升的新工艺，提高与化石燃料的竞争力。

8. 林业生物质能源相关技术和产品标准研究

根据林业生物质能源利用发展的总体要求，重点制定林业生物质能资源调查、评价技术规定和标准，能源林培育、栽培技术规程，生物质发电、成型燃料等产品标准以及相应的生产技术规程。实现产地环境、生产原料投入监控、产品质量、包装贮运等方面的标准基本配套，建立起具有国际水准的绿色环保的林业生物质能源利用的标准体系程。实现产地环境、生产原料投入监控、产品质量、包装贮运等方面的标准基本配套，建立起具有国际水准的绿色环保的林业生物质能源利用的标准体系。

第五节　森林文化体系建设

生态文化建设是一个涉及多个管理部门的社会系统工程，需要多部门乃至全社会共同协调与配合。森林文化建设是生态文化体系建设的突破口和着力点。

一、森林文化体系建设现状

我国具有悠久的历史文化传承。丰富的自然人文景观和浓郁的民族、民俗、乡土文化积淀，为现代森林文化建设提供了有益的理论依据和翔实的物质基础。中华人民共和国成立以来，特别是改革开放以来，各级党委和政府高度重视林业发展和森林文化体系建设，并在实践中不断得以丰富、发展与创新，积累了许多宝贵的经验。

（一）我国森林文化发展现状与趋势

在全国，由于各地的历史文化、地理区位和民族习俗的不同，森林文化体系建设各具特色，在总体上显示出资源丰富、潜力巨大、前景广阔的特点。

1. 资源丰富

我国历史文化、民族习俗和自然地域的多样性，决定了森林与生态文化发展背景、资源积累、表现形式和内在含义的五彩纷呈与博大精深。在人与人、人与自然、人与社会长期共存的过程中，各地形成了丰富而独具特色的森林生态文化。自然生态资源与历史人文资源融为一体，物质文化形态与非物质文化形态交相辉映，不仅为满足当代人，乃至后代人森林生态文化多样化需求提供了物质载体，而且关注、传播、保护、挖掘、继承和弘扬森林文化，必将成为构建生态文明社会的永恒主题。

在广袤的中华大地上，到处都可以如数家珍般列举出反映各自生态文化的精品实例。人类在与森林、草原、湿地、沙漠的朝夕相处、共生共荣中，所形成的良好习俗与传统，已深深融入当地的民族文化、民俗文化、乡规民约和图腾崇拜之中。这些宝贵的森林与生态文化资源，为建设繁荣的生态文化体系奠定了良好的基础。

2. 起步良好

近年来，各省（自治区、直辖市）立足本地区实际，贯彻生态建设、生态保护的理念，调整经济社会发展战略和林业发展战略，不断加大生态保护和建设力度，以适应经济社会全面协调可持续发展需要。各省不仅先后出台了相关发展规划，而且广东、浙江、福建、湖南等省提出了建设生态省的战略构想，开展了现代林业发展战略研究与规划，林业建设取得巨大成就。以海南省为例。海南依托丰富的人文资源，独特的地域文化和民族文化，率先在全国提出建设生态省的发展思路，为生态建设立法。

3. 需求强劲

随着国民经济的快速发展，生态形势的日趋严峻，全社会对良好生态环境和先进生态文化的需求空前高涨。这种生态文化需求包括精神层面和物质层面。在生态文化需求的精神层面上，研究、传播和培育生态理论、生态立法、生态伦理和生态道德方面显得尤为迫切。文化是一种历史现象，每一社会都有与其相适应的文化，并随着社会物质生产的发展而发展。先进文化为社会发展提供精神动力和智力支持，同先进生产力一起，成为推动社会发展的两只轮子。生态文化是人与自然和谐相处、协同发展的文化，对生态建设和林业发展有强大的推动作用。在生态文化需求的物质层面上，大力发展生态文化产业，既推动了林业产业发展、促进山区繁荣和林农致富，又满足人们生态文化消费的需要。

4. 潜力巨大

森林与生态文化建设和产业发展的潜力巨大，前景广阔。一是生态文化资源开发潜力巨大。我国历史悠久，地域辽阔，蕴藏着极其丰富的自然与人文资源。在这些资源中，有的是世界历史文化的遗产，有的是国家和民族的象征，有的是人类艺术的瑰宝，有的是自然造化的结晶。这些特殊的、珍贵的、不可再生的自然垄断性资源，不仅有着独特的、极其重要的自然生态、历史文化和科教审美价值，而且蕴藏着丰厚的精神财富和潜在的物质财富。其中相当一部分资源还未得到有效的保护、挖掘、开发和利用。二是生态文化科学研究、普及与提高的潜力巨大。生态文明不仅关系到产业结构调整和增长方式、消费模式的重大转变，而且赋予研究和构建生态文化体系以新的使命。这就是通过生动活泼的生态文化活动，增强人们的生态意识、生态责任、生态伦理和生态道德，促进人与自然和谐共存，经济与社会协调发展，全社会生态文明观念牢固树立。三是生态文化产业的市场潜力巨大。

（二）我国森林文化建设取得的主要经验

1. 政府推动，社会参与

森林生态文化体系建设是一项基础性、政策性、技术性和公众参与性很强的社会公益事业。各级政府积极倡导和组织生态文化体系建设，把生态文化体系建设纳入当地国民经济和社会发展中长期规划，充分发挥政府在统筹规划、宏观指导、政策引导、资源保护与开发中的主体地位和主导作用，通过有效的基础投入和政策扶持，促进市场配置资源，鼓励多元化投入，实现有序开发和实体运作。这既是经验积累，也是发展方向。同时，全社会广泛参与是生态文化体系建设的根本动力，大幅度提高社会公众的参与程度，是生态文化体系建设的重要目标。广东、浙江等省把培育和增强民众的生态意识、生态伦理、生态道德和生态责任列为构建生态文明社会的重要标志，将全省范围内的所有城市公园免费向公众开放，让美丽的山水、园林、绿地贴近市民，深入生活，营造氛围，陶冶情操，收到事半功倍的良好效果。

2. 林业主导，工程带动

森林、湿地、沙漠三大陆地生态系统，以及与之相关的森林公园、自然保护区、乡村绿地、城市森林与园林等是构建生态文化体系的主要载体，涉及诸多行业和部门。林业部门是保障国体生态安全，实施林业重大生态工程的主管部门，在生态文化体系建设中发挥着不可替代的主导地位和作用。这是确保林业重点工程与生态文化建设相得益彰，协调发展的基本经验。

3. 宣传教育，注重普及

森林生态文化重在传承弘扬，贵在普及提高。各地通过各种渠道开展群众喜闻乐见的生态文化宣传普及和教育活动。一是深入挖掘生态文化的丰富内涵。如云南、贵州省林业部门经常组织著名文学艺术家、画家、摄影家等到林区采风，通过新闻媒体和精美的影视戏剧、诗歌散文等作品，宣传普及富有当地特色的生态文化，让广大民众和游客更加热爱祖国、热爱家乡、热爱自然。二是以各种纪念与创建活动为契机开展生态文化宣教普及。各地普遍地运用群众，特别是青少年和儿童参与性、兴趣性、知识性较强的植树节、爱鸟周、世界地球日等纪念日和创建森林城市活动，潜移默化，寓教于乐。三是结合旅游景点开展生态文化宣传教育活动。四是建立生态文化科普教育示范基地。各地林业部门与科协、教育、文化部门联合，依托当地的自然保护区、森林公园、植物园，举办知识竞赛，兴办绿色学校，开办生态夏令营，开展青年环保志愿行动和绿色家园创建活动。

4. 丰富载体，创新模式

森林与生态文化基础设施是开展全民生态文化教育的重要载体，也是衡量一个地方生态文明程度的重要标志。福州国家森林公园利用自身优势，建成了一座大规模森林博物馆，已成为生态文化传播基地。地处海口市的海南热带森林博览园，是一个集旅游观光、系统展示与科普教育等多功能于一体的热带滨海城市森林公园。海南省霸王岭自然保护区挖掘树文化的内涵，开辟出多条栈道，为树木挂牌。各地生态文化培育和传播的模式得到不断创新。

5. 产业拉动，兴林富民

森林生态文化产业的发展促进了山区繁荣和农民增收致富。农民意识到山川秀美是一笔巨大的财富，农民有了热爱家园的自豪感，自觉珍惜资源、保护环境，变被动保护为主动保护，爱绿、护绿、兴绿成为新风尚。尤其是湖南、福建两省森林旅游业特色鲜明，方兴未艾，不仅带动了茶文化、竹文化、花卉文化等产业的发展，而且对繁荣生态文化，增强当地林农生态保护意识，带动周边乡村经济发展和林农致富起到了显著作用。

同时，由于生态文化体系建设作为现代林业发展的重要内容还刚刚开始，毋庸置疑各地在森林生态文化建设中仍普遍存在一些问题，比较突出的有以下几点。

（1）森林生态文化知识的普及不够，生态文明意识还比较薄弱。

具体表现为用科学发展观正确认识和处理人与自然、生态保护与产业开发、生态指标与政绩考核的相互关系上，还存在片面强调眼前而忽视长远，只顾当代人而不顾后代人的不可持续的观点。由于生态文化体系建设提出来的时间比较短，各地对生态文化体系建设的理解还比较模糊，从工作层面上讲，对生态文化体系建设抓什么、怎么抓的问题不十分明确。

（2）森林生态文化体系建设的投入不足，基础设施不够完善。

近年来，我国自然保护区、森林公园建设有了长足进步，但总体上仍然资金不足，运转较为艰难。生态文化基础设施跟不上而导致产业开发滞后。生态文化方面的图书资料、音像作品等基本资料相当匮乏，造成有些地方只有资源而没有文化。

（3）森林生态文化体系建设的管理体制不顺，职责不清。

生态文化体系和林业生态体系、林业产业体系并称为林业三大体系，是新时期全面推进现代林业建设的主要目标和任务。对于这样一个崭新的课题，各地没有明确的组织机构、相应的人员和经费保证。从管理体制上，林业部门在生态文化体系建设中的主体地位有待强化，协调能力亟待加强。尤其在职责分工、利益分配、责任划分等问题上，由于利益驱动，往往造成自然保护区和森林公园保护的责任由林业部门承担，而旅游开发的收益却不能反哺林业的做法，不利于调动各方的积极性，严重影响了生态文化体系建设。

（4）森林生态文化产品单一，产业不够发达。

当前，我国生态文化体系建设还存在思想认识不足、基础设施薄弱、理论研究滞后、服务体系欠缺、品牌效应不高等突出问题。尤其是中西部地区，由于起步较晚，后发优势没有得到充分显现。加上从业人员的综合素质较低，专业技能与基本素质培训的任务还很艰巨。

（5）森林生态文化理论研究滞后，科技支撑不足。

森林生态文化体系建设亟须科学的理论来指导。尽管近几年来不少专家学者从不同角度对生态文化进行了研究，但是还没有形成成熟系统的理论体系。对森林生态文化体系建设的科学研究和人才培养投入亟待加大。

二、森林文化建设行动

生态文化建设是一个涉及多个管理部门的整体工程，需要林业、环保、文化、教育、宣传、旅游、建设、财政、税收等多部门的协调与配合。森林文化是生态文化的主体，森林文化建设是生态文化体系建设的突破口和着力点，由林业部门在生态文化建设中承担主导作用。建议国家成立生态文化建设领导小组，协调各个部门在生态文化建设中的各种关系，确保全国生态文化体系建设"一盘棋"。在林业部门内部将生态文化体系建设作为与林业生态体系建设、林业产业体系建设同等重要的任务来抓，加强领导，明确职责，建成强有力的组织体系和健全有效的工作机制，加快推进生态文化体系建设。

（一）森林制度文化建设行动

1.开展战略研究，编制建设规划

开展森林文化发展战略研究，是新形势提出的新任务。战略研究的内容应该包括森林文化建设与发展的各个方面，尤其是从战略的高度，系统深入地研究影响经济社会和现代林业发展全局和长远的森林文化问题，如战略思想、目标、方针、任务、布局、关键技术、政策保障，指导全国的生态文化建设。建议选择以生态文化建设有基础的单位和地区作为试点，然后总结推广。

2.完善法律法规，强化制度建设

在条件成熟的情况下，国家逐步出台和完善各项林业法律法规，如《中华人民共和国森林法》《中华人民共和国自然保护区条例》《古树名木保护条例》《中华人民共和国野生动物保护法》等。做到有法可依、有法必依、执法必严、违法必究。提高依法生态建设的水平，为生态文明提供法治保障。在政策、财税制度方面给森林文化建设予以倾斜和支持，特别是基本设施和条件建设方面给予支持。鼓励支持生态文化理论和科学研究的立项，制定有利于生态文化建设的产业政策，鼓励扶持新型生态文化产业发展，尤其要鼓励生态旅游业等新兴文化产业的发展。建立生态文化建设的专项经费保障制度，生态文化基础设施建设投入纳入同级林业基本建设计划，争取在各级政府预算内基本建设投资中统筹安排解决等。逐步建立政府投入、民间融资、金融信贷扶持等多元化投入机制。从而使森林文化的建设成果更好地为发展山区经济、增加农民收入、调整林区产业结构，满足人民文化需求服务。

3.理顺管理体制，建立管理机构

结合新形势和新任务的实际需要，设立生态文化相关管理机构。加强对管理人员队伍生态文化的业务培训，提高人员素质。加快生态文化体系建设制度化进程。生态文化体系建设需要规范的制度做保障。建立和完善各级林业部门新闻发言人、新闻发布会、突发公共事件新闻报道制度，准确及时地公布我国生态状况，通报森林、湿地、沙漠信息。建立生态文化宣传活动工作制度，及时发布生态文化建设的日常新闻和重要信息。理顺各相关部门在森林文化建设中的利益关系，均衡利益分配，促进森林文化的持续健康发展。

（二）发展森林文化产业行动

大力发展生态文化产业，各地应突出区域特色，挖掘潜力，依托载体，延长林业生态文化产业链，促进传统林业第一产业、第二产业向生态文化产业升级。

1.丰富森林文化产品

既要在原有基础上做大做强山水文化、树文化、竹文化、茶文化、花文化、药文化等物质文化产业，也要充分开发生态文化资源，努力发展体现人与自然和谐相处这一核心价值的文艺、影视、音乐、书画等生态文化精品。丰富生态文化的形式和内容。采取文学、影视、戏剧、书画、美术、音乐等丰富多彩的文化形态，努力在全社会形成爱护森林、保护生态，崇尚绿色的良好氛围。大力发展森林旅游、度假、休闲、游憩等森林旅游产品，以及图书、报刊、音像、影视、网络等生态文化产品。

2.提供森林文化服务

大力发展生态旅游，把生态文化建设与满足人们的游憩需求有机地结合起来，把生态文化成果充实到旅游产品和服务之中。同时，充分挖掘生态文化培训、咨询、网络、传媒等信息文化产业，打造森林氧吧、森林游憩和森林体验等特色品牌。有序开发森林、湿地、沙漠自然景观与人文景观资源，大力发展以生态旅游为主的生态文化产业。鼓励社会投资者开发经营生态文化产业，提高生态文化产品规模化、专业化和市场化水平。

（三）培育森林文化学科与人才行动

1. 培育森林文化学科

建议国家林业和草原局支持设立专项课题，组织相关专家学者，围绕构建人与自然和谐的核心价值观，加强生态文化学术研究，推动生态文化学科建设。在理论上，对于如何建设中国特色生态文化，如何在新的基础上继承和发展传统的生态文化，丰富、凝练生态价值观，需要进一步开展系统、深入的课题研究。重点加强生态变迁、森林历史、生态哲学、生态伦理、生态价值、生态道德、森林美学、生态文明等方面的研究和学科建设。支持召开一些关于生态文化建设的研讨会，出版一批学术专著，创办学术期刊，宣传生态文化研究成果。在对我国生态文化体系建设情况进行专题调查研究和借鉴学习国外生态文化建设经验的基础上，构建我国生态文化建设的理论体系，形成比较系统的理论框架。

2. 培养森林文化人才

加强生态文化学科建设、科技创新和教育培训，培养生态文化建设的科学研究人才、经营管理人才，打造一支专群结合、素质较高的生态文化体系建设队伍。各相关高等院校、科研院所和学术团体应加强合作，通过合作研究、合作办学等多种形式，加强生态文化领域的人才培养；建立生态文化研究生专业和研究方向，招收硕士、博士研究生，培养生态文化研究专业或方向的高层次人才；通过开展生态文化项目研究，提高理论研究水平，增强业务素质。

3. 推进森林文化国际交流

扩大开放，推进国际生态文化交流。开展生态文化方面的国际学术交流和考察活动，建立与国外同行间的友好联系；推动中国生态文化产业的发展，向国际生态文明接轨，提高全民族的生态文化水平；加强生态文化领域的国际合作研究，促进东西方生态文化的交流与对话；推进生态文化领域的国际化进程，在中国加快建设和谐社会中发挥生态文化应有的作用。

（四）开展森林文化科普及公众参与行动

1. 建设森林文化物质载体

建立以政府投入为主，全社会共同参与的多元化投入机制。在国家林业和草原局的统一领导下，启动一批生态文化载体建设工程。对改造整合现有的生态文化基础设施，完善功能，丰富内涵。切实抓好自然保护区、森林公园、森林植物园、野生动物园、湿地公园、城市森林与园林等生态文化基础设施建设。充分利用现有的公共文化基础设施，积极融入生态文化内容，丰富和完善生态文化教育功能。广泛吸引社会投资，在有典型林区、湿地、荒漠和城市，建设一批规模适当、独具特色的生态文化博物馆、文化馆、科技馆、标本馆、科普教育和生态文化教育示范基地，拓展生态文化展示宣传窗口。保护好旅游风景林、古树名木和各种纪念林，建设森林氧吧、生态休闲保健场所，充分发掘其美学价值、历史价值、游憩价值和教育价值，为人们了解森林、认识生态、探索自然、休闲保健提供场所和条件。

2. 开展形式多样的森林文化普及教育活动

拓宽渠道，扩展平台，加强对生态文化的传播。在采用报纸、杂志、广播、电视等传统传播媒介和手段的基础上，充分利用互联网、手机短信、博客等新兴媒体渠道，广泛传播生态文化；利用生态文化实体性渠道和平台，结合"世界地球日""植树节"等纪念日和"生态文化论坛"等平台，积极开展群众性生态文化传播活动。特别重视生态文化在青少年和儿童中的传播，做到生态文化教育进教材、进课堂、进校园文化、进户外实践。继续做好由政府主导的"国家森林城市""生态文化示范基地"的评选活动，使生态文化理念成为全社会的共识与行动，最终建立健全形式多样、覆盖广泛的生态文化传播体系。

3. 发展森林文化传媒

建设新的传播渠道，发挥好各类森林文化刊物、出版物、网络、广播电视、论坛等传媒的作用，加强森林文化的宣传普及。编辑出版生态文化相关领域的学术期刊、书籍，宣传生态文化研究成果；创建森林文化相关杂志；开展生态文化期刊发展战略和编辑出版的理论、技术、方法研究；组织期刊开展专题研讨会、报告会等学术交流活动；评选优秀期刊、优秀编辑和优秀论文；开展生态文化期刊编辑咨询工作；向有关部门反映会员的意见和要求，维护其合法权益；宣传贯彻生态文化期刊出版的法令、法规和规范，培训生态文化期刊编辑、出版、编务人员；举办为会员服务的其他非营利性的业务活动。

4.完善森林文化建设的公众参与机制

把森林文化建设与全民义务植树活动、各种纪念日、纪念林结合起来、鼓励绿地认养、提倡绿色生活和消费。通过推行义务植树活动、志愿者行动、设立公众举报电话、奖励举报人员、建立生态问题公众听证会制度等公众参与活动，培育公众的生态意识和保护生态的行为规范，激励公众保护生态的积极性和自觉性，在全社会形成提倡节约、爱护生态的社会价值观念、生活方式和消费行为。

第三章　现代林业与生态文明建设

第一节　现代林业与生态环境文明

一、现代林业与生态建设

维护国家的生态安全必须大力开展生态建设。国家要求"在生态建设中，要赋予林业以首要地位"，这是一个很重要的命题。这个命题至少说明现代林业在生态建设中占有极其重要的位置 —— 首要位置。

为了深刻理解现代林业与生态建设的关系，首先必须明确生态建设所包括的主要内容。生态建设（生态文明建设）是与经济建设、政治建设、文化建设、社会建设相并列的五大建设之一。

其次必须认识现代林业在生态建设中的地位。生态建设的根本目的，是为了提升生态环境的质量，提升人与自然和谐发展、可持续发展的能力。现代林业建设对于实现生态建设的目标起着主体作用，在生态建设中处于首要地位。这是因为，森林是陆地生态系统的主体，在维护生态平衡中起着决定作用。林业承担着建设和保护"三个系统一个多样性"的重要职能，即建设和保护森林生态系统、管理和恢复湿地生态系统、改善和治理荒漠生态系统、维护和发展生物多样性。科学家把森林生态系统喻为"地球之肺"，把湿地生态系统喻为"地球之肾"，把荒漠化喻为"地球的癌症"，把生物多样性喻为"地球的免疫系统"。这"三个系统一个多样性"，对保持陆地生态系统的整体功能起着中枢作用和杠杆作用，无论损害和破坏哪一个系统，都会影响地球的生态平衡，影响地球的健康长寿，危及人类生存的根基。只有建设和保护好这些生态系统，维护和发展好生物多样性，人类才能永远地在地球这一共同的美丽家园里繁衍生息、发展进步。

（一）森林被誉为大自然的总调节器，维持着全球的生态平衡

地球上的自然生态系统可划分为陆地生态系统和海洋生态系统。其中森林生态系统是陆地生态系统中组成最复杂、结构最完整、能量转换和物质循环最旺盛、生物生产力最高、生态效应最强的自然生态系统；是构成陆地生态系统的主体；是维护地球生态安全的重要保障，在地球自然生态系统中占有首要地位。森林在调节生物圈、大气圈、水圈、土壤圈的动态平衡中起着基础性、关键性作用。

森林生态系统是世界上最丰富的生物资源和基因库。仅热带雨林生态系统就有 200 万 ~ 400 万种生物。森林的大面积被毁，大大加速了物种消失的速度。近 200 年来，濒临灭绝的物种就有将近 600 种鸟类、400 余种兽类、200 余种两栖类以及 2 万余种植物，这比自然淘汰的速度快 1 000 倍。

森林是一个巨大的碳库，是大气中 CO_2 重要的调节者之一。一方面，森林植物通过光合作用，吸收大气中的 CO_2；另一方面，森林动植物、微生物的呼吸及枯枝落叶的分解氧化等过程，又以 CO_2、CO、CH_4 的形式向大气中排放碳。

森林对涵养水源、保持水土、减少洪涝灾害具有不可替代的作用。根据森林生态定位监测，4 个气候带 54 种森林的综合含蓄降水能力为 40.93 ~ 165.84 mm，即每公顷森林可以含蓄降水约 1 000 m^3。

（二）森林在生物世界和非生物世界的能量和物质交换中扮演着主要角色

森林作为一个陆地生态系统，具有最完善的营养级体系，即从生产者（森林绿色植物）、消费者（包括草食动物、肉食动物、杂食动物以及寄生和腐生动物）到分解者全过程完整的食物链和典型的生态金字塔。由于森林生态系统面积大，树木形体高大，结构复杂，多层的枝叶分布使叶面积指数大，因此光能利用率和生产力在天然生态系统中是最高的。除了热带农业以外，净生产力最高的就是热带森林，连温带农业也比不上它。以温带地区几个生态系统类型的生产力相比较，森林生态系统的平均值是最高的。

全球森林每年所固定的总能量约为 1.3×10^{18} kJ，占陆地生物每年固定的总能量的 63.4%。因此，森林是地球上最大的自然能量储存库。

（三）森林对保持全球生态系统的整体功能起着中枢和杠杆作用

在世界范围内，森林剧减引发了日益严峻的生态危机。人类对木材和耕地的需求，使全球森林减少了 50%，30% 的森林变成农业用地；原始森林 80% 遭到破坏，剩下的原始森林不是支离破碎，就是残次退化，而且分布不均，难以支撑人类文明的大厦。

森林减少是由人类长期活动的干扰造成的。在人类文明之初，人少林茂兽多，常用焚烧森林的办法，获得熟食和土地，并借此抵御野兽的侵袭。进入农耕社会之后，人类的建筑、薪材、交通工具和制造工具等，皆需要采伐森林，尤其是农业用地、经济林的种植，皆由原始森林转化而来。工业革命兴起，大面积森林又变成工业原材料。直到今天，城乡建设、毁林开垦、采伐森林，仍然是许多国家经济发展的重要方式。

伴随人类对森林的一次次破坏，接踵而来的是森林对人类的不断报复。巴比伦文明毁灭了，玛雅文明消失了，黄河文明衰退了。水土流失、土地荒漠化、洪涝灾害、干旱缺水、物种灭绝、温室效应，无一不与森林面积减少、质量下降密切相关。

地球将越来越干旱、燥热、缺水，气候的反复无常也会越来越严重。由于水资源匮乏、土地退化、热带雨林毁坏、物种灭绝、过量捕鱼、大型城市空气污染等问题，地球已呈现全面的生态危机。这些自然灾害与厄尔尼诺现象有关，但是人类大肆砍伐森林、破坏环境是导致严重自然灾害的一个重要因素。

我国森林的破坏导致了水患和沙患两大心腹之患。西北高原森林的破坏导致大量泥沙进入黄河，使黄河成为一条悬河。长江流域的森林破坏也是近现代以来长江水灾不断加剧的根本原因。北方几十万平方千米的沙漠化土地和日益肆虐的沙尘暴，也是森林破坏的恶果。人们总是禁不起森林的诱惑，索取物质材料，却总是忘记森林作为大地屏障、江河的保姆、陆地生态的主体，对于人类的生存具有不可替代的整体性和神圣性。

地球上包括人类在内的一切生物都以其生存环境为依托。森林是人类的摇篮、生存的庇护所，它用绿色装点大地，给人类带来生命和活力，带来智慧和文明，也带来资源和财富。森林是陆地生态系统的主体，是自然界物种最丰富、结构最稳定、功能最完善也最强大的资源库、再生库、基因库、碳储库、蓄水库和能源库，除了能提供食品、医药、木材及其他生产生活原料外，还具有调节气候、涵养水源、保持水土、防风固沙、改良土壤、减少污染、保护生物多样性、减灾防洪等多种生态功能，对改善生态、维持生态平衡、保护人类生存发展的自然环境起着基础性、决定性和不可替代的作用。在各种生态系统中，森林生态系统对人类的影响最直接、最重大，也最关键。离开了森林的庇护，人类的生存与发展就会丧失根本和依托。

森林和湿地是陆地最重要的两大生态系统，它们以 70% 以上的程度参与和影响着地球化学循环的过程，在生物界和非生物界的物质交换和能量流动中扮演着主要角色，对保持陆地生态系统的整体功能、维护地球生态平衡、促进经济与生态协调发展发挥着中枢和杠杆作用。林业就是通过保护和增强森林、湿地生态系统的功能来生产出生态产品。

二、现代林业与生物安全

（一）生物安全问题

生物安全是生态安全的一个重要领域。目前，国际上普遍认为，威胁国家安全的不只是外敌入侵，诸如外来物种的入侵、转基因生物的蔓延、基因食品的污染、生物多样性的锐减等生物安全问题也危及人类的未来和发展，直接影响着国家安全。维护生物安全，对于保护和改善生态环境，保障人的身心健康，保障国家安全，促进经济、社会可持续发展，具有重要的意义。在生物安全问题中，与现代林业紧密相关的主要是生物多样性锐减及外来物种入侵。

1. 生物多样性锐减

由于森林的大规模破坏，全球范围内生物多样性显著下降。我国的野生动植物资源十分丰富，在世界上占有重要地位。由于我国独特的地理环境，有大量的特有种类，并保存着许多古老的孑遗动植物属种，如有活化石之称的大熊猫、水杉、银杉等。但随着生态环境的不断恶化，野生动植物的栖息环境受到破坏，对动植物的生存造成极大危害，使其种群急剧减少，有的已灭绝，有的正面临灭绝的威胁。

据统计，高鼻羚羊、野马、白臀叶猴等珍稀动物已在我国灭绝。高鼻羚羊是 20 世纪 50 年代以后在新疆灭绝的。大熊猫、金丝猴、东北虎、华南虎、云豹、丹顶鹤、黄腹角雉、多种长臂猿等 20 个珍稀物种分布区域已显著缩小，种群数量骤减，正面临灭绝危害。

我国高等植物中濒危或接近濒危的物种已达 5 000 种，占高等植物总数的 20%，高于世界平均水平。有的植物已经灭绝，如雁荡润楠、喜雨草等。一种植物的灭绝将引起 10 ~ 30 种其他生物的丧失。许多曾分布广泛的种类，现在分布区域已明显缩小，且数量锐减。1984 年国家公布重点保护植物 354 种，其中一级重点保护植物 8 种，二级重点保护植物 159 种。据初步统计，公布在名录上的植物已有部分灭绝。

关于生态破坏对微生物造成的危害，在我国尚不十分清楚，但一些野生食用菌和药用菌，由于过度采收造成资源日益枯竭的状况越来越严重。

2. 外来物种大肆入侵

根据世界自然保护联盟（IUCN）的定义，外来物种入侵是指在自然、半自然生态系统或生态环境中，外来物种建立种群并影响和威胁到本地生物多样性的过程。毋庸置疑，正确的外来物种的引进会增加引种地区生物的多样性，也会极大丰富人们的物质生活。相反，不适当的引种则会使得缺乏自然天敌的外来物种迅速繁殖，并抢夺其他生物的生存空间，进而导致生态失衡及其他本地物种的减少和灭绝，严重危及一国的生态安全。从某种意义上说，外来物种引进的结果具有一定程度的不可预见性。这也使得外来物种入侵的防治工作显得更加复杂和困难。在国际层面上，目前已制定有以《生物多样性公约》为首的防治外来物种入侵等多边环境条约以及与之相关的卫生、检疫制度或运输的技术指导文件等。

目前我国的入侵外来物种有 400 多种，其中有 50 余种属于世界自然保护联盟公布的全球 100 种最具威胁的外来物种。据统计，我国每年因外来物种造成的损失已高达 1 198 亿元，占国内生产总值的 1.36%。其中，松材线虫、美国白蛾、紫茎泽兰等 20 多种主要外来农林昆虫和杂草造成的经济损失每年有 560 多亿元。最新全国林业有害生物普查结果显示，20 世纪 80 年代以后，林业外来有害生物的入侵速度明显加快，每年给我国造成经济损失数量之大触目惊心。外来生物入侵既与自然因素和生态条件有关，更与国际贸易和经济的迅速发展密切相关，人为传播已成为其迅速扩散蔓延的主要途径。因此，如何有效抵御外来物种入侵是摆在我们面前的一个重要问题。

（二）现代林业对保障生物安全的作用

生物多样性包括遗传多样性、物种多样性和生态系统多样性。森林是一个庞大的生物世界，是数以万计的生物赖以生存的家园。森林中除了各种乔木、灌木、草本植物外，还有苔藓、地衣、蕨类、鸟类、兽类、昆虫等生物及各种微生物。据统计，目前地球上 500 万 ~ 5 000 万种生物中，有 50% ~ 70% 在森林中栖息繁衍，因此森林生物多样性在地球上占有首要位置。在世界林业发达国家，保持生物多样性成为其林业发展的核心要求和主要标准，比如在美国密西西比河流域，人们对森林的保护意识就是从猫头鹰的锐减而开始警醒的。

1. 森林与保护生物多样性

森林是以树木和其他木本植物为主体的植被类型，是陆地生态系统中最大的亚系统，是陆地生态系统的主体。森林生态系统是指由以乔木为主体的生物群落（包括植物、动物和微生物）及其非生物环境（光、热、水、气、土壤等）综合组成的动态系统，是生物与环境、生物与生物之间进行物质交换、能量流动的景观单位。森林生态系统不仅分布面积广并且类型众多，超过陆地上的任何其他生态系统，它的立体成分体积大、寿命长、层次多，有着巨大的地上和地下空间及长效的持续周期，是陆地生态系统中面积最大、组成最复杂、结构最稳定的生态系统，对其他陆地生态系统有很大的影响和作用。森林不同于其他陆地生态系统，具有面积大、分布广、树形高大、寿命长、结构复杂、物种丰富、稳定性好、生产力高等特点，是维持陆地生态平衡的重要支柱。

森林拥有最丰富的生物种类。有森林存在的地方，一般环境条件不太严酷，水分和温度条件较好，适于多种生物的生长。而林冠层的存在和森林多层性造成在不同的空间形成了多种小环境，为各种需要特殊环境条件的植物创造了生存的条件。丰富的植物资源又为各种动物和微生物提供了食料和栖息繁衍的场所。因此，在森林中有着极其丰富的生物物种资源。森林中除建群树种外，还有大量的植物包括乔木、亚乔木、灌木、藤本、草本、菌类、苔藓、地衣等。森林动物从兽类、鸟类，到两栖类、昆虫，以及微生物等，不仅种类繁多，而且个体数量大，是森林中最活跃的成分。人类迄今从生物学上描述或定义的物种（包括动物、植物、微生物）仅有140万～170万种，其中半数以上的物种分布在仅占全球陆地面积7%的热带森林里。例如，我国西双版纳的热带雨林2 500 m²内就有高等植物130种，而东北平原的羊草草原1 000 m²只有10～15种，可见森林生态系统的物种明显多于草原生态系统。至于农田生态系统，生物种类更是简单量少。当然，不同的森林生态系统的物种数量也有很大差异，其中热带森林的物种最为丰富，它是物种形成的中心，为其他地区提供来了各种"祖系原种"。例如，地处我国南疆的海南岛，土地面积只占全国土地面积的0.4%，却拥有维管束植物4 000余种，约为全国维管束植物种数的1/7；乔木树种近千种，约为全国的1/3；兽类77种，约为全国的21%；鸟类344种，约为全国的26%。由此可见，热带森林中生物种类的丰富程度。另外，还有许多物种在我们人类尚未发现和利用之前就由于大规模的森林被破坏而灭绝了，这对我们人类来说是一个无法挽回的损失。目前，世界上有30余万种植物、4.5万种脊椎动物和500万种非脊椎动物。我国有木本植物8 000余种，乔木2 000余种，是世界上森林树种最丰富的国家之一。

　　森林组成结构复杂。森林生态系统的植物层次结构比较复杂，一般至少可分为乔木层、亚乔木层、下木层、灌木层、草本层、苔藓地衣层、枯枝落叶层、根系层以及分布于地上部分各个层次的层外植物垂直面和零星斑块、片层等。它们具有不同的耐阴能力和水湿要求，按其生态特点分别分布在相应的林内空间小生境或片层，年龄结构幅度广，季相变化大，因此形成复杂、稳定、壮美的自然景观。乔木层中还可按高度不同划分为若干层次。

　　下层乔木下面还有灌木层和草本层，地下根系存在浅根层和深根层。此外还有种类繁多的藤本植物、附生植物分布于各层次。森林生态系统中各种植物和成层分布是植物对林内多种小生态环境的一种适应现象，有利于充分利用营养空间和提高森林的稳定性。由耐阴树种组成的森林系统，年龄结构比较复杂，同一树种不同年龄的植株分布于不同层次形成异龄复层林。

森林分布范围广，形体高大，长寿稳定。森林约占陆地面积的 29.6%。由落叶或常绿以及具有耐寒、耐旱、耐盐碱或耐水湿等不同特性的树种形成的各种类型的森林天然林和人工林，分布在寒带、温带、亚热带、热带的山区、丘陵、平地，甚至沼泽、海涂滩地等地方。森林树种是植物界中最高大的植物，由优势乔木构成的林冠层可达十几米、数十米，甚至上百米。我国西藏波密的丽江云杉高达 70 m，云南西双版纳的望天树高达 80 m。北美红杉和巨杉也都是世界上最高大的树种，能够长到 100 m 以上，而澳大利亚的桉树甚至可高达 150 m。树木的根系发达，深根性树种的主根可深入地下数米至十几米。树木的高大形体在竞争光照条件方面明显占据有利地位，而光照条件在植物种间生存竞争中往往起着决定性作用。因此，在水分、温度条件适于森林生长的地方，乔木在与其他植物的竞争过程中常占优势。此外，由于森林生态系统具有高大的林冠层和较深的根系层，因此它们对林内小气候和土壤条件的影响均大于其他生态系统，并且还明显地影响着森林周围地区的小气候和水文情况。树木为多年生植物，寿命较长。森林树种的长寿性使森林生态系统较为稳定，并对环境产生长期而稳定的影响。

2. 湿地与生物多样性保护

《湿地公约》把湿地定义为"湿地是指不问其为天然或人工、长久或暂时的沼泽地、泥炭地或水域地带，带有静止或流动的淡水、半咸水或咸水水体，包括低潮时水深不超过 6 m 的水域"。按照这个定义，湿地包括沼泽、泥炭地、湿草甸、湖泊、河流、滞蓄洪区、河口三角洲、滩涂、水库、池塘、水稻田，以及低潮时水深浅于 6 m 的海域地带等。目前，全球湿地面积约有 570 万 km²，约占地球陆地面积的 6%。其中，湖泊占 2%，泥塘占 30%，泥沼占 26%，沼泽占 20%，洪泛平原约占 15%。

湿地覆盖地球表面仅为 6%，却为地球上 20% 已知物种提供了生存环境。湿地复杂多样的植物群落，为野生动物尤其是一些珍稀或濒危野生动物提供了良好的栖息地，是鸟类、两栖类动物的繁殖、栖息、迁徙、越冬的场所。例如，象征吉祥和长寿的濒危鸟类丹顶鹤，在从俄罗斯远东迁徙至我国江苏盐城国际重要湿地的 2 000 km 的途中，要花费约 1 个月的时间，在沿途 25 块湿地停歇和觅食，如果这些湿地遭受破坏，将给像丹顶鹤这样迁徙的濒危鸟类带来致命的威胁。湿地水草丛生特殊的自然环境，虽不是哺乳动物种群的理想家园，却能为各种鸟类提供丰富的食物来源和营巢、避敌的良好条件。可以说，保存完好的自然湿地，能使许多野生生物能够在不受干扰的情况下生存和繁衍，完成其生命周期，由此保存了许多物种的基因特性。

我国是世界上湿地资源丰富的国家之一，湿地资源占世界总量的 10%，居世界第四位，亚洲第一位。我国 1992 年加入《湿地公约》。《湿地公约》划分的 40 类湿地我国均有分布，我国是全球湿地类型最丰富的国家。根据我国湿地资源的现状以及《湿地公约》对湿地的分类系统，我国湿地共分为五大类，即四大类自然湿地和一大类人工湿地。自然湿地包括海滨湿地、河流湿地、湖泊湿地和沼泽湿地，人工湿地包括水稻田、水产池塘、水塘、灌溉地，以及农用洪泛湿地、蓄水区、运河、排水渠、地下输水系统等。

3. 与外来物种入侵

外来林业有害生物对生态安全构成极大威胁。外来入侵种通过竞争或占据本地物种生态位，排挤本地物种的生存，甚至分泌释放化学物质，抑制其他物种生长，使当地物种的种类和数量减少，不仅造成巨大的经济损失，更对生物多样性、生态安全和林业建设构成了极大威胁。近年来，随着国际和国内贸易频繁，外来入侵生物的扩散蔓延速度加剧。

（三）加强林业生物安全保护的对策

1. 加强保护森林生物多样性

根据森林生态学原理，在充分考虑物种的生存环境的前提下，用人工促进的方法保护森林生物多样性。一是强化林地管理。林地是森林生物多样性的载体，在统筹规划不同土地利用形式的基础上，要确保林业用地不受侵占及毁坏。林地用于绿化造林，采伐后及时更新，保证有林地占林业用地的足够份额。在荒山荒地造林时，贯彻适地适树营造针阔混交林的原则，增加森林的生物多样性。二是科学分类经营。实施可持续林业经营管理对森林实施科学分类经营，按不同森林功能和作用采取不同的经营手段，为森林生物多样性保护提供了新的途径。三是加强自然保护区的建设。对受威胁的森林动植物实施就地保护和迁地保护策略，保护森林生物多样性。建立自然保护区有利于保护生态系统的完整性，从而保护森林生物多样性。目前，自然保护区建设还存在保护区面积比例不足，分布不合理，用于保护的经费及技术明显不足等问题。四是建立物种的基因库。这是保护遗传多样性的重要途径，同时信息系统是生物多样性保护的重要组成部分。因此，尽快建立先进的基因数据库，并根据物种存在的规模、生态环境、地理位置建立不同地区适合生物进化、生存和繁衍的基因局域保护网，最终形成全球性基因保护网，实现共同保护的目的。也可建立生境走廊，把相互隔离的不同地区的生境连接起来构成保护网、种子库等。

2. 防控外来有害生物入侵蔓延

一是加快法制进程，实现依法管理。建立完善的法律体系是有效防控外来物种的首要任务。要修正立法目的，制定防控生物入侵的专门性法律，要从国家战略的高度对现有法律法规体系进行全面评估，并在此基础上通过专门性立法来扩大调整范围，对管理的对象、权利与责任等问题做出明确规定。要建立和完善外来物种管理过程中的责任追究机制，做到有权必有责、用权受监督、侵权要赔偿。二是加强机构和体制建设，促进各职能部门行动协调。外来入侵物种的管理是政府一项长期的任务，涉及多个环节和诸多部门，应实行统一监督管理与部门分工负责相结合，中央监管与地方管理相结合，政府监管与公众监督相结合的原则，进一步明确各部门的权限划分和相应的职责，在检验检疫，农、林、牧、渔、海洋、卫生等多部门之间建立合作协调机制，以共同实现对外来入侵物种的有效管理。三是加强检疫封锁。实践证明，检疫制度是抵御生物入侵的重要手段之一，特别是对于无意引进而言，无疑是一道有效的安全屏障。要进一步完善检验检疫配套法规与标准体系及各项工作制度建设，不断加强信息收集、分析有害生物信息网络，强化疫情意识，加大检疫执法力度，严把国门。在科研工作方面，要强化基础建设，建立控制外来物种技术支持基地；加强检验、监测和检疫处理新技术研究，加强有害生物的生物学、生态学、毒理学研究。四是加强引种管理，防止人为传入。要建立外来有害生物入侵风险的评估方法和评估体系。立引种政策，建立经济制约机制，加强引种后的监管。五是加强教育引导，提高公众防范意识。还要加强国际交流与合作。

3. 加强对林业转基因生物的安全监管

随着国内外生物技术的不断创新发展，人们对转基因植物的生物安全性问题也越来越关注。可以说，生物安全和风险评估本身是一个进化过程，随着科学的发展，生物安全的概念、风险评估的内容、风险的大小以及人们所能接受的能力都将发生变化。与此同时，植物转化技术将不断在转化效率和精确度等方面得到改进。因此，在利用转基因技术对树木进行改造的同时，我们要处理好各方面的关系。一方面应该采取积极的态度去开展转基因林木的研究；另一方面要加强转基因林木生态安全性的评价和监控，降低其可能对生态环境造成的风险，使转基因林木扬长避短，开创更广阔的应用前景。

三、现代林业与人居生态质量

（一）现代人居生态环境问题

城市化的发展和生活方式的改变在为人们提供各种便利的同时，也给人类健康带来了新的挑战。在中国的许多城市，各种身体疾病和心理疾病，正在成为人类健康的"隐形杀手"。

1. 空气污染

我们周围空气质量与我们的健康和寿命紧密相关。据统计，中国每年空气污染导致 1 500 万人患支气管病，有 200 万人死于癌症，而重污染地区死于肺癌的人数比空气良好的地区高 4.7 ～ 8.8 倍。

2. 土壤、水污染

现在，许多城市郊区的环境污染已经深入到土壤、地下水，达到了即使控制污染源，短期内也难以修复的程度。

3. 灰色建筑、光污染

夏季阳光强烈照射时，城市里的玻璃幕墙、釉面砖墙、磨光大理石和各种涂层反射线会干扰视线，损害视力。长期生活在这种视觉空间里，人的生理、心理都会受到很大影响。

4. 紫外线、环境污染

强光照在夏季时会对人体有灼伤作用，而且辐射强烈，使周围环境温度增高，影响人们的户外活动。同时城市空气污染物含量高，对人体皮肤也十分有害。

5. 噪声污染

城市现代化工业生产、交通运输、城市建设造成环境噪声的污染也日趋严重，已成为城市环境的一大公害。

6. 心理疾病

很多城市的现代化建筑不断增加，人们工作生活节奏不断加快，而自然的东西越来越少，接触自然成为偶尔为之的奢望，这是造成很多人心理疾病的重要因素城市灾害。城市建筑集中，人口密集，发生地震、火灾等重大灾害时，把人群快速疏散到安全地带，对于减轻灾害造成的人员伤亡非常重要。

（二）人居森林和湿地的功能

1. 城市森林的功能

发展城市森林、推进身边增绿是建设生态文明城市的必然要求，是实现城市经济社会科学发展的基础保障，是提升城市居民生活品质的有效途径，是建设现代林业的重要内容。国内外经验表明，一个城市只有具备良好的森林生态系统，使森林和城市融为一体，高大乔木绿色葱茏，各类建筑错落有致，自然美和人文美交相辉映，人与自然和谐相处，才能称得上是发达的、文明的现代化城市。当前，我国许多城市，特别是工业城市和生态脆弱地区城市，生态承载力低已经成为制约经济社会科学发展的瓶颈。在城市化进程不断加快、城市生态面临巨大压力的今天，通过大力发展城市森林，为城市经济社会科学发展提供更广阔的空间，显得越来越重要、越来越迫切。近年来，许多国家都在开展"人居森林"和"城市林业"的研究和尝试。事实证明，几乎没有一座清洁优美的城市不是靠森林起家的。比如奥地利首都维也纳，市区内外到处是森林和绿地，因此被誉为茫茫绿海中的"岛屿"。城市森林是城市生态系统中具有自净功能的重要组成部分，在调节生态平衡、改善环境质量以及美化景观等方面具有极其重要的作用。从生态、经济和社会三个方面阐述城市森林为人类带来的效益。

　　净化空气，维持碳氧平衡。城市森林对空气的净化作用，主要表现在能杀灭空气中分布的细菌，吸滞烟灰粉尘，稀释、分解、吸收和固定大气中的有毒有害物质，再通过光合作用形成有机物质。绿色植物能扩大空气负氧离子量，城市林带中空气负氧离子的含量是城市房间里的 200 ~ 400 倍。以乔灌草结构的复层林中空气负离子水平最高，空气质量最佳，空气清洁度等级最高，而草坪的各项指标最低，说明高大乔木对提高空气质量起主导作用。城市森林能有效改善市区内的碳氧平衡。植物通过光合作用吸收 CO_2，释放 O_2，在城市低空范围内从总量上调节和改善城区碳氧平衡状况，缓解或消除局部缺氧，改善局部地区空气质量。

　　调节和改善城市小气候，增加湿度，减弱噪声。城市近自然森林对整个城市的降水、湿度、气温、气流都有一定的影响，能调节城市小气候。城市地区及其下风侧的年降水总量比农村地区高 5% ~ 15%。其中雷暴雨增加 10% ~ 15%；城市年平均相对湿度都比郊区低 5% ~ 10%。林草能缓和阳光的热辐射，使酷热的天气降温、失燥，给人以舒适的感觉。据测定，夏季乔灌草结构的绿地气温比非绿地低 4.8 ℃，空气湿度可以增加 10% ~ 20%。林区同期的 3 种温度的平均值及年较差都低于市区；四季长度比市区的秋、冬季各长 1 候，夏季短 2 候。城市森林对近地层大气有补湿功能。林区的年均蒸发量比市区低 19%，其中，差值以秋季最大（25%），春季最小（16%）；年均降水量则林区略多 4%，又以冬季为最多（10%）。树木增加的空气湿度相当于相同面积水面的 10 倍。植物通过叶片大量蒸腾水分而消耗城市中的辐射热，并通过树木枝叶形成的浓荫阻挡太阳的直接辐射热和来自路面、墙面和相邻物体的反射热产生降温增湿效益，对缓解城市热岛效应具有重要意义。此外，城市森林可减弱噪声。

　　涵养水源、防风固沙。树木和草地对保持水土有非常显著的功能。据试验，在坡度为 30°、降雨强度为 200 mm/h 的暴雨条件下，当草坪植物的盖度分别为 100%、91%、60% 和 31% 时，土壤的侵蚀分别为 0、11%、49% 和 100%。

　　维护生物物种的多样性。城市森林的建设可以提高初级生产者（树木）

的产量，保持食物链的平衡，同时为兽类、昆虫和鸟类提供栖息场所，使城市中的生物种类和数量增加，保持生态系统的平衡，维护和增加生物物种的多样性。

城市森林带来的社会效益。城市森林社会效益是指森林为人类社会提供的除经济效益和生态效益之外的其他一切效益，包括对人类身心健康的促进、对人类社会结构的改进以及对人类社会精神文明状态的改进。美国一些研究者认为，森林社会效益的构成因素包括：精神和文化价值、游憩、游戏和教育机会，对森林资源的接近程度，国有林经营和决策中公众的参与，人类健康和安全，文化价值等。城市森林的社会效益表现在美化市容，为居民提供游憩场所。以乔木为主的乔灌木结合的"绿道"系统，能够提供良好的遮阴与湿度适中的小环境，减少酷暑给人造成的痛苦。城市森林有助于市民绿色意识的形成。城市森林还具有一定的医疗保健作用。城市森林建设的启动，除了可以提供大量绿化施工岗位外，还可以带动苗木培育、绿化养护等相关产业的发展，为社会提供大量新的就业岗位。城市森林为市民带来一定的精神享受，让人们在城市的绿色中减轻或缓解生活的压力，能激发人们的艺术与创作灵感。城市森林能美化市容，提升城市的地位。

2. 湿地在改善人居方面的功能

湿地与人类的生存、繁衍、发展息息相关，是自然界最富生物多样性的生态系统和人类最主要的生存环境之一，它不仅为人类的生产、生活提供多种资源，而且具有巨大的环境功能和效益，在抵御洪水、调节径流、蓄洪防旱、降解污染、调节气候、控制土壤侵蚀、促淤造陆、美化环境等方面有其他系统不可替代的作用。湿地被誉为"地球之肾"和"生命之源"。由于湿地具有独特的生态环境和经济功能，同森林有着同等重要的地位和作用，是国家生态安全的重要组成部分，湿地的保护必然成为全国生态建设的重要任务。湿地的生态服务价值居全球各类生态系统之首，不仅能储藏大量淡水，还具有独一无二的净化水质功能，且其成本极其低廉（人工湿地工程基建费用为传统二级生活性污泥法处理工艺的 1/3 ~ 1/2），运行成本亦极低，为其他方法的 1/10 ~ 1/6。因此，湿地对地球生态环境保护及人类和谐持续发展具有极为重要的作用。

物质生产功能。湿地具有强大的物质生产功能，它蕴藏着丰富的动植物资源。七里海沼泽湿地是天津沿海地区的重要饵料基地和初级生产力来源。据初步调查，七里海在20世纪70年代以前，水生、湿生植物群落100多种，其中具有生态价值的哺乳动物约10种，鱼蟹类30余种。芦苇作为七里海湿地最典型的植物，苇田面积广阔，具有很高的经济价值和生态价值，不仅是重要的造纸工业原料，又是农业、盐业、渔业、养殖业、编织业的重要生产资料，还能起到防风抗洪、改善环境、改良土壤、净化水质、防治污染、调节生态平衡的作用。另外，七里海可利用水面宽阔，是著名的七里海河蟹的产地。

大气组分调节功能。湿地内丰富的植物群落能够吸收大量的 CO_2 放出 O_2，湿地中的一些植物还具有吸收空气中有害气体的功能，能有效调节大气组分。但同时也必须注意到，湿地生境也会排放出甲烷、氨气等温室气体。沼泽有很大的生物生产效能，植物在有机质形成过程中，不断吸收 CO_2 和其他气体，特别是一些有害的气体。沼泽地上的 O_2 很少消耗于死亡植物残体的分解。沼泽还能吸收空气中的粉尘及携带的各种菌，从而起到净化空气的作用。另外，沼泽堆积物具有很大的吸附能力，污水或含重金属的工业废水，通过沼泽能吸附金属离子和有害成分。

水分调节功能。湿地在时空上可分配不均的降水，通过湿地的吞吐调节，避免水旱灾害。七里海湿地是天津滨海平原重要的蓄滞洪区，安全蓄洪深度 3.5 ~ 4.0 m。沼泽湿地具有湿润气候、净化环境的功能，是生态系统的重要组成部分。其大部分发育在负地貌类型中，长期积水，生长了茂密的植物，其下根茎交织，残体堆积。

净化功能。一些湿地植物能有效地吸收水中的有毒物质，净化水质，如氮、磷、钾及其他一些有机物质，通过复杂的物理、化学变化被生物体储存起来，或者通过生物的转移（如收割植物、捕鱼等）等途径，永久地脱离湿地，参与更大范围的循环。沼泽湿地中有相当一部分的水生植物，包括挺水性、浮水性和沉水性的植物，具有很强的清除毒物的能力，是毒物的克星。正因为如此，人们常常利用湿地植物的这一生态功能来净化污染物中的病毒，有效地清除了污水中的"毒素"，达到净化水质的目的。例如，凤眼莲、香蒲和芦苇等被广泛地用来处理污水，用来吸收污水中浓度很高的重金属镉、铜、锌等。在印度的卡尔库塔市，城内设有一座污水处理场，所有生活污水都排入东郊的人工湿地，其污水处理费用相当低，成为世界性的典范。

提供动物栖息地功能。湿地复杂多样的植物群落，为野生动物尤其是一些珍稀或濒危野生动物提供了良好的栖息地，是鸟类、两栖类动物的繁殖、栖息、迁徙、越冬的场所。沼泽湿地特殊的自然环境虽有利于一些植物的生长，却不是哺乳动物种群的理想家园，只是鸟类能在这里获得特殊的享受。因为水草丛生的沼泽环境为各种鸟类提供了丰富的食物来源和营巢、避敌的良好条件。在湿地内常年栖息和出没的鸟类有天鹅、白鹳、大雁、白鹭、苍鹰、浮鸥、银鸥、燕鸥、苇莺等约 200 种。

调节城市小气候。湿地水分通过蒸发成为水蒸气，然后又以降水的形式降到周围地区，可以保持当地的湿度和降雨量。

能源与航运。湿地能够提供多种能源，水电在中国电力供应中占有重要地位，水能蕴藏占世界第一位。我国沿海多河口港湾，蕴藏着巨大的潮汐能。从湿地中直接采挖泥炭用于燃烧，湿地中的林草作为薪材，是湿地周边农村中重要的能源来源。另外，湿地有着重要的水运价值，沿海沿江地区经济的快速发展，很大程度上是受惠于此。中国约有 10 万 km 内河航道，内陆水运承担了大约 30% 的货运量。

旅游休闲和美学价值。湿地具有自然观光、旅游、娱乐等美学方面的功能，中国有许多重要的旅游风景区都分布在湿地区域。滨海的沙滩、海水是重要的旅游资源，还有不少湖泊因自然景色壮观秀丽而吸引人们向往，辟为旅游和疗养胜地。滇池、太湖、洱海、杭州西湖等都是著名的风景区，除可创造直接的经济效益外，还具有重要的文化价值。尤其是城市中的水体，在美化环境、调节气候、为居民提供休憩空间方面有着重要的社会效益。湿地生态旅游是在观赏生态环境、领略自然风光的同时，以普及生态、生物及环境知识，保护生态系统及生物多样性为目的的新型旅游，是人与自然的和谐共处，是人对大自然的回归。发展生态湿地旅游能提高公共生态保护意识、促进保护区建设，反过来又能向公众提供赏心悦目的景色，实现保护与开发目标的双赢。

教育和科研价值。复杂的湿地生态系统、丰富的动植物群落、珍贵的濒危物种等，在自然科学教育和研究中都有十分重要的作用，它们为教育和科学研究提供了对象、材料和试验基地。一些湿地中保留着过去和现在的生物、地理等方面演化进程的信息，在研究环境演化、古地理方面有着重要价值。

3. 城乡人居森林促进居民健康

科学研究和实践表明，数量充足、配置合理的城乡人居森林可有效促进居民身心健康，并在重大灾害来临时起到保障居民生命安全的重要作用。

（1）清洁空气。

有关研究表明，每公顷公园绿地每天能吸收 900 kg 的 CO_2，并生产 600 kg 的 O_2；一棵大树每年可以吸收大量的大气可吸入颗粒物；处于 SO_2 污染区的植物，其体内含硫量可为正常含量的 5 ~ 10 倍。

（2）饮食安全。

利用树木、森林对城市地域范围内的受污染土地、水体进行修复，是最为有效的土壤清污手段，建设污染隔离带与已污染土壤片林，不仅可以减轻污染源对城市周边环境的污染，也可以使土壤污染物通过植物的富集作用得到清除，恢复土壤的生产与生态功能。

（3）绿色环境。

"绿色视率"理论认为，在人的视野中，绿色达到25%时，就能消除眼睛和心理的疲劳，使人的精神和心理最舒适。林木繁茂的枝叶、庞大的树冠使光照强度大大减弱，减少了强光对人们的不良影响，营造出绿色视觉环境，也会对人的心理产生多种效应，带来许多积极的影响，使人产生满足感、安逸感、活力感和舒适感。

（4）肌肤健康。

医学研究证明：森林、树木形成的绿荫能够降低光照强度，并通过有效地截留太阳辐射，改变光质，对人的神经系统有镇静作用，能使人产生舒适和愉快的情绪，防止直射光产生的色素沉着，还可防止荨麻疹、丘疹、水疱等过敏反应。

（5）维持宁静。

森林对声波有散射、吸收功能。在公园外侧、道路和工厂区建立缓冲绿带，都有明显减弱或消除噪声的作用。研究表明，密集和较宽的林带

（19～30 m）结合松软的土壤表面，可降低噪声 50% 以上。

（6）自然疗法。

森林中含有高浓度的 O_2、丰富的空气负离子和植物散发的"芬多精"。到树林中去沐浴"森林浴"，置身于充满植物的环境中，可以放松身心，舒缓压力。研究表明，长期生活在城市环境中的人，在森林自然保护区生活 1 周后，其神经系统、呼吸系统、心血管系统功能都有明显的改善作用，机体非特异免疫能力有所提高，抗病能力增强。

（7）安全绿洲。

城市各种绿地对于减轻地震、火灾等重大灾害造成的人员伤亡非常重要，是"安全绿洲"和临时避难场所。

此外，在家里种养一些绿色植物，可以净化室内受污染的空气。以前，我们只是从观赏和美化的作用来看待家庭种养花卉。现在，科学家通过测试发现，家庭的绿色植物对保护家庭生活环境有重要作用，如龙舌兰可以吸收室内 70% 的苯、50% 的甲醛等有毒物质。

我们关注生活、关注健康、关注生命，就要关注我们周边生态环境的改善，关注城市森林建设。遥远的地方有森林、有湿地、有蓝天白云、有瀑布流水、有鸟语花香，但对我们居住的城市毕竟遥不可及，亲身体验机会不多。城市森林、树木以及各种绿色植物对城市污染、对人居环境能够起到不同程度的缓解、改善作用，可以直接为城市所用、为城市居民所用，带给城市居民的是日积月累的好处，与居民的健康息息相关。

第二节　现代林业与生态物质文明

一、现代林业与经济建设

（一）林业推动生态经济发展的理论基础

1. 自然资本理论

自然资本理论为森林对生态经济发展产生巨大作用提供理论根基。生态经济是对 200 多年来传统发展方式的变革，它的一个重要的前提就是自然资本正在成为人类发展的主要因素，自然资本将越来越受到人类的关注，进而影响经济发展。森林资源作为可再生的资源，是重要的自然生产力，它所提供的各种产品和服务将对经济具有较大的促进作用，同时也将变得越来越稀缺。

2. 生态经济理论

生态经济理论为林业作用于生态经济提供发展方向。首先，生态经济要求将自然资本的新的稀缺性作为经济过程的内生变量，要求提高自然资本的生产率以实现自然资本的节约，这给林业发展的启示是要大力提高林业本身的效率，包括森林的利用效率。其次，生态经济强调好的发展应该是在一定的物质规模情况下的社会福利的增加，森林的利用规模不是越大越好，而是具有相对的一个度，林业生产的规模也不是越大越好，关键看是不是能很合适地嵌入到经济的大循环中。再次，在生态经济关注物质规模一定的情况下，物质分布需要从占有多的向占有少的流动，以达到社会的和谐，林业生产将平衡整个经济发展中的资源利用。

3. 环境经济理论

环境经济理论提高了在生态经济中发挥林业作用的可操作性。环境经济学强调当人类活动排放的废弃物超过环境容量时，为保证环境质量必须投入大量的物化劳动和活劳动。这部分劳动已越来越成为社会生产中的必要劳动，发挥林业在生态经济中的作用越来越成为一种社会认同的事情，其社会和经济可实践性大大增加。环境经济学理论还认为为了保障环境资源的永续利用，也必须改变对环境资源无偿使用的状况，对环境资源进行计量，实行有偿使用，使社会不经济性内在化，使经济活动的环境效应能以经济信息的形式反馈到国民经济计划和核算的体系中，保证经济决策既考虑直接的近期效果，又考虑间接的长远效果。环境经济学为林业在生态经济中的作用的发挥提供了方法上的指导，具有较强的实践意义。

4. 循环经济理论

循环经济的"3R"原则（减量化、再利用和再循环）为林业发挥作用提供了具体目标。"减量化、再利用和再循环"是循环经济理论的核心原则，具有清晰明了的理论路线，这为林业贯彻生态经济发展方针提供了具体、可行的目标。首先，林业自身是贯彻"3R"原则的主体，林业是传统经济中的重要部门，为国民经济和人民生活提供丰富的木材和非木质林产品，为造纸、建筑和装饰装潢、煤炭、车船制造、化工、食品、医药等行业提供重要的原材料，林业本身要建立循环经济体，贯彻好"3R"原则。其次，林业促进其他产业乃至整个经济系统实现"3R"，森林具有固碳制氧、涵养水源、保持水土、防风固沙等生态功能，为人类的生产生活提供必需的 O_2，吸收 CO_2，净化经济活动中产生的废弃物，在减缓地球温室效应、维护国土生态安全的同时，也为农业、水利、水电、旅游等国民经济部门提供着不可或缺的生态产品和服务，是循环经济发展的重要载体和推动力量，促进了整个生态经济系统实现循环经济。

（二）现代林业促进经济排放减量化

1. 林业自身排放的减量化

林业本身是生态经济体，排放到环境中的废弃物少。以森林资源为经营对象的林业第一产业是典型的生态经济体，木材的采伐剩余物可以留在森林，通过微生物的作用降解为腐殖质，重新参与到生物地球化学循环中。随着生物肥料、生物药剂的使用，初级非木质林产品生产过程中几乎不会产生对环境具有破坏作用的废弃物。林产品加工企业也是减量化排放的实践者，通过技术改革，完全可以实现木竹材的全利用，对林木的全树利用和多功能、多效益的循环高效利用，实现对自然环境排放的最小化。例如，竹材加工中竹竿可进行拉丝，梢头可以用于编织，竹下端可用于烧炭，实现了全竹利用；林浆纸一体化循环发展模式促使原本分离的林、浆、纸三个环节整合在一起，让造纸业承担起造林业的责任，自己解决木材原料的问题，发展生态造纸，形成以纸的林，以林促纸的生产格局，促进造纸企业永续经营和造纸工业的可持续发展。

2. 林业促进废弃物的减量化

森林吸收其他经济部门排放的废弃物，使生态环境得到保护。发挥森林对水资源的涵养、调节气候等功能，为水电、水利、旅游等事业发展创造条件，实现森林和水资源的高效循环利用，减少和预防自然灾害，加快生态农业、生态旅游等事业的发展。林区功能型生态经济模式有林草模式、林药模式、林牧模式、林菌模式、林禽模式等。森林本身具有生态效益，对其他产业产生的废气、废水、废弃物具有吸附、净化和降解作用，是天然的过滤器和转化器，能将有害气体转化为新的可利用的物质，如对 SO_2、碳氢化合物、氟化物，可通过林地微生物、树木的吸收，削减其危害程度。

林业促进其他部门减量化排放。森林替代其他材料的使用，减少了资源的消耗和环境的破坏。森林资源是一种可再生的自然资源，可以持续性地提供木材，木材等森林资源的加工利用能耗小，对环境的污染也较轻，是理想的绿色材料。木材具有可再生、可降解、可循环利用、绿色环保的独特优势，与钢材、水泥和塑料并称四大材料，木材的可降解性减少了对环境的破坏。另外，森林是一种十分重要的生物质能源，就其能源当量而言，是仅次于煤、石油、天然气的第四大能源。森林以其占陆地生物物种 50%以上和生物质总量 70% 以上的优势而成为各国新能源开发的重点。我国生物质能资源丰富，现有木本油料林总面积超过 400 万 hm^2，种子含油量在 40% 以上的植物有 154 种，每年可用于发展生物质能源的生物量为 3 亿 t 左右，折合标准煤约 2 亿 t。利用现有林地，还可培育能源林 1 333.3 万 hm^2，每年可提供生物柴油 500 多万 t。大力开发利用生物质能源，有利于减少煤炭资源过度开采，对于弥补石油和天然气资源短缺、增能源总量、调整能源结构、缓解能源供应压力、保障能源安全有显著作用。

森林发挥生态效益，在促进能源节约中发挥着显著作用。森林和湿地由于能够降低城市热岛效应，从而能够减少城市在夏季由于空调而产生的电力消耗。由于城市热岛增温效应加剧城市的酷热程度，致使夏季用于降温的空调消耗电能大大增加。

（三）现代林业促进产品的再利用

1. 森林资源的再利用

森林资源本身可以循环利用。森林是物质循环和能量交换系统，森林可以持续地提供生态服务。森林通过合理经营，能够源源不断地提供木质和非木质产品。木材采掘业的循环过程为"培育—经营—利用—再培育"，林地资源通过合理的抚育措施，可以保持生产力，经过多个轮伐期后仍然具有较强的地力。关键是确定合理的轮伐期，自法正林理论诞生开始，人类一直在探索循环利用森林，至今我国规定的采伐限额制度也是为了维护森林的可持续利用；在非木质林产品生产上也可以持续产出。森林的旅游效益也可以持续发挥，而且由于森林的林龄增加，旅游价值也持续增加，所蕴含的森林文化也在不断积淀的基础上更新发展，使森林资源成为一个从物质到文化、从生态到经济均可以持续再利用的生态产品。

2. 林产品的再利用

森林资源生产的产品都易于回收和循环利用，大多数的林产品可以持续利用。在现代人类的生产生活中，以森林为主的材料占相当大的比例，主要有原木、锯材、木制品、人造板和家具等以木材为原料的加工品、松香和橡胶及纸浆等林化产品。这些产品在技术可能的情况下都可以实现重复利用，而且重复利用期相对较长，这体现在二手家具市场发展、旧木材的利用、橡胶轮胎的回收利用等。

3. 林业促进其他产品的再利用

森林和湿地促进了其他资源的重复利用。森林具有净化水质的作用，水经过森林的过滤可以再被利用；森林具有净化空气的作用，空气经过净化可以重复变成新鲜空气；森林还具有保持水土的功能，对农田进行有效保护，使农田能够保持生产力；对矿山、河流、道路等也同时存在保护作用，使这些资源能够持续利用。湿地具有强大的降解污染功能，维持着 96% 的可用淡水资源。以其复杂而微妙的物理、化学和生物方式发挥着自然净化器的作用。湿地对所流入的污染物进行过滤、沉积、分解和吸附，实现污水净化。

二、现代林业与粮食安全

（一）林业保障粮食生产的生态条件

森林是农业的生态屏障，林茂才能粮丰。森林通过调节气候、保持水土、增加生物多样性等生态功能，可有效改善农业生态环境，增强农牧业抵御干旱、风沙、干热风、台风、冰雹、霜冻等自然灾害的能力，促进高产稳产。实践证明，加强农田防护林建设，是改善农业生产条件，保护基本农田，巩固和提高农业综合生产能力的基础。在我国，特别是北方地区，自然灾害严重。建立农田防护林体系，包括林网、经济林、四旁绿化和一定数量的生态片林，能有效地保证农业稳产高产。由于林木根系分布在土壤深层，不与地表的农作物争肥，并为农田防风保湿，调节局部气候，加之林中的枯枝落叶及林下微生物的理化作用，能改善土壤结构，促进土壤熟化，从而增强土壤自身的增肥功能和农田持续生产的潜力。据实验观测，农田防护林能使粮食平均增产 15% ~ 20%。在山地、丘陵的中上部保留发育良好的生态林，对于山下部的农田增产也会起到促进作用。此外，森林对保护草场、保障畜牧业、渔业发展也有积极影响。

相反，森林毁坏会导致沙漠化，恶化人类粮食生产的生态条件。由于森林资源的严重破坏，中国西部及黄河中游地区水土流失、洪水、干旱和荒漠化灾害频繁发生，农业发展也受到极大制约。

（二）林业直接提供森林食品和牲畜饲料

林业可以直接生产木本粮油、食用菌等森林食品，还可为畜牧业提供饲料。中国的林地可为粮食安全做出直接贡献。经济林是我国五大林种之一，也是经济效益和生态效益结合得最好的林种。经济林中相当一部分属于木本粮油、森林食品，发展经济林大有可为。《中华人民共和国森林法》规定，"经济林是指以生产果品、食用油料、饮料、调料、工业原料和药材等为主要目的的林木"。我国适生的经济林树种繁多，达 1 000 多种，主栽的树种有 30 多个，每个树种的品种多达几十个甚至上百个。经济林已成为我国农村经济中一项短平快、效益高、潜力大的新型主导产业。我国经济林发展速度迅猛，我国加入 WTO、实施农村产业结构战略性调整、开展退耕还林以及人民生活水平的不断提高，为我国经济林产业的大发展提供了前所未有的机遇和广阔市场前景，我国经济林产业建设将会呈现更加蓬勃发展的强劲势头。

第三节　现代林业与生态精神文明

一、现代林业与生态教育

（一）森林和湿地生态系统的实践教育作用

森林生态系统是陆地上覆盖面积最大、结构最复杂、生物多样性最丰富、功能最强大的自然生态系统，在维护自然生态平衡和国土安全中处于其他任何生态系统都无可替代的主体地位。健康完善的森林生态系统是国家生态安全体系的重要组成部分，也是实现经济与社会可持续发展的物质基础。人类离不开森林，森林本身就是一座内容丰富的知识宝库，是人们充实生态知识、探索动植物王国奥秘、了解人与自然关系的最佳场所。森林文化是人类文明的重要内容，是人类在社会历史过程中用智慧和劳动创造的森林物质财富和精神财富综合的结晶。森林、树木、花草会分泌香气，其景观具有季相变化，还能形成色彩斑斓的奇趣现象，是人们休闲游憩、健身养生、卫生保健、科普教育、文化娱乐的场所，让人们体验"回归自然"的无穷乐趣和美好享受，这就形成了独具特色的森林文化。

湿地是重要的自然资源，具有保持水源、净化水质、蓄洪防旱、调节气候、减少沙尘暴等巨大生态功能，也是生物多样性富集的地区之一，保护了许多珍稀濒危野生动植物物种。湿地不仅仅是我们传统认识上的沼泽、泥炭地、滩涂等，还包括河流、湖泊、水库、稻田以及退潮时水深不超过 6 m 的海域。湿地不仅为人类提供大量食物、原料和水资源，而且在维持生态平衡、保持生物多样性以及蓄洪防旱、降解污染等方面起到重要作用。

因此，在开展生态文明观教育的过程中，要以森林、湿地生态系统为教材，把森林、野生动植物、湿地和生物多样性保护作为开展生态文明观教育的重点，通过教育让人们感受到自然的美。自然美作为非人类加工和创造的自然事物之美的总和，它给人类提供了美的物质素材。生态美学是一种人与自然和社会达到动态平衡、和谐一致的处于生态审美状态的崭新的生态存在论美学观。这是一种理想的审美的人生，一种"绿色的人生"，是对人类当下"非美的"生存状态的一种批判和警醒，更是对人类永久发展、世代美好生存的深切关怀，也是对人类得以美好生存的自然家园的重建。生态审美教育对于协调人与自然、社会起着重要的作用。

这种实实在在的实地教育，会给受教育者带来完全不同于书本学习的感受，加深其对自然的印象，增进与大自然之间的感情，必然会更有效地促进人与自然和谐相处。森林与湿地系统的教育功能至少能给人们的生态价值观、生态平衡观、自然资源观带来全新的概念和内容。

生态价值观要求人类把生态问题作为一个价值问题来思考，不能仅认为自然界对于人类来说只有资源价值、科研价值和审美价值，而且还有重要的生态价值。所谓生态价值是指各种自然物在生态系统中都占有一定的"生态位"，对于生态平衡的形成、发展、维护都具有不可替代的功能作用。它是不以人的意志为转移的，它不依赖人类的评价，不管人类存在不存在，也不管人类的态度和偏好，它都是存在的。毕竟在人类出现之前，自然生态就已存在了。生态价值观要求人类承认自然的生态价值、尊重生态规律，不能以追求自己的利益作为唯一的出发点和动力，不能总认为自然资源是无限的、无价的和无主的，人们可以任意地享用而不对它承担任何责任，而应当视其为人类的最高价值或最重要的价值。人类作为自然生态的管理者，作为自然生态进化的引导者，义不容辞地具有维护、发展、繁荣、更新和美化地球生态系统的责任。它"是从更全面更长远的意义上深化了自然与人关系的理解"。正如马克思曾经说过的，自然环境不再只是人的手段和工具，而是作为人的无机身体成为主体的一部分，成为人的活动的目的性内容本身。应该说，"生态价值"的形成和提出，是人类对自己与自然生态关系认识的一个质的飞跃，是 20 世纪人类极其重要的思想成果之一。

在生态平衡观看来，包括人在内的动物、植物甚至无机物，都是生态系统里平等的一员，它们各自有着平等的生态地位，每一生态成员各自在质上的优劣、在量上的多寡，都对生态平衡起着不可或缺的作用。今天，虽然人类已经具有了无与伦比的力量优势，但在自然之网中，人与自然的关系不是敌对的征服与被征服的关系，而是互惠互利、共生共荣的友善平等关系。自然界的一切对人类社会生活有益的存在物，如山川草木、飞禽走兽、大地河流、空气、物蓄矿产等，都是维护人类"生命圈"的朋友。我们应当从小对中小学生培养具有热爱大自然、以自然为友的生态平衡观，此外也应在最大范围内对全社会进行自然教育，使我国的林业得到更充分的发展与保护。

自然资源观包括永续利用观和资源稀缺观两个方面。自然资源的永续利用是当今人类社会很多重大问题的关键所在，对可再生资源，要求人们在开发时，必须使后续时段中资源的数量和质量至少要达到目前的水平，从而理解可再生资源的保护、促进再生、如何充分利用等问题；而对于不可再生资源，永续利用则要求人们在耗尽它们之前，必须能找到替代他们的新资源，否则，我们的子孙后代的发展权利将会就此被剥夺。

自然资源稀缺观有 4 个方面：

①自然资源自然性稀缺。我国主要资源的人均占有量大大低于世界平均水平。

②低效率性稀缺。资源使用效率低，浪费现象严重，加剧了资源供给的稀缺性。

③科技与管理落后性稀缺。科技与管理水平低，导致在资源开发中的巨大浪费。

④发展性稀缺。我国在经济持续高速发展的同时，也付出了资源的高昂代价，加剧了自然资源紧张、短缺的矛盾。

（二）生态基础知识的宣传教育作用

目前，我国已进入全面建成小康社会决胜阶段。改善生态环境，促进人与自然的协调与和谐，努力开创生产发展、生活富裕和生态良好的文明发展道路，既是中国实现可持续发展的重大使命，也是新时期林业建设的重大使命。在可持续发展中要赋予林业以重要地位，在生态建设中要赋予林业以首要地位，在西部大开发中要赋予林业以基础地位。随着国家可持续发展战略和西部大开发战略的实施，我国林业进入了一个可持续发展理论指导的新阶段。凡此种种，无不阐明了现代林业之于和谐社会建设的重要性。有鉴于此，我们必须做好相关生态知识的科普宣传工作，通过各种渠道的宣传教育，增强民族的生态意识，激发人民的生态热情，更好地促进我国生态文明建设的进展。

生态建设、生态安全、生态文明是建设山川秀美的生态文明社会的核心。生态建设是生态安全的基础，生态安全是生态文明的保障，生态文明是生态建设所追求的最终目标。生态建设，即确立以生态建设为主的林业可持续发展道路，在生态优先的前提下，坚持森林可持续经营的理念，充分发挥林业的生态、经济、社会三大效益，正确认识和处理林业与农业、牧业、水利、气象等国民经济相关部门协调发展的关系，正确认识和处理资源保护与发展、培育与利用的关系，实现可再生资源的多目标经营与可持续利用。生态安全是国家安全的重要组成部分，是维系一个国家经济社会可持续发展的基础。生态文明是可持续发展的主要标志。建立生态文明社会，就是要按照以人为本的发展观、不侵害后代人生存发展权的道德观、人与自然和谐相处的价值观，指导林业建设，弘扬森林文化，改善生态环境，实现山川秀美，推进我国物质文明和精神文明建设，使人们在思想观念、科学教育、文学艺术、人文关怀诸方面都产生新的变化，在生产方式、消费方式、生活方式等各方面构建生态文明的社会形态。

人类只有一个地球，地球生态系统的承受能力是有限的。人与自然不仅具有斗争性，而且具有同一性，必须树立人与自然和谐相处的观念。我们应该对全社会大力进行生态教育，即要教导全社会尊重与爱护自然，培养公民自觉、自律意识与平等观念，顺应生态规律，倡导可持续发展的生产方式、健康的生活消费方式，建立科学合理的幸福观。幸福的获得离不开良好生态环境，只有在良好生态环境中人们才能生活得幸福，所以要扩大道德的适用范围，把道德诉求扩展至人类与自然生物和自然环境的方方面面，强调生态伦理道德。生态道德教育是提高全民族的生态道德素质、生态道德意识、建设生态文明的精神依托和道德基础。只有大力培养全民族的生态道德意识，使人们对生态环境的保护转为自觉的行动，才能解决生态保护的根本问题，才能为生态文明的发展奠定坚实的基础。在强调可持续发展的今天，对于生态文明教育来说，这个内容是必不可少的。深入推进生态文化体系建设，强化全社会的生态文明观念：一要大力加强宣传教育。深化理论研究，创作一批有影响力的生态文化产品，全面深化对建设生态文明重大意义的认识。要把生态教育作为全民教育、全程教育、终身教育、基础教育的重要内容，尤其要增强领导干部的生态文明观念和未成年人的生态道德教育，使生态文明观深入人心。二要巩固和拓展生态文化阵地。加强生态文化基础设施建设，充分发挥森林公园、湿地公园、自然保护区、各种纪念林、古树名木在生态文明建设中的传播、教育功能，建设一批生态文明教育示范基地。拓展生态文化传播渠道，推进"国树""国花""国鸟"评选工作，大力宣传和评选代表各地特色的树、花、鸟，继续开展"国家森林城市"创建活动。三要发挥示范和引领作用。充分发挥林业在建设生态文明中的先锋和骨干作用。全体林业建设者都要做生态文明建设的引导者、组织者、实践者和推动者，在全社会大力倡导生态价值观、生态道德观、生态责任观、生态消费观和生态政绩观。要通过生态文化体系建设，真正发挥生态文明建设主要承担者的作用，真正为全社会牢固树立生态文明观念做出贡献。

通过生态基础知识的教育，能有效地提高全民的生态意识，激发民众爱林、护林的认同感和积极性，从而为生态文明的建设奠定良好基础。

（三）生态科普教育基地的示范作用

当前我国公民的生态环境意识还不够，特别是各级领导干部的生态环境意识还需要加强，考察领导干部的政绩时要把保护生态的业绩放在主要政绩上。

森林公园、自然保护区、城市动物园、野生动物园、植物园、苗圃和湿地公园等是展示生态建设成就的窗口，也是进行生态科普教育的基地，充分发挥这些园区的教育作用，使其成为开展生态实践的大课堂，对于全民生态环境意识的增强、生态文明观的树立具有突出的作用。森林公园中蕴含着生态保护、生态建设、生态哲学、生态伦理等各种生态文化要素，是生态文化体系建设中的精髓。森林蕴含着深厚的文化内涵，森林以其独特的形体美、色彩美、音韵美、结构美，对人们的审美意识起到了潜移默化的作用，形成自然美的主题旋律。森林文化通过森林美学、森林旅游文化、园林文化、花文化、竹文化等展示了其丰富多彩的人文内涵，在对人们增长知识、陶冶情操、丰富精神生活等方面发挥着难以比拟的作用。

《关于进一步加强森林公园生态文化建设的通知》（以下简称《通知》）要求各级林业主管部门充分认识森林公园在生态文化建设中的重要作用和巨大潜力，将生态文化建设作为森林公园建设的一项长期的根本性任务抓紧抓实抓好，使森林公园切实担负起建设生态文化的重任，成为发展生态文化的先锋。各地在森林公园规划过程中，要把生态文化建设作为森林公园总体规划的重要内容，根据森林公园的不同特点，明确生态文化建设的主要方向、建设重点和功能布局。同时，森林公园要加强森林（自然）博物馆、标本馆、游客中心、解说步道等生态文化基础设施建设，进一步完善现有生态文化设施的配套设施，不断强化这些设施的科普教育功能，为人们了解森林、认识生态、探索自然提供良好的场所和条件。充分认识、挖掘森林公园内各类自然文化资源的生态、美学、文化、游憩和教育价值。根据资源特点，深入挖掘森林、花、竹、茶、湿地、野生动物等文化的发展潜力，并将其建设发展为人们乐于接受且富有教育意义的生态文化产品。森林公园可充分利用自身优势，建设一批高标准的生态科普和生态道德教育基地，把森林公园建设成为对未成年人进行生态道德教育的最生动的课堂。

经过不懈努力，以生态科普教育基地（森林公园、自然保护区、城市动物园、野生动物园、植物园、苗圃和湿地公园等）为基础的生态文化建设取得了良好的成效。今后，要进一步完善园区内的科普教育设施，扩大科普教育功能，增加生态建设方面的教育内容，从人们的心理和年龄特点出发，坚持寓教于乐，有针对性地精心组织活动项目，积极开展生动鲜活，知识性、趣味性和参与性强的生态科普教育活动，尤其是要吸引参与植树造林、野外考察、观鸟比赛等活动，或在自然保护区、野生动植物园开展以保护野生动植物为主题的生态实践活动。尤其针对中小学生集体参观要减免门票，有条件的生态园区要免费向青少年开放。

通过对全社会开展生态教育，使全体公民对中国的自然环境、气候条件、动植物资源等基本国情有更深入的了解。一方面，可以激发人们对祖国的热爱之情，树立民族自尊心和自豪感，阐述人与自然和谐相处的道理，使人们认识到国家和地区实施可持续发展战略的重大意义，进一步明确保护生态自然、促进人类与自然和谐发展中所担负的责任，使人们在走向自然的同时，更加热爱自然、热爱生活，进一步培养生态保护意识和科技意识；另一方面，通过展示过度开发和人为破坏所造成的生态危机现状，让人们形成资源枯竭的危机意识，看到差距和不利因素，进而会让人们产生保护生物资源的紧迫感和强烈的社会责任感，自觉遵守和维护国家的相关规定，在全社会形成良好的风气，真正地把生态保护工作落到实处，还社会一片绿色。

二、现代林业与生态文化

（一）森林在生态文化中的重要作用

在生态文化建设中，除了价值观起先导作用外，还有一些重要的方面。森林就是这样一个非常重要的方面。人们把未来的文化称为"绿色文化"或"绿色文明"，未来发展要走一条"绿色道路"，这就生动地表明，森林在人类未来文化发展中是十分重要的。大家知道，森林是把太阳能转变为地球有效能量，以及这种能量流动和物质循环的总枢纽。地球上人和其他生命都靠植物、主要是森林积累的太阳能生存。森林是地球生态的调节者，是维护大自然生态平衡的枢纽。地球生态系统的物质循环和能量流动，从森林的光合作用开始，最后复归于森林环境。例如，森林被称为"地球之肺"，吸收大气和土壤中的污染物质，是"天然净化器"；森林是"造氧机"和CO_2"吸附器"，对于地球大气的碳平衡和氧平衡有重大作用；森林又是"天然储水池"；森林对保护土壤、防风固沙、保持水土、调节气候等有重大作用。这些价值没有替代物，它作为地球生命保障系统的最重要方面，与人类生存和发展有极为密切的关系。对于人类文化建设，森林的价值是多方面的、重要的，包括：经济价值、生态价值、科学价值、娱乐价值、美学价值、生物多样性价值。

无论从生态学（生命保障系统）的角度，还是从经济学（国民经济基础）的角度，森林作为地球上人和其他生物的生命线，是人和生命生存不可缺少的，没有任何代替物，具有最高的价值。森林的问题，是关系地球上人和其他生命生存和发展的大问题。在生态文化建设中，我们要热爱森林，重视森林的价值，提高森林在国民经济中的地位，建设森林，保育森林，使中华大地山常绿、水长流，沿着绿色道路走向美好的未来。

（二）现代林业体现生态文化发展内涵

生态文化是探讨和解决人与自然之间复杂关系的文化；是基于生态系统、尊重生态规律的文化；是以实现生态系统的多重价值来满足人的多重需要为目的的文化；是渗透于物质文化、制度文化和精神文化之中，体现人与自然和谐相处的生态价值观的文化。生态文化要以自然价值论为指导，建立起符合生态学原理的价值观念、思维模式、经济法则、生活方式和管理体系，实现人与自然的和谐相处及协同发展。生态文化的核心思想是人与自然和谐。现代林业强调人类与森林的和谐发展，强调以森林的多重价值来满足人类的物质、文化需要。林业的发展充分体现了生态文化发展的内涵和价值体系。

1. 现代林业是传播生态文化和培养生态意识的重要阵地

牢固树立生态文明观是建设生态文明的基本要求。大力弘扬生态文化可以引领全社会普及生态科学知识，认识自然规律，树立人与自然和谐的核心价值观，促进社会生产方式、生活方式和消费模式的根本转变；可以强化政府部门科学决策的行为，使政府的决策有利于促进人与自然的和谐；可以推动科学技术不断创新发展，提高资源利用效率，促进生态环境的根本改善。生态文化是弘扬生态文明的先进文化，是建设生态文明的文化基础。林业为社会所创造的丰富的生态产品、物质产品和文化产品，为全民所共享。大力传播人与自然和谐相处的价值观，为全社会牢固树立生态文明观、推动生态文明建设发挥了重要作用。

通过自然科学与社会人文科学、自然景观与历史人文景观的有机结合，形成了林业所特有的生态文化体系，它以自然博物馆、森林博览园、野生动物园、森林与湿地国家公园、动植物以及昆虫标本馆等为载体，以强烈的亲和力，丰富的知识性、趣味性和广泛的参与性为特色，寓教于乐、陶冶情操，形成了自然与人文相互交融、历史与现实相得益彰的文化形式。

2. 现代林业发展繁荣生态文化

林业是生态文化的主要源泉，是繁荣生态文化、弘扬生态文明的重要阵地。建设生态文明要求在全社会牢固树立生态文明观。森林是人类文明的摇篮，孕育了灿烂悠久、丰富多样的生态文化，如森林文化、花文化、竹文化、茶文化、湿地文化、野生动物文化和生态旅游文化等。这些文化集中反映了人类热爱自然、与自然和谐相处的共同价值观，是弘扬生态文明的先进文化，是建设生态文明的文化基础。大力发展生态文化，可以引领全社会了解生态知识，认识自然规律，树立人与自然和谐的价值观。林业具有突出的文化功能，在推动全社会牢固树立生态文明观念方面发挥着关键作用。

第四章 现代林业生态工程建设与管理

第一节 现代林业生态工程的发展与建设方法

一、生态林业工程的基本概念

生态林业工程是指以森林生态系统为主体，以造林、林地保护和管理、木材加工和综合利用等为核心内容，以多种经济、生态和社会效益为综合目标的一种新型林业发展模式。生态林业工程将森林治理纳入林业、气象、水利、水土保持、生态环境、城市规划等多领域的综合配套工程之中，彻底改变了传统林业只重视木材生产、忽视维护生态平衡的单一理念。

二、生态林业工程建设的重要意义

（一）改善生态环境

生态林业工程建设主要倡导种植、保护、修复和利用森林资源，以森林为基础，进行多样化生态修复，推进生态环境与自然资源的保护。森林的生态系统具有自然的调节、净化和维持生命链条的功能，种植和保护森林不仅可以减轻大气污染、改善气候环境，还能改善水土质量。

（二）增加森林资源和生物多样性

生态林业工程推动森林的种植和保护，从而增加森林覆盖率和森林带面积，提高森林资源利用效益。同时，森林的种植和保护也有助于维护、增加生物多样性，保护珍稀濒危物种，促进生物物种交流。

（三）增加经济效益

生态林业工程不但有助于改善生态环境，增加森林资源及生物多样性，同时还发挥经济作用，增加森林产品的经济效益。如修复生态系统并培育新种类的树木为种植林业带来了新产品，开发出更多的森林旅游资源，实现了"生态红利"。

（四）推进城市绿化与休闲产业的发展

生态林业工程的建设和发展，能够为城市绿化和休闲产业的发展提供更多新的空间。城市绿化和休闲产业的发展明显减缓了城市社区的压力，让大自然的绿色和城市的建筑形成了自然的融合，并使人们对城市和大自然的认知更加多元化。

三、现代林业生态工程发展与建设的方法

（一）要以和谐的理念来开展现代林业生态工程建设

1.构建和谐林业生态工程项目的策略

构建和谐项目一定要做好五个结合。一是在指导思想上，项目建设要和林业建设、经济建设的具体实践结合起来。如果我们的项目不跟当地的生态建设、当地的经济发展结合起来，就没有生命力。不但没有生命力，而且在未来还可能会成为包袱。二是在内容上要与林业、生态的自然规律和市场经济规律结合起来，才能有效地发挥项目的作用。三是在项目的管理上要按照生态优先，生态、经济兼顾的原则，与以人为本的工作方式结合起来。四是在经营措施上，主要目的树种、优势树种要与生物多样性、健康森林、稳定群落等有机地结合起来。五是在项目建设环境上要与当地的经济发展，特别是解决"三农"问题结合起来。这样我们的项目就能成为一个和谐项目，就有生命力。

构建和谐项目，要在具体工作上一项一项地抓落实。一要检查林业外资项目的机制和体制是不是和谐。二要完善安定有序、民主法治的机制，如林地所有权、经营权、使用权和产权证的发放。三要检查项目设计、施工是否符合自然规律。四要促进项目与社会主义市场经济规律相适应。五

要建设整个项目的和谐生态体系。六要推动项目与当地的"三农"问题、社会经济的和谐发展。七要检验项目所定的支付、配套与所定的产出是不是和谐。总之，要及时检查项目措施是否符合已确定的逻辑框架和目标，要看项目林分之间、林分和经营（承包）者、经营（承包）者和当地的乡村组及利益人是不是和谐了。如果这些都能够做到的话，那么我们的林业外资项目就是和谐项目，就能成为各类林业建设项目的典范。

2.努力从传统造林绿化理念向现代森林培育理念转变

传统的造林绿化理念是尽快消灭荒山或追求单一的木材、经济产品的生产，容易造成生态系统不稳定、森林质量不高、生产力低下等问题，难以做到人与自然的和谐。现代林业要求引入现代森林培育理念，在森林资源培育的全过程中始终贯彻可持续经营理念，从造林规划设计、种苗培育、树种选择、结构配置、造林施工、幼林抚育规划等森林植被恢复各环节采取有效措施，在森林经营方案编制、成林抚育、森林利用、迹地更新等森林经营各环节采取科学措施，确保恢复、培育的森林能够可持续保护森林生物多样性、充分发挥林地生产力，实现森林可持续经营，实现林业可持续发展，实现人与自然的和谐。

在现阶段，林业工作者要实现营造林思想的"三个转变"。首先要实现理念的转变，即从传统的造林绿化理念向现代森林培育理念转变。其次要从原先单一的造林技术向现在符合自然规律和经济规律的先进技术转变。最后要从只重视造林忽视经营向造林经营并举，全面提高经营水平转变。"三分造，七分管"说的就是重视经营，只有这样，才能保护生物多样性，发挥林地生产力，最终实现森林可持续经营。要牢固树立"三大理念"，即健康森林理念、可持续经营理念、循环经济理念。

科学开展森林经营，必须在营林机制、体制上加大改革力度，在政策上给予大力的引导和扶持，在科技上强化支撑的力度。

森林经营范围非常广，不仅仅是抚育间伐，而且应包括森林生态系统群落的稳定性、种间矛盾的协调、生长量的提高等。例如，安徽省森林经营最薄弱的环节是通过封山而生长起来的大面积的天然次生林，特别是其中的针叶林，要尽快采取人为措施，在林中补植、补播一部分阔叶树，改良土壤，平衡种间和种内矛盾，提高林分生长量。

（二）现代林业生态工程建设要与社区发展相协调

现代林业生态工程与社会经济发展是当今世界现代林业生态工程领域的一个热点，是世界生态环境保护和可持续发展主题在现代林业生态工程领域的具体化。下面通过对现代林业生态工程与社区发展之间存在的矛盾、保护与发展的关系概括介绍，揭示其在未来的发展中应注意的问题。

1. 现代林业生态工程与社区发展之间的矛盾

我国是一个发展中的人口大国，社会经济发展对资源和环境的压力正变得越来越大。如何解决好发展与保护的关系，实现资源和环境可持续利用基础上的可持续发展，将是我国在今后所面临的一个世纪性的挑战。

在现实国情条件下，现代林业生态工程必须在发展和保护相协调的范围内寻找存在和发展的空间。在我国，以往在林业生态工程建设中采取的主要措施是应用政策和法律的手段，并通过保护机构，如各级林业主管部门进行强制性保护。不可否认，这种保护模式对现有的生态工程建设区域内的生态环境起到了积极的作用，也是今后应长期采用的一种保护模式。但通过上述保护机构进行强制性保护存在两个较大的问题。一是成本较高。对建设区域国家每年要投入大量的资金，日常的运行和管理费用也需要大量的资金注入。在经济发展水平还较低的情况下，全面实施国家工程管理将受到经济的制约。在这种情况下，应更多地调动社会的力量，特别是广大农村乡镇所在社区对林业的积极参与，只有这样才能使林业生态工程成为一种社会行为，并取得广泛和长期的效果。二是通过行政管理的方式实施林业项目可能会使所在区域与社区发展的矛盾激化，林业工程实施将项目所在的社区作为主要干扰和破坏因素，而社区也视工程为阻碍社区经济发展的主要制约因素，矛盾的焦点就是自然资源的保护与利用。可以说，现代林业生态工程是为了国家乃至人类长远利益的伟大事业，是无可非议的，而社区发展也是社区的正当权利，是无可指责的，但目前的工程管理模式难以协调解决这个保护与发展的基本矛盾。因此，采取有效措施促进社区的可持续发展，对现代林业生态工程的积极参与，并使之受益于保护的成果，使现代林业生态工程与社区发展相互协调将是今后我国现代林业生态工程的主要发展方向，它也是将现代林业生态工程的长期利益与短期利益、局部利益与整体利益有机地结合在一起的最好形式，是现代林业生态工程可持续发展的具体体现。

2. 现代林业生态工程与社区发展的关系

如何协调经济发展与现代林业生态工程的关系已成为可持续发展主题的重要组成部分。社会经济发展与现代林业生态工程之间的矛盾是一个世界性的问题，在我国也不例外，在一些偏远农村这个矛盾表现得尤为突出。这些地方自然资源丰富，但没有得到合理利用，或利用方式违背自然规律，造成经济困难的原因并没有得到根本的改变。在面临发展危机和财力有限的情况下，大多数地方政府虽然对林业生态工程有一定的认识和各种承诺，但实际投入却很少，这也是造成一些地区生态环境不断退化和资源遭到破坏的一个主要原因，而且这种趋势由于地方经济发展的利益驱动有进一步加剧的可能。从根本上说，保护与发展的矛盾主要体现在经济利益上，因此，分析发展与保护的关系也应主要从经济的角度进行。

从一般意义上说，林业生态工程是一种公益性的社会活动，为了自身的生存和发展，我们对林业生态工程将给予越来越高的重视。但对于工程区的农民来说，他们为了生存和发展则更重视直接利益。如果不能从中得到一定的收益，他们在自然资源使用及土地使用决策时，对林业生态工程就不会表现出多大的兴趣。事实也正是如此，当地社区在林业生态工程和自然资源持续利用中得到的现实利益往往很少，潜在和长期的效益一般需要较长时间才能被当地人所认识。与此相反，林业生态工程给当地农民带来的发展制约却是十分明显的，特别是在短期内，农民承受着林业生态工程造成的许多不利影响，如资源使用和环境限制，以及退出耕地造林收入减少等，所以他们知道林业生态工程虽是为了整个人类的生存和发展，但在短期内产生的成本却使当地社区牺牲了一些发展的机会，使自身的经济发展和社会发展都受到一定的损失。

从系统论的角度分析，社区包含两个大的子系统，一个是当地的生态环境系统，另一个是当地的社区经济系统，这两个系统不是孤立和封闭的。从生态经济的角度看，这两个子系统都以其特有的方式发挥着它们对系统的影响。当地社区的自然资源既是当地林业生态工程的重要组成部分，又是当地社区社会经济发展最基础的物质源泉，这就不可避免地使保护和发展在资源的利益取向上对立起来。只要世界上存在发展和保护的问题，它们之间的矛盾就是一个永恒的主题。

基于上述分析可以得出，如何协调整体和局部利益是解决现代林业生态工程与社区发展之间矛盾的一个关键。在很多地区，由于历史和地域的原因，其发展都是通过对自然资源进行粗放式的、过度的使用来实现的，如要他们放弃这种发展方式，采用更高的发展模式是勉为其难和不现实的。因而，在处理保护与发展的关系时，要公正和客观地认识社区的发展能力和发展需求。具体来说，解决现代林业生态工程与社区发展之间矛盾的可能途径主要有三条。一是通过政府行为，即通过一些特殊和优惠的发展政策来促进所在区域的社会经济发展。以弥补由于实施林业生态工程给当地带来的损失，由于缺乏成功的经验和成本较大等原因，目前采纳这种方式比较困难，但可以预计，政府行为将是在大范围和从根本上解决保护与发展之间矛盾的主要途径。二是在林业生态工程和其他相关发展活动中用经济激励的方法，使当地的农民在林业生态工程和资源持续利用中能获得更多的经济收益，这就是说要寻找一种途径，既能使当地社区从自然资源获得一定的经济利益，又不使资源退化，使保护和发展的利益在一定范围和程度内统一在一起，这是目前比较适合农村现状的途径，其原因是这种方式涉及面小、比较灵活、实效性较强、成本也较低。三是通过综合措施，即将政府行为、经济激励和允许社区对自然资源适度利用等方法结合在一起，使社区既能从林业生态工程中获取一定的直接收益，又能获得外部扶持及政策优惠，这条途径可以说是解决保护与发展矛盾的最佳选择，但它涉的问题多、难度大，应是今后长期发展的目标。

（三）要实行工程项目管理

所谓工程项目管理是指项目管理者为了实现工程项目目标，按照客观规律的要求，运用系统工程的观点、理论和方法，对执行中的工程项目的进展过程中各阶段工作进行计划、组织、控制、沟通和激励，以取得良好效益的各项活动的总称。

一个建设项目从概念的形成、立项申请、进行可行性研究分析、项目评估决策、市场定位、设计、项目的前期准备工作、开工准备、机电设备和主要材料的选型及采购、工程项目的组织实施、计划的制订、工期质量和投资控制、直到竣工验收、交付使用，经历了很多不可缺少的工作环节，其中任何一个环节的成功与否都直接影响工程项目的成败，而工程项目的管理实际是贯穿了工程项目的形成全过程，其管理对象是具体的建设项目，而管理的范围是项目的形成全过程。

建设项目一般都有一个比较明确的目标，但下列目标是共同的：即有效地利用有限的资金和投资，用尽可能少的费用、尽可能快的速度和优良的工程质量建成工程项目，使其实现预定的功能交付使用，并取得预定的经济效益。

1. 工程项目管理的五大过程

①启动：批准一个项目或阶段，并且有意向往下进行的过程。

②计划：制定并改进项目目标，从各种预备方案中选择最好的方案，以实现所承担项目的目标。

③执行：协调人员和其他资源并实施项目计划。

④控制：通过定期采集执行情况数据，确定实施情况与计划的差异，便于随时采取相应的纠正措施，保证项目目标的实现。

⑤收尾：对项目的正式接收，达到项目有序的结束。

2. 工程项目管理的工作内容

工程项目管理的工作内容很多，但具体讲主要有以下五个方面的职能。

（1）计划职能。

对工程项目的预期目标进行筹划安排，将工程项目的全过程、全部目标和全部活动统统纳入计划的轨道，用一个动态的可分解的计划系统来协调控制整个项目，以便提前揭露矛盾，使项目在合理的工期内以较低的造价高质量地协调，有序地达到预期目标，因此讲工程项目的计划是龙头，同时计划也是管理。

（2）协调职能。

在工程项目的不同阶段、不同环节，与之有关的不同部门、不同层次之间，虽然都各有自己的管理内容和管理办法，但它们之间的结合部分往往是管理最薄弱的地方，需要有效的沟通和协调。各种协调之中，人与人之间的协调又最为重要。协调职能使不同的阶段、不同环节、不同部门、不同层次之间通过统一指挥形成目标明确、步调一致的局面，同时通过协调使一些看似矛盾的工期、质量和造价之间的关系，时间、空间和资源利用之间的关系也得到了充分统一，所有这些对于复杂的工程项目管理来说无疑都是非常重要的工作。

（3）组织职能。

在熟悉工程项目形成过程及发展规律的基础上，通过部门分工、职责划分，明确职权，建立行之有效的规章制度，使工程项目的各阶段各环节各层次都有管理者分工负责，形成一个具有高效率的组织保证体系，以确保工程项目的各项目标的实现。这里特别强调的是可以充分调动起每个管理者的工作热情和积极性，充分发挥每个管理者的工作能力和长处，以每个管理者完美的工作质量换取工程项目的各项目标的全面实现。

（4）控制职能。

工程项目的控制主要体现在目标的提出和检查、目标的分解、合同的签订和执行，各种指标、定额和各种标准、规程、规范的贯彻执行，以及实施中的反馈和决策。

（5）监督职能。

监督的主要依据是工程项目的合同、计划、规章制度、规范、规程和各种质量标准、工作标准等，有效的监督是实现工程项目各项目标的重要手段。

第二节　现代林业生态工程的管理机制

一、林业生态工程管理机制的特点

林业生态工程，一般是在大江大河流域、生态脆弱区、重点风沙区以及森林植被功能低下的范围内实施的；它以现有森林生态保护和植树造林为目的，实现提高人们生活质量和改善优化生态环境的目标。林业生态工程在建设中为了遵循经济和自然规律，需要进行统筹规划，广泛组织社会力量进行参与。同时为了达到生态工程设计的目标，需要对生态工程进行有效的管理，统筹工程所涉及的各个因子，从而实现工程目标，有效发挥其整体效能。

从总体上来说，林业生态工程管理机制特点体现在林业生态工程管理涉及的因子很多，因而工程复杂、浩大，这就需要对工程内部诸要素进行自我规范、相互协调；同时林业生态工程系统中各因子的有机结合，需要有效管理工程的各要素，设置一个多级递进的结构，使工程的各要素达到整体优化的效果；同时林业生态工程管理也是个不断自我更新、自我发展的过程。

二、我国现代林业生态工程管理的不足

我国目前生态工程建设虽然取得了一定的成就，但林业生态工程在管理上还存在一些问题。从宏观管理来分析，工程缺少科学的统筹规划，并且工程涉及的部门间缺少有效的协调机制，而且经济核算方式也不能对政府投资和管理工程进行有效激励。从微观层面来分析，科学的工程建设管理体系还没有形成，工程的进度控制、质量控制所需的资金控制很难得到保障。从工程管理来分析，我国对林业生态工程建设投放的资金还存在一些问题。林业生态管理往往出现规划上的错误，这导致管理的目标很难实现。并且从林业生态工程管理的现状来看，工程建设的经营者、受托人和受益者都缺乏有效的激励。

三、林业生态工程的管理机制

（一）组织管理机制

省、市、县、乡（镇）均成立项目领导组和项目管理办公室。项目领导组组长一般由政府主要领导或分管领导担任，林业和相关部门负责人为领导组成员，始终坚持把林业外资项目作为林业工程的重中之重抓紧抓实。项目领导组下设项目管理办公室，作为同级林业部门的内设机构，由林业部门分管负责人兼任项目管理办公室主任，设专职副主任，配备足够的专职和兼职管理人员，负责项目实施与管理工作。同时，项目领导组下设独立的项目监测中心，定期向项目领导组和项目办提供项目监测报告，及时

发现施工中出现的问题并分析原因，建立项目数据库和图片资料档案，评价项目效益，提交项目可持续发展建议等。

（二）规划管理机制

按照批准的项目总体计划（执行计划），在参与式土地利用规划的基础上编制年度实施计划。从山场规划、营造的林种树种、技术措施方面尽可能地同农民讨论，并引导农民改变一些传统的不合理习惯，实行自下而上、多方参与的决策机制。参与式土地利用规划中可以根据山场、苗木、资金、劳力等实际情况进行调整，用"开放式"方法制订可操作的年度计划。项目技术人员召集村民会议、走访农户、踏查山场等，与农民一起对项目小班、树种、经营管理形式等进行协商，形成详细的图、表、卡等规划文件。

（三）工程管理机制

以县、乡（镇）为单位，实行项目行政负责人、技术负责人和施工负责人责任制，对项目全面推行质量优于数量、以质量考核工作的质量管理制。为保证质量管理制的实行，上级领导组与下级领导组签订行政责任状，林业主管单位与负责山场地块的技术人员签订技术责任状，保证工程建设进度和质量。项目工程以山脉、水系、交通干线为主线，按区域治理、综合治理、集中治理的要求，合理布局，总体推进。工程建设大力推广和应用林业先进技术，坚持科技兴林，提倡多林种、多树种结合、乔灌草配套，防护林必须营造混交林。项目施工保护原有植被，并采取水土保持措施（坡改梯、谷坊、生物带等），禁止炼山和全垦整地，营建林区步道和防火林带，推广生物防治病虫措施，提高项目建设综合效益。推行合同管理机制，项目基层管理机构与农民签订项目施工合同，明确双方权利和义务，确保项目成功实施和可持续发展。项目的基建工程和车辆设备采购实行国际、国内招标或"三家"报价，项目执行机构成立议标委员会，选择信誉好、质量高、价格低、后期服务优的投标单位中标，签订工程建设或采购合同。

（四）资金管理机制

项目建设资金单设专用账户，实行专户管理、专款专用，县级配套资金进入省项目专户管理，认真落实配套资金，确保项目顺利进展，不打折扣。实行报账制和审计制。项目县预付工程建设费用，然后按照批准的项目工程建设成本，以合同、监测中心验收合格单、领款单、领料单等为依据，向省项目办申请报账。经审计后，省项目办给项目县核拨合格工程建设费用，再向国内外投资机构申请报账。项目接受国内外审计，包括账册、银行记录、项目林地、基建现场、农户领款领料、设备车辆等的审计。项目采用报账制和审计制，保证了项目任务的顺利完成、工程质量的提高和项目资金使用的安全。

（五）监测评估机制

项目监测中心对项目营林工程和非营林工程实行按进度全面跟踪监测制，选派一名技术过硬、态度认真的专职监测人员到每个项目县常年跟踪监测，在监测中使用 GIS 和 GPS 等先进技术。营林工程监测主要监测施工面积和位置、技术措施（整地措施、树种配置、栽植密度）、施工效果（成活率、保存率、抚育及生长情况等）。非营林工程监测主要由项目监测中心在工程完工时现场验收，检测工程规模、投资和施工质量。监测工作结束后，提交监测报告，包括监测方法、完成的项目内容及工作量、资金用量、主要经验与做法、监测结果分析与评价、问题与建议等，并附上相应的统计表和图纸等。

（六）信息管理机制

项目建立计算机数据库管理系统，连接 GIS 和 GPS，及时准确地掌握项目进展情况和实施成效,科学地进行数据汇总和分析。项目文件、图表卡、照片、录像、光盘等档案实行分级管理，建立项目专门档案室（柜），订立档案管理制度，确定专人负责立卷归档、查阅借还和资料保密等工作。

（七）激励惩戒机制

项目建立激励机制，对在项目规划管理、工程管理、资金管理、项目监测、档案管理中做出突出贡献的项目人员，给予通报表彰、奖金和证书，做到事事有人管、人人愿意做。在项目管理中出现错误的，要求及时纠正；出现重大过错的，视情节予以处分甚至调离项目队伍。

（八）示范推广机制

全面推广林业科学技术成果和成功的项目管理经验。全面总结精炼外资项目的营造林技术、水土保持技术和参与式土地利用规划、合同制、报账制、评估监测以及审计、数字化管理等经验，应用于林业生产管理中。

（九）人力保障机制

根据林业生产与发展的技术需求，引进一批国外专家和科技成果，加大林业生产的科技含量。组织林业管理、技术人员到国外考察、培训、研修、参加国际会议等，开阔视野，提高人员素质，注重培养国际合作人才，为林业大发展积蓄潜力，扩大林业对外合作的领域，推进多种形式的合资合作，大力推进政府各部门间甚至民间的林业合作与交流。

（十）审计保障机制

省级审计部门按照外资项目规定的审计范围和审计程序，全面审查省及项目县的财务报表、总账和明细账，核对账表余额，抽查会计凭证，重点审查财务收支和财务报表的真实性；并审查项目建设资金的来源及运用，包括审核报账提款原始凭证，资金的入账、利息、兑换和拨付情况；对管理部门内部控制制度进行测试评价；定期向外方出具无保留意见的审计报告。外方根据项目实施进度，于项目中期和竣工期委派国际独立审计公司审计项目，检查省项目办所有资金账目，随机选择项目县全县项目财务收支和管理情况，检查设备采购和基建三家报价程序和文件，并深入项目建设现场和农户家中，进行施工质量检查和劳务费支付检查。

四、完善林业生态工程管理机制的措施

林业生态工程由于是一个系统工程。当前我国在经济快速发展的进程中，林业生态工程建设不仅能影响以生态建设为主的林业战略目标的实现，更是关系到一个国计民生的大事。

结合林业生态管理机制上的不足，完善林业生态工作管理机制应采取如下的措施。

（一）发挥政府的主导作用

由于林业生态工程建设所涉及的覆盖范围比较大，需要国家政府对林业生态工程进行统一协调和统筹规划，做好约束和宏观调控的工作。

结合我国目前在林业生态工程建设的特征，政府应该去设置专门的行政机构来负责林业生态工程问题的决策和研究，并且其他相关部门应该协助做好宏观林业资源配置以及监督等事项。政府对林业生态工程管理阶段应进行宏观调控和约束，采取直线型的职能结构。在国家和省市县设立专门的林业工程领导管理办事机构，一般应由各级政府的领导来担任工程的负责人，林业部门以及相关负责人参与林业管理工程领导组的项目决策等。为了精简机构，从而提高工程的管理效率，应该在林业部门内部设置林业生态工程管理办事机构，这样有利于独立开展工作。并且设置一个独立的项目监理中心，建立图片资料档案和项目数据库来评价项目的工作效益。

（二）发挥政府对林业生态工程建设工程的约束作用

为保证林业生态工程能健康规范进行建设，相关的政府部门要发挥审查和设计的作用，审定林业生态工程的建设方案、建设规模、静态总投资等。并且国家政府在注入资本金时，应该向国内的资金市场进行直接融资、国际的资金市场进行间接融资；并审定林业生态项目的法人建设投资计划，宏观调控生态工程的动态投资；解决生态项目法人代表的重大难题，派出稽查特派员小组和质量专家检查组，对资金使用和工程质量使用实施每年的监督检查。

（三）发挥市场对林业生态管理的作用

在市场经济条件下，现代林业生态工程管理要获得经济上的效率，就需要导入市场经济机制，运用竞争机制的作用提高林业生态工程的管理效率。

可以按照市场的招投标程序来对林业工程进行运作，通过市场的竞争机制，来优选林业工程的施工承包人和相关的工程监理单位，通过合同的管理方式共同去营造一个林业生态工程的市场竞争环境，从而实现建设管理目标可靠性的提高，同时也促进林业工程的施工单位、企业不断去改进管理机制，不断去完善和提高自身的管理水平。

第三节　现代林业生态工程建设领域的新应用

林业是国民经济的基础产业，肩负着优化环境和促进发展的双重使命，不可避免地受到以新技术、新材料、新方法的影响，而且已渗透到林业生产的各个方面，对林业生态建设的发展和功能的发挥起到了巨大的推动作用。林业生态建设的发展，事关经济、社会的可持续发展。林业新技术、新材料、新方法的进步是林业生态建设发展的关键技术支撑。

一、信息技术

信息技术是新技术革命的核心技术与先导技术，代表了新技术革命的主流与方向。计算机的发明与电子技术的迅速发展，为整个信息技术的突破性进展开辟了道路。微电子技术、智能机技术、通信技术、光电子技术等重大成就，使得信息技术成为当代高技术最活跃的领域。信息技术具有高度的扩展性与渗透性、强大的纽带作用与催化作用，有效地节省资源与节约能源功能，不仅带动了生物技术、新材料技术、新能源技术、空间技术与海洋技术的突飞猛进，而且它自身也开拓出许多新方向、新领域、新用途，推动整个国民经济以至社会生活各个方面的彻底改变，为人类社会带来了最深刻、最广泛的信息革命。信息革命的直接目的和必然结果，是扩展与延长人类的信息功能，特别是智力功能，使人类认识世界和改造世界的能力发生了一个大的飞跃，使人类的劳动方式发生革命性的变化，开创人类智力解放的新时代。

自 20 世纪 50 年代美国率先将计算机引入林业以来，经过半个世纪，它从最初的科学运算工具发展到现在的综合信息管理和决策系统，促进林业的管理技术和研究手段发生了很大的变化。特别是近几年，计算机和数据通信技术的发展，为计算机的应用提供了强大的物质基础，极大地推动了计算机在林业上的应用向深层发展。现在，计算机已成为林业科研和生产各个领域的最有力的手段和必备工具。

（一）信息采集和处理

1. 野外数据采集技术

林业上以往传统的野外调查都以纸为记录数据的媒介，它的缺点是易脏、易受损，数据核查困难。近年来，随着微电子技术的发展，一些发达国家市场上出现了一种野外电子数据装置（EDRs），它以直流电池为电源，微处理器控制，液晶屏幕显示，具有携带方便和容易操作的特点。利用EDRs在野外调查的同时即可将数据输入临时存储器，回来后，只需将数据输入中心计算机的数据库中即可完成存储。若适当编程，EDRs还可在野外进行数据检查和预处理。目前，美国、英国和加拿大都生产EDRs，欧美许多国家都已在林业生产中运用。

2. 数据管理技术

收集的数据需要按一定的格式存放，才能方便管理和使用。因此，随着计算机技术发展起来的数据库技术，一出现就受到林业工作者的青睐，世界各国利用此技术研建了各种各样的林业数据库管理系统。

3. 数据统计分析

数据统计分析是计算机在林业中应用最早也是最普遍的领域。借助计算机结合数学统计方法，可以迅速地完成原始数据的统计分析，如分布特征、回归估计、差异显著性分析和相关分析等，特别是一些复杂的数学运算，如迭代、符号运算等，更能发挥计算机的优势。

（二）决策支持系统技术

决策支持系统（DSS）是多种新技术和方法高度集成化的软件包。它将计算机技术和各种决策方法（如线性规划、动态规划和系统工程等）相结合。针对实际问题，建立决策模型，进行多方案的决策优化。目前国外林业支持系统的研究和应用十分活跃，在苗圃管理、造林规划、天然更新、树木引种、间伐和采伐决策、木材运输和加工等方面都有成果涌现。最近，决策支持系统技术的发展已经有了新的动向，群体DSS、智能DSS、分布式的DSS已经出现，相信未来的决策支持系统将是一门高度综合的应用技术，将向着集成化、智能化的方向迈进，也将会给林业工作者带来更大的福音。

（三）人工智能技术

人工智能（AI）是处理知识的表达、自动获取及运用的一门新兴科学，它试图通过模仿诸如演绎、推理、语言和视觉辨别等人脑的行为，来使计算机变得更为有用。AI有很多分支，在林业上应用最多的专家系统（ES）就是其中之一。专家系统是在知识水平上处理非结构化问题的有力工具。它能模仿专门领域里专家求解问题的能力，对复杂问题做专家水平的结论，广泛地总结了不同层面的知识和经验，使专家系统比任何一个人类专家更具权威性。因此，国外林业中专家系统的应用非常广泛。目前，国外开发的林业专家系统主要有林火管理专家系统、昆虫及野生动植物管理专家系统、森林经营规划专家系统、遥感专家系统等。人工智能技术的分支如机器人学、计算机视觉和模式识别、自然语言处理以及神经网络等技术在林业上的应用也在不断进步。随着计算机和信息技术的发展，人工智能将成为计算机应用的最广阔的领域。

（四）3S 技术

3S是指遥感（RS）、地理信息系统（GIS）和全球定位系统（GPS），它们是随着电子、通信和计算机等尖端科学的发展而迅速崛起的高新技术，三者有着紧密的联系，在林业上应用广泛。

遥感是通过航空或航天传感器来获取信息的技术手段。利用遥感可以快速、廉价地得到地面物体的空间位置和属性数据。近年来，随着各种新型传感器的研制和应用，遥感特别是航天遥感有了飞速发展。遥感影像的分辨率大幅度提高，波谱范围不断扩大。特别是星载和机载成像雷达的出现，使遥感具有了多功能、多时相、全天候能力。在林业中遥感技术被用于土地利用和植被分类、森林面积和蓄积估算、土地沙化和侵蚀监测、森林病虫害和火灾监测等。

地理信息系统是以地理坐标为控制点，对空间数据和属性数据进行管理和分析的技术工具。它的特点是可以将空间特性和属性特征紧密地联系起来，进行交互方式的处理，结合各种地理分析模型进行区域分析和评价。林业中地理信息系统能够提供各种基础信息（地形、河流、道路等）和专业信息的空间分布，是安排各种森林作业如采伐抚育、更新造林等有力的决策工具。

全球定位系统是利用地球通信卫星发射的信息进行空中或地面的导航定位。它具有实时、全天候等特点，能及时准确地提供地面或空中目标的位置坐标，定位精度可达 100 m 至几毫米。林业中全球定位系统可用于遥感地面控制、伐区边界测量、森林调查样点的导航定位、森林灾害的评估等诸多方面。

3 个系统各有侧重，互为补充。RS 是 GIS 重要的数据源和数据更新手段，而 GIS 则是 RS 数据分析评价的有力工具；GPS 为 RS 提供地面或空中控制，它的结果又可以直接作为 G1S 的数据源。因此，3S 已经发展成为一门综合的技术，世界上许多国家在森林调查、规划、资源动态监测、森林灾害监测和损失估计、森林生态效益评价等诸多方面应用了 3S 技术，已经形成了一套成熟的技术体系。可以预期，随着计算机软硬件技术水平的不断提高，3S 技术将不断完善，并与决策支持系统、人工智能技术、多媒体等技术相结合，成为一门高度集成的综合技术，开辟更广阔的应用领域。

（五）网络技术

计算机网络是计算机技术与通信技术结合的产物，它区别于其他计算机系统的两大特征是分布处理和资源共享。它不仅改变了人们进行信息交流的方式，实现了资源共享，而且使计算机的应用进入了新的阶段，也将对林业生产管理和研究开发产生深远的影响。

二、生物技术

生物技术是人类最古老的工程技术之一，又是当代的最新技术之一，生物技术的突破主要导因是 20 世纪 50 年代分子生物学的诞生与发展。特别是 20 世纪 70 年代崛起的现代生物工程，其重要意义绝不亚于原子裂变和半导体的发现。作为当代新技术革命的关键技术之一，生物技术包括四大工艺系统，即基因工程、细胞工程、酶工程和发酵工程。基因工程和细胞工程是在不同水平上改造生物体，使之具有新的功能、新的性状甚或新改造的物种，因而它们是生物技术的基础，也是生物技术不断发展的两大技术源泉；而酶工程和发酵工程则是使上述新的生物体及其新的功能和新的性状企业化与商品化的工艺技术，所以它们是生物技术产生巨大社会、经济效益的两根重要支柱。在短短的几十年间，生物技术在医药、化工、食品、农林牧、石油采矿、能源开发、环境保护等众多领域取得了一个又一个突破，极大地改变了世界的经济面貌和人类的生活方式。生物技术对于 21 世纪的影响，就像物理学和化学对 20 世纪的影响那样巨大。

植物生物技术的快速发展也给林业带来了新的生机和希望。分子生物学技术和研究方法的更新和突破，使得林木物种研究工作出现勃勃生机。

（一）林木组培和无性快繁

林木组培和无性快繁技术对保存和开发利用林木物种具有特别重要的意义。由于林木生长周期长，繁殖力低，加上 21 世纪以来对工业用材及经济植物的需求量有增无减，单靠天然更新已远远不能满足需求。近几十年来，经过几代科学家的不懈努力，如今一大批林木、花卉和观赏植物可以通过组培技术和无性繁殖技术，实现大规模工厂化生产。这不仅解决了苗木供应问题，而且为长期保存和应用优质种源提供了重要手段，同时还为林木基因工程、分子和发育机制的进一步探讨找到了突破口。尤其是过去一直被认为是难点的针叶树组培研究，如今也有了很大的突破，如组培生根、芽再生植株、体细胞胚诱导和成年树的器官幼化等。

（二）林木基因工程和细胞工程

林木转基因是一个比较活跃的研究领域。近几年来转基因成功的物种不断增多，所用的目的基因也日趋广泛，最早成功的是杨树。到目前为止，有些项目开始或已经进入商品化操作阶段。在抗虫方面，有表达 Bt 基因的杨树、苹果、核桃、落叶松、花旗松、火炬松、云杉和表达蛋白酶抑制剂的杨树等。在抗细菌和真菌病害方面，有转特异抗性基因的松树、栎树和山杨、灰胡桃（黑窝病）等。在特殊材质需要方面，利用反义基因技术培育木质素低含量的杨树、桉树、灰胡桃和辐射松等。此外，抗旱、耐湿、耐热、抗盐、耐碱等各种定向林木和植物正在被不断地培育出来，有效地拓展了林业的发展地域和空间。

（三）林木基因组图谱

利用遗传图谱寻找数量性状位点也成为近年的研究热点之一。一般认为，绝大多数重要经济性状和数量性状是由若干个微效基因的加性效应构成的。可以构建某些重要林木物种的遗传连锁图谱，然后根据其图谱，定位一些经济性状的数量位点，为林木优良性状的早期选择和分子辅助育种提供证据。目前，已经完成或正在进行遗传图谱构建的林木物种有杨树、柳树、桉树、栎树、云杉、落叶松、黑松、辐射松和花旗松等，主要经济性状定位的有林积、材重、生长量、光合率、开花期、生根率、纤维产量、木质素含量、抗逆性和抗病虫能力等。

（四）林木分子生理和发育

研究木本植物的发育机制和它们对环境的适应性，也由于相关基因分离和功能分析的深入进行而逐步开展起来，并取得了应用常规技术难以获得的技术进展，为林业生产和研究提供了可靠的依据。

三、新材料技术

林业新材料技术研究从复合材料、功能材料、纳米材料、木材改性等方面探索。重点是林业生物资源纳米化，木材功能性改良和木基高分子复合材料、重组材料的开发利用，木材液化、竹藤纤维利用、抗旱造林材料、新品种选育等方面研究，攻克关键技术，扶持重点研究和开发工程。

四、新方法推广

从林业生态建设方面来看，重点是加速稀土林用技术、除草剂技术、容器育苗、保水剂、ABT 生根粉、菌根造林、生物防火隔离带、水土保持技术等造林新方法的推广应用。这些新方法的应用和推广，将极大地促进林业生态工程建设的发展。

第四节　现代林业的经营管理

近几年，随着经济和社会的发展进入了一个新的阶段以及人们生活水平的提高，我国国民的环境保护意识取得了巨大的进步，生态文明建设被提到了新的高度。如何保护好、经营好现有的森林资源，提高我国森林资源的品质，成为森林管理者关心的问题。本节深入分析了我国森林资源的经营管理的现状，对我国森林资源在经营管理过程中发现的问题进行了解析，寻找出现这些问题的原因，为从根本上解决这些问题，提高森林资源的管理水平，提出一些建议。

一、林业经营中需要解释的一些问题

（一）坚持森林可持续发展的理念

林业的可持续发展是一个系统概念，什么是可持续发展？一般人可能会想到"既要满足当代人需要，又不对后代人满足其需要能力构成危害的发展"这句话。那么如何理解这句话，怎么做到，怎么把它具体化，让它变得清晰起来，就需要我们把它充实起来。

（二）明确森林经营的内涵

森林的经营有着丰富的内涵，不是简单的造林和育种就可以涵盖的，它们之间也没有什么因果关系，当然，先进的造林和育种技术会加速森林规模的扩张，也有助于森林资源的经营。从控制论的观点来看，森林可持续经营技术实际上也是更大空间范围的控制技术，我国在局部地区实行的天然林限采伐制度，则属于局部控制技术。与此相类似的还有森林经营中的林龄公式，此外还有一种整体目标的优化控制，就是利用线性规划的森林调整。

（三）生态环境的持续改善

森林资源的经营和生态环境的发展是森林可持续发展经营的两个主要

组成部分，两者相互依赖、相互依存，共同构成了森林经营这个框架，也是森林经理学的主要研究方向，其中生态环境的改善又属于森林生态学的研究方向。在新的历史时期，为了满足经济社会和人民生活对林业发展的需要，从小的方面来说，要保护大森林资源，改善生态环境，加快森林培育，提高林地生产力，提高林分质量，提高木材和林产品的产量和质量。从宏观方面来说，要重新研究林业发展战略和指导思想，确定新的战略重点、战略目标，采取新的战略措施。

二、我国森林资源经营管理的目标

经营好森林资源，能够为社会经济的发展构建健康、稳定的绿色生态屏障。经营好森林资源，能够充分发挥、有效提高森林资源对生态系统的服务功能，有效遏制土地的沙化和荒漠化，减轻其危害，为土地建立防护圈。经营好现有的森林资源，并持续稳定地保持发展势头，能够提高森林对保持水土、涵养水源的能力，特别是在我国长江、黄河流域、西北水土流失严重地区，能有效减轻水土流失危害，为水库提供安全保障，满足社会经济发展对水资源、土地资源和其他环境生态方面的需求。更好地经营现有的各种森林旅游资源，可以为本地区提供多样景观和宜居环境，满足旅游业，特别是森林生态旅游业的发展的需要。经营好森林资源，可以满足生物多样性保护需要，提高湿地森林质量，扩大盐碱滩涂林面积，提高山地丘陵区天然次生林经营水平。提高工业人工林经营水平，保持其持续稳定的发展，能够为工业发展提供稳定充足的原材料，满足相关行业对林木产品的需求。在经营好生态林的同时，为了满足林区林地居民的正常生产生活需要，也要发展一些薪炭林、饲料森林，提高经营水平。平原地区农田防护林是农业生产能否正常进行的绿色屏障，要科学经营，提高管理经营水平。森林的可持续经营也要结合提高农民收入，提高农民参与林业经营的积极性和主动性，才能互相影响相互促进，实现提高森林经营经济效益增加农民收入的双赢，还能增加农民的就业机会，实现农民在家门口就业，加速农业产业结构调整。

三、我国森林经营管理体制的现状与存在的问题

（一）经营管理体制不完善

在过去相当长的时期内，森林的经营管理处于计划经济体制下，由国家直接经营，主要任务是完成国家下拨的输出木材和木料的指标，以此作为林区经济来源，同时为国家创造经济收入。这个时期，森林管理较为粗放，砍伐限制宽，乱砍滥伐猖獗，严重破坏了林业生态系统的正常生产规律，造成森林资源的巨大浪费，使森林保有量迅速下降。我们都知道，森林是可再生的资源，一般情况下，只要进行科学管理，按照其自身的生长规律科学更新，森林资源能够为国家提供源源不断的木材。但是，一旦其正常的生长更新规律遭到破坏，在相当长的时间内很难恢复到正常状态，短期内需要投入的人力物力也极其巨大，会给经济社会带来巨大负担。

（二）林业所有权改革

林权改革是当前林业的热点话题，明晰产权是林权改革的主要内容，目的就是减轻林业经营者的税费负担，免除后顾之忧，提高林业经营的育林的积极性，明确其经营权和所有权，让经营山林的人真正享受到利益，推广集约化经营，在竞争中提高林业经营的水平和质量。但这场改革也对森林资源的管理者提出新的要求，要求其改革已经滞后的管理制度，创新管理形式，建立全新的管理体系。否则就会出现"新瓶装旧酒"的问题，又重新走回老路上，出现要么不管，一管就死的现象，因此，在放活经营的同时，还要加大森林资源管理的力度，正确处理好放开与加强管理的关系。

（三）完善森林经营政策

林权改革后，在实际工作中，广泛应用了森林分类经营的理论，具体体现在各地的森林资源规划设计调查中，就是将森林分类落实到山头地块，完成公益林区划界工作，还有公益林、生态效益补偿落实了林权权利人，但还需补充完善，如在商品林经营中，基本实现了彻底商品化的只有经济林。由于受永续利用理论的指导和森林采伐限额的控制，以木、竹材为经

营对象的商品林，其林木、林竹产品还不能成为权利人自由支配的商品，从这方面来说国家的管理还有所欠缺，林业权利人参与管理的积极性还没有完全得到调动，还需要继续改革完善。

（四）林产品供小于求

总体来说，我国的森林资源还比较丰富，但是分布却不均衡，主要有东北和西南两个林区，地理条件制约明显。木材需求量主要集中在东南沿海地区，这里是我国的经济发达地区，对各种森林制品需求量极大，造成产品供需不平衡。

（五）林产品税费比例过高

林区经济的税收问题对林业经营有重要影响。根据我国相关法律规定的税率，林业经营的原材料和成品的税收比例还是很高的，这就会导致林业产品的成本上升，效益下降，林业经营者的收入下降，影响了林区经营者的经营积极性。

四、解决对策分析

（一）经营思路要创新

旧的林业生产主要是木材生产，产品单一，生产成本高，综合利用率低。应努力提高林分质量，降低生产成本，提高生产效益，以实现林业综合效益最大化为目标，实现林业全面协调可持续发展。还可以加大间伐强度，降低经营成本。很多林区分布在交通不便的地方，林分密度较大，在这些地方可以从实际出发，在不致引起水土流失和树木风倒的前提下，适当增加间伐强度，减少间伐次数，增加间伐收益，提高森林经营者的积极性。

（二）完善管理体系

要摸索出一套行之有效的管理办法，林木采伐要严格遵守工作流程，按照凭证采伐、验收、审批、发证、作业设计、复核等制度采伐。要明确并严格遵守各级林业部门对不同类型林业资源的采伐政策中的相关规定，包括低质林改造、主伐、更新的审批发让权限的规定。坚持管理规范化，要将林木采伐纳入政府行政许可。

（三）强化森林经营

要想将森林的经营变成可持续的事业，各级林业部门就需将森林的经营管理纳入议事日程，制定长远的森林发展规划，明确经营管理的目标，实现可持续发展。对森林的管理要根据不同类型的森林采取不同的灵活的管理原则，如天然林要搞好，生态公益林的管理要严，管活人工林。禁止以营利为目的的采伐已列入国家林分的生态公益林，但可以进行中幼林抚育作业，以提高林分质量。加大低质林改造和混交林培育力度，严禁将混交林更新为纯林。有目的地保留阔叶树，以利于形成混交林。森林中长期规划和经营方案的编制工作要加强，确保政策和措施的制定和落实，避免经营的随意性。

（四）加强执法队伍建设

我国林业执法系统是一个完整的体系，有专门的林业公检法等司法力量，还有林业稽查部门、林业工作站、木材检查站等基层行政执法机构，还应有完善的林业保障体系，改变以往"以林养人""以罚代刑"的做法，从制度上堵死漏洞，涤清执法环境，消除腐败土壤，确保各执法机构都能公开公正有效地发挥作用。进一步完善林业管理制度，除了国有、集体林场，所有林木集中成片的地方都要建立护林组织，保护林木的内容要写入各个地方和企业的公约和规章中，实现横向到纵向的全覆盖。

森林资源的价值不仅仅体现在森林本身的自然属性，更表现为对人类社会的反馈和贡献，以及对整个地区经济发展、生态保健、自然环境带来的巨大效应。我国可持续发展的战略与这些是紧密相关、密不可分的。森林资源一旦遭到破坏，很快就会影响到人类社会自身的发展，造成居住环境、生态环境恶化，加速资源枯竭，经济社会的发展也会后劲乏力，所以保护森林资源，利用好我们的森林资源意义重大。

第五章 现代林业技术及创新

第一节 林业技术理论与实践

一、林业培育技术和管理基础

（一）林木良种生产技术

林木种子是育苗和造林中最基本的物质基础，使用遗传品质和播种品质两方面都优良的种子育苗造林成活率高，成林快，林分质量高。只有保证有足够数量的优质种子才能保证育苗造林任务按计划完成。为了实现林木良种化，获得优良种子，必须在掌握林木开花结实的自然规律基础上，建立良种繁育基地（如采种母树林、种子园、采穗圃等），应用先进的生产技术，提高种子的产量和质量。

1. 母树林的概念

母树林是以大量生产播种品质和遗传品质有一定程度改善的林木种子的林分。它是从现有的天然或人工林分中选择优良林分，进行去劣留优的逐步改建和加强管理的基础上建成的。

2. 母树林的林分选择

改建成母树林的林分选择时应符合以下标准：地理起源清楚；林分中优良林木占优势，林分去劣留优后的疏密度不低于 0.6 ；一般应为同龄林，如选异龄林，则母树间的年龄差异要小；林分处于盛果初期；林分以纯林为好，如选用混交林，则目的树种的株数占 50% 以上；此外，还要求林分的生产力较高，周围无同类树种低劣林分，林分面积较大，立地条件较好等。

3. 母树林的疏伐改建技术

（1）母树林改建的关键技术措施。

母树林改建的关键技术措施是去劣疏伐。目的是淘汰表现低劣的树木，提高林分种子的平均遗传品质；改善林分内的光照条件，促进母树的生长和冠幅发育，促进开花，提高种子产量。

（2）疏伐对象。

在改建母树林的林分已确定的基础上，需要对林分内树木的生长状况、植株的分布状况进行调查，从生长量、干形、树冠结构和冠幅、抗病虫害能力和结实能力等方面对林木分类评价，性状表现良好的植株作为母树选留；对生长差、干形弯曲、冠形不整、侧枝粗大、受明显病虫害感染和结实差的植株，要首先伐除。

（3）疏伐原则。

疏伐的原则是留优去劣和照顾适当的株间距。疏伐可分2次或3次进行。首先要根据生长状况伐去杂树和低劣母树，尽量保留优良植株，疏伐的强度对母树的生长发育影响较大，要根据树种特点、郁闭度、林龄和立地条件等来确定。第一次疏伐的强度可以大些，占比为50% ~ 60%，使郁闭度降至0.5左右，保留母树的树冠间距在1 ~ 2 m，以后根据母树生长和开花结实状况隔数年疏伐1次，以提高单位面积的种子产量。

（4）合理的管理。

为利于母树生长和结实，在必要的条件下，对母树林还要实施除草、施肥、病虫害防治等管理。

（二）林木种子园营建和管理技术

1. 种子园的概念

种子园是由优树的无性系或家系组建的，以大量生产优质种子为目的的特种林。对该林分需采取与外界花粉隔离和集约经营，以保证种子的优质高产、稳产和便于采摘，利用种子园生产的种子具有遗传品质好、结实较早、多且稳定、管理方便、育苗简便、效益显著等优点。我国的杉木、长白落叶松、马尾松、油松、湿地松、日本落叶松、红松等部分树种通过建立种子园，其材积、通直度及抗病增益都有不同程度的提高。

2.种子园主要类别

种子园可按繁殖方式、繁殖世代、改良程度等划分类别。按繁殖方式可分无性系种子园和实生苗种子园。无性系种子园是用优树的枝条通过嫁接方式建成的种子园，是当前种子园的主要形式。实生苗种子园是用优树种子繁殖的实生苗建成的种子园。按改良程度和世代可分为第一代种子园和多世代种子园，其中，第一代种子园又有初级无性系种子园和改良无性系种子园之分；多世代种子园又可分为第二代种子园和改良高世代种子园等。

3.种子园地域特点与规模确定

（1）种子园的地域性特点。

每个种子园的供种范围都有一定的区域限制，生产的良种只有在适宜的地区利用，才能体现其增产潜力。通常种子园要建在它的供种区域内，即种子同种子主要供应给与优树产地生态条件相似地区，或在试验基础上确定供种范围；为增加种子产量，北部种子园区的优树可以转移到中、南部气候条件好的地区建园。

（2）种子园的规模和产量确定。

可根据供种区内树种年造林任务和种子需要量建立种子园；对种子园单位面积产量的预测来确定种子园规模；面积确定还要为进一步发展和调整留有余地。

4.种子园园址选择

（1）园址选择条件。

应选择有较高的积温、适度的降水、避免灾害性气候频发的地区作为建园地点。一般要求地形平缓、开阔、向阳，面积大且完整，使用权清晰。要求土层厚、肥力中等，透气排水性好，酸碱性适宜该树种，有灌溉条件等。要求与同种或近缘树种林分有一定距离。要求考虑到建园地点符合交通方便、劳动力充足等条件。

（2）种子园及其他相关育种群体的规划。

在种子园规划时，其他育种中的群体，如优树收集圃、子代测定林、苗圃等是必备的，并需要设置在一定范围内，所以要同时进行规划。①当种子园、收集圃、测定林位于同一地段时，种子园应位于上风位置且有一定的距离。②为管理和无性系配置方便，种子园要分区经营。经营大区一般 3 ~ 10 hm²，视集约程度、地形等因素划定；配置小区一般 0.3 ~ 1.0 hm²，取决于无性系配置方式、数量等。③建筑物、道路等设置要利于生产和生活及防火等。④种子园规划要为进一步发展留有余地。

（3）建园无性系（家系）数量。

从供种范围、遗传基础、减少近亲繁殖影响和初级种子园的去劣疏伐考虑，建园无性系或家系要有一定数量，但不是越多越好，建园无性系或家系数量太多，遗传增益降低，且测定工作量加大。对于初级种子园要考虑花期同步和去劣疏伐，10 ~ 30 hm² 的以 50 ~ 100 个无性系为宜；大于 30 hm² 的以 100 ~ 200 个无性系为宜；改良种子园为初级种子园的 1/3 ~ 1/2；特殊配合力种子园可以更少。实生种子园数量应多于无性系种子园。

5. 无性系种子园营建

种子园营建技术包括栽植密度的确定、无性系的合理配置、繁殖材料准备、整地和定植等几项内容。

（1）栽植密度确定原则。

要有利于植株生长与开花结实；充分利用异交；考虑是否进行去劣疏伐且有利于良种单位面积高产。树种速生、立地条件好、改良种子园或无性系子园以及无性系数量少时，密度宜小；而树种慢生、立地条件差、初级种子园或实生种子园以及无性系数量多时，密度宜大。

（2）无性系配置。

无性系配置即确定种子园内不同重复中无性系间的相对位置。配置原则要使无性系间充分自由交配且近交概率最小。要求做到：①同一无性系各分株的间距最大（降低自交概率）；②避免各无性系植株间的固定搭配（扩大遗传基础）；③便于施工管理。

（3）繁殖材料准备。

营建种子园时可以先嫁接后定植，也可以先定植后嫁接，另外，对于实生苗种子园要用超级苗，同时还要考虑到补接和补植的问题。要根据具体的建园方式和用苗时间及用苗数量准备好苗木。

（4）整地与定植

整地形式有水平或反坡梯田，与造林整地形式相同；定植有单株无性系、群状实生苗等形式。

6. 种子园管理

种子园管理的主要目标是保证和增加种子产量，提高种子的遗传品质。种子园管理的主要技术内容包括：土壤管理、病虫害防治、树体管理、去劣疏伐、花粉管理和技术档案。其目标是为了提高种子产量，改善种子品质。

（1）土壤管理。

土壤管理包括改善土壤的理化性质、调整根系分布以保证养分供应，有效提高产量；还包括花芽分化前的深根断根；在土壤或叶子养分分析基础上的合理施肥；利于保水保肥的地表管理及适宜的灌溉。

（2）病虫管理。

病虫管理关系到种子的产量和质量，是种子园管理的重要内容。

（3）促进开花和辅助授粉。

采用树干的局部环割或束缚等方法促进开花或在种子同花粉不足时采用喷粉器、纱布袋、风力灭火器搅扰等方法进行辅助授粉。

（4）树体管理。

树体管理目的是降低结实层方便采摘果实，改善光环境提高种子产量。树体管理的方法有树干截顶、整形修剪等。

（5）去劣疏伐。

去劣疏伐是种子园经营中提高种子遗传品质及产量的措施。去劣疏伐的主要依据有：自由和控制授粉子代遗传表现；无性系结实能力；无性系间的花期同步状况；单株所在位置；无性系生长和抗病虫、逆境能力。

（6）技术档案。

技术档案主要有以下几种：①文字档案。种子园规划设计书、技术合同、管理和技术报告、研究论文等。②图片档案。种子园总体规划图、各配置区的无性系配置设计图、优树收集图、子代测定林等有关设计和定植图等。③表格档案。优树登记表、优树与无性系编号表、无性系生长和结实调查与登记表、无性系花期调查和统计表等。

（三）良种采穗圃营建与管理

1. 良种采穗圃的概念

采穗圃是大量生产无性繁殖材料（接穗或插条）的专门圃地；良种采穗圃是为优良无性系造林提供插条和种根的采穗圃，它是用经过测定、遗传品质确实优异的无性系或实生优良植株建成的。建立采穗圃进行良种生产其优越性体现在：穗条集约经营，大幅度提高繁殖系数；采取优化措施，降低成熟与位置效应；采取修剪、施肥等措施，可保证穗条生长健壮、充实，提高繁殖成活率；集中管理，方便病虫害防治以及穗条采取；避免穗条长途运输、保管，随采随用，保证成活率。

2. 良种采穗圃建立

选择作业方便、条件优良的圃地，为采穗圃生产奠定基础。适时整形修剪，将幼化控制贯穿于采穗圃经营的全过程。加强水肥管理，保证种条质量，延长采穗圃使用寿命。合理密植，提高单位面积的穗条产量与效益。块状定植，标识清楚，避免品种或无性系混杂。

3. 良种采穗圃管理

良种采穗圃管理的主要内容包括土壤管理、采穗母树的整形修剪和复壮。土壤管理与种子园土壤管理基本相同，采穗母树的整形修剪主要是为了改善光环境，提高穗条的产量和质量。林木品种复壮可采用根茎萌条法、反复修剪法、幼砧嫁接法、连续扦插法、组织培养法等退分化返幼复壮结合茎尖培养、理化处理病毒等方法达到复壮的目的。

（四）种子催芽技术

1. 种子催芽的作用

在育苗工作中，播前进行种子催芽是苗木生产中的一项重要技术措施。从种子休眠的类型分析，强迫休眠的种子，较易发芽，而生理休眠的种子，由于上述原因，发芽较难。催芽的目的主要就是消除生理休眠的三大障碍：种皮、胚和抑制物对发芽的阻碍。因此，催芽的主要作用是：软化种皮，增加透性，使种子在低温条件下，氧气溶解度增大，保证种胚呼吸活动时所必需的氧气，从而解除休眠；消除抑制种子发芽的物质，如红松种子所含的抑制物质经催芽后消除；对生理后熟的种子，如银杏，经过催芽，胚明显长大，完成后熟后，种子即可发芽。

2.种子催芽的方法

常用的催芽方法有层积催芽和水浸催芽两种。

（1）层积催芽。

把种子和湿润物混合或分层放置，促进其达到发芽程度的方法称为层积催芽。

（2）水浸催芽。

用一定水温的水浸泡种子，使其达到发芽程度的方法。不同树种催芽的水温、催芽的时间不同。

3.其他方法催芽

用化学药剂、微量元素、植物生长激素、物理方法均可解除种子休眠，增强种子的内部生理过程，促进种子提早萌发，使种子发芽整齐，幼苗生长健壮。

4.低温层积

低温层积是林业生产使用最广泛、效果最好的催芽方法，可以适合于各林木种子。低温层积的原理如下。第一，种子在层积过程中解除休眠。通过层积软化了种皮，增加了透性，特别是对于渗透性弱的种子，萌动时氧气不足，不能发芽。低温条件下，氧气溶解度增大，可保证种胚在开始呼吸活动时所必需的氧气，从而解除休眠。第二，低温层积过程中可使内含物发生变化，消除导致种子休眠物质，同时可增加内源生长刺激物质，利于发芽。第三，一些生理后熟的种子，如银杏、七叶树在低温层积过程中，胚明显长大，经过一定时间，胚长到应有的长度完成其后熟过程。第四，低温层积过程中，新陈代谢的方向与发芽方向一致。山楂种子积层中，种子内的酸度和吸胀能力都得到提高，同时通过低温层积，提高了水解酶和氧化酶的活性能力，并使复杂的化合物转变为简单的化合物。

（五）播种技术

1.播种季节

在育苗工作中，各地应依据育苗树种的生物学特性及当地的自然条件，选择最佳的播种期。北方地区春播、夏播、秋播均有，以春播较为普遍，南方冬季也可播种。

2. 播种量和苗木密度

播种量是指单位面积或长度上所播种子的重量。苗木密度是指单位面积或长度上的苗木数量。播种量是决定合理密度的基础，它直接影响单位面积上的苗木产量和质量。播种量过多不仅浪费种子，增加间苗工作量，而且苗木营养面积小，光照不足，通风不良，使苗木生长细弱，主根长，侧根不发达，降低苗木质量。播种量少达不到合理密度，苗间空隙大，使土壤水分大量蒸发，杂草容易侵入，增加抚育管理用工，提高苗木成本，特别是针叶树幼苗太稀时，阳光太强容易晒死。一般合适的播种量应根据种子千粒重、净度、发芽率和损耗系数等进行计算。

3. 播种方法

播种方法有条播、撒播和点播三种。

（1）条播。

条播是按一定行距将种子均匀地播到播种沟里，是应用最广泛的方法。其优点表现为：苗木有一定的行间距离，便于土壤管理、抚育保护和机械化作业；比撒播省种子；行距较大，使苗木受光均匀，有良好的通风条件，生长质量较好；起苗工作比撒播方便。此方法适用于一切树种。

（2）撒播。

撒播是将种子均匀地播种到育苗地上的播种方法。其主要优点为：分布均匀，苗木产量较高。缺点表现为：不便于土壤管理等工作；苗木密度大，易造成光照不足，通风不良，使苗木生长不良，有时会降低苗木抗性，甚至使苗木质量下降；撒播的用种量较大。除极小粒种子（如杨、柳、桉、桑、泡桐、马尾松种子）外一般不采用该方法。

（3）点播。

点播是按一定的株行距将种子播于播种沟内的播种方法。一般只适用于大粒种子，如核桃、板栗、山桃等。

4. 播种技术要点

播种技术要点主要包括开沟、播种、覆土、镇压。做到播种的深度一致，分布均匀，覆土适当，下实上虚。它们直接影响到种子发芽、幼苗出土、苗木的产量和质量。

（1）开沟。

沿播种行开沟，沟要直，沟底要平，深度要均匀一致，深度依种粒大小、土壤条件和气候条件而定。

（2）播种。

播种要均匀，应按行或床计划好播种量。避免漏播或大风天播种。

（3）覆土。

播种后应立即覆土，以防播种沟内的土壤和种子干燥，覆土厚度均匀一致。一般覆土厚度为种子长度2.0～2.5倍。土壤黏重的播种地，可用沙子、腐殖土、锯末等覆盖。

（4）镇压。

为使种子和土壤紧密结合，使种子充分利用毛细管水，在气候干旱、土壤疏松或土壤水分不足的情况下，覆土后要进行轻镇压，但要防止土壤板结。

（六）育苗地管理技术

育苗地的管理是指从播种开始、幼苗出土直至苗木出圃整个时间播种育苗的管理工作。

1. 播种地的管理

播种地的管理主要指从播种开始到幼苗出土为止这一时期的管理工作。目的在于播种后给种子发芽和幼苗出土创造适宜的条件。具体内容如下。

（1）覆盖。

保蓄土壤水分，减少灌溉量，防止因土壤水分蒸发而造成土壤板结现象，减少幼芽出土的阻力；同时可以起到增温作用，缩短出苗期；塑料薄膜覆盖效果最好。

（2）灌溉。

适宜的温度和水分是发芽的两个主要条件。播种地在幼芽未出土前有时需要灌溉。是否要灌溉及灌溉的次数，主要决定于种粒的大小、当地的气候、土壤条件及覆土厚度和覆盖与否。

（3）松土、除草和病虫害防治。

播种地土壤板结，应立即进行松土；适时除草并防止病虫害发生。

（4）沙地播种育苗要设风障。

防止风吹覆土，沙打幼苗。

2. 苗期管理

苗期管理主要指从幼苗出土时开始，至幼苗出圃这一时期的苗木管理工作。苗期管理的主要内容有：灌溉与排水、中耕除草、适时间苗、灾害性因子的防除、截根和苗木越冬保护等。

（1）灌溉与排水。

在苗圃中主要采用的灌溉方法有漫灌、侧方灌溉、喷灌和滴灌。①漫灌、又称畦灌，多用于低床（畦）和大田平作育苗。漫灌优点是省水，但灌后土壤易出现板结，通气不良，灌后应及时松土。②侧方灌溉。适用于高床和高垄作业，水分从侧方浸润到苗木和高垄中，优点是床面不易板结，地温高，通气好，缺点是耗水量大，中间不易通气，灌溉不均匀。③喷灌。又称人工降雨，有机械和人工喷灌两种。其优点是省水、省工，便于降温，可以降冻，可以洗碱，而且减少田间沟渠，提高土地利用率，是目前我国比较先进的灌溉方法，但一次性投资较高。④滴灌。在一定低压水头作用下，通过输水，配水管道和滴头，让水一滴滴地浸滴苗木根系范围的土上三种方法均省水，而且灌后土壤疏松，温差小，有利于苗木生长，但投资高，设置较复杂，广泛应用于塑料大棚和温室育苗。

排水指排除圃地的积水，是育苗工作中防涝和防除病虫害的重要措施。我国南方多雨，要注意苗圃的排水工作，北方较干旱，但也要注意雨季的排水问题。

（2）中耕。

中耕作业主要包括作物行间锄草、松土、培土和间苗等内容。及时中耕，可以消灭杂草，蓄水保墒，提高地温，促使有机物的分解，为作物生长发育创造良好环境。

（3）适时间苗和幼苗移植。

在播种育苗中，往往出现苗木过密或出苗不整齐、密度不均匀的情况。密度如果过大，由于光照不足，通风不良，每株苗木营养面积不够，使苗木生长细弱，会降低苗木质量，还易引起病虫害。所以苗的密度过大时，必须去除一部分苗木，称之为间苗。间苗时要注意间苗时间、间苗对象和间苗强度。间苗宜早不宜迟。间苗对象为受病虫害的、机械损伤的、生长不良和不正常（霸王苗）的幼苗。间苗强度不宜一次过大，一般分为2～3次进行。幼苗移植一般用于种子很少的珍贵树种，也可用于生长特别迅速要在幼苗期进行移植的树种，有时为调节苗木密度而补苗也用幼苗移植。掌握苗木移植最佳时期，因树种而异。一般选在阴雨天，且移植后要及时浇灌，必要时进行遮阴。

（4）灾害性因子的防除。

幼苗时期，苗木非常幼嫩，很易遭日灼、霜冻、病虫等危害，严重影响苗木的质量和产量，所以必须做好苗期的保护工作。

防除日灼危害。有些树种，如落叶松、云杉、杨树等幼苗出土后，常因太阳直射，地表温度增高，使幼嫩的苗木根茎处呈环状灼伤，或朝向阳光方向倒伏死亡。这样的日灼危害常采用遮阳和喷灌的方法降温防除。遮阴主要在幼苗期进行，要适宜，遮阴过重，影响苗木光合作用强度，降低苗木质量；喷灌降温在高温时期既能降温又能提高空气相对湿度和土壤湿度。

防止霜冻危害。苗木尚未木质化时，组织幼嫩，含水也较多，常因气温短时间内降低到零度以下而使细胞间隙的水分结冰，细胞脱水，苗木枯萎死亡。霜冻害主要是早霜和晚霜。主要通过育苗技术措施、熏烟、喷灌等方法预防霜冻。

防治病虫危害。苗圃常见病虫害有猝倒病、根腐病、蚜虫、地老虎等，因此在育苗过程中要特别加强病虫害的防治工作，防治病虫害应遵循"防重于治"的原则。科学育苗，培育出有抗性的壮苗。一旦发现病虫害，应及时用药剂治愈。

（5）截根。

当年生苗木秋季截根时其高生长停止，15℃有利于截根形成愈伤组织和发新根。截根是为了限制主根生长，促进苗木多生侧根和须根以获得发达根系使苗木生长健壮。截根时间、深度因树种而不同，一般应在苗木当年进入休眠前1.0～1.5个月进行。

（6）苗木越冬保护。

我国北方地区，冬季气候寒冷，春季风大、干旱，气温回升很快，越冬苗木常遭冻害。生理干旱是造成苗木越冬死亡的另一个重要原因，生理干旱在我国北方地区最严重，一般发生在早春因干旱风的吹袭，苗木地上部分失水太多，地下部分土壤冻结，根系不能供应水分，苗木体内失去水分平衡而致死。此外，还有地裂伤根也常常引起苗木越冬死亡。针对以上苗木越冬死亡常用的预防措施有覆盖法。到了冬季，用稻草、落叶、马粪、塑料薄膜、土壤等在苗行或将苗木全部覆盖起来，进行保暖防寒。覆土防寒就是用土埋苗防寒的措施。它既能保温，又能保持土壤水分。

二、造林、林种和造林地

（一）造林

造林的目的就是为了维持、改进和扩大森林资源，以生产更多的木材和其他各种林产品，并发挥森林的多种生态效益和社会效益。

造林可分为人工造林和人工更新两种，前者为在无林或原来不属于林业用地的土地上栽培林木，后者是在原来生长森林的迹地（采伐迹地、火烧迹地等）上栽培林木，它们都属于造林的范畴，没有本质的差别。

凡是用人工种植的方法营造起来的森林都称为人工林，它由两部分组成，造林地及其上生长的林木。

（二）林种

由于所营造的森林发挥着各种各样的效益，把发挥不同效益的森林种类简称为林种。根据《中华人民共和国森林法》，我国将森林划分为防护林、用材林、经济林、薪炭林及特种用途林五大林种。

1.防护林

以防护为主要目的的森林、林木和灌木丛称为防护林。包括水源涵养林、水土保持林、防风固沙林、农田、牧场防护林、护岸林、护路林。

2.用材林

以生产木材为主要目的的森林和林木称为用材林，包括以生产竹材为主要目的的竹林。

3.经济林

以生产果品、食用油料、饮料、调料、工业原料和药材等为主要目的的林木称为经济林。

4. 薪炭林

以生产燃料为主要目的的林木称为薪炭林。

5. 特种用途林

以国防、环境保护、科学实验等为主要目的的森林和林木称为特种用途林，包括国防林、实验林、母树林、环境保护林、风景林、名胜古迹和革命纪念地的林木、自然保护区的森林。

我们在营造每一片森林时，都有着一定的造林目的，但是除了发挥其主要功能外，还具有其他效益，如用材林具有防护效益，防护林也能提供一定量的木材，它们同时也具有美化环境的功能，因此不要孤立地去看待林种的作用。

（三）造林地

造林地有时也称宜林地，它是造林生产实施的地方，也是人赖以生存的外界环境。造林地是气候、地貌、地形、土壤、水文、植被、人类活动及其他环境状况的综合体系。研究造林地实际上就是研究这一体系中的所有因子。当了解造林地的生产潜力后，可为其选择合适的造林树种，同时也可制定出相应的技术措施。下面将分造林地的立地条件和造林地种类两方面来讨论这些问题。

1. 造林地的立地条件

为了更好地研究造林地，我们把造林地上凡是与森林生长发育有关的自然环境因子综合称为造林地的立地条件（简称为立地，或称森林植物条件），它主要包括地形、土壤、水文、植被和人为活动五大环境因子（立地因子）。

（1）地形。

地形包括海拔高度、坡向、坡度、坡位、坡形、小地形等。

（2）土壤。

土壤包括土壤种类、土层厚度、土壤质地、土壤结构、土壤养分、土壤腐殖质、土壤酸碱度、土壤侵蚀度、各土壤层次的石砾含量、土壤含盐量、成土母岩和母质的种类等。

（3）水文。

水文包括地下水深度及季节变化、地下水的矿化度及其盐分组成，有无季节性积水及其持续期等。对于平原地区的一些造林地，水文起着很重要的作用。

（4）植被。

植被主要指植物的组成、覆盖度及其生长状况等。在植被未受严重破坏的地区，植被状况能反映出立地的质量，特别是某些生态适应幅度窄的指示植物，更可以较清楚地揭示造林地的小气候、土壤水肥状况规律，帮助人们深化对立地条件的认识。例如，蕨类生长茂盛指示宜林地生产力高；马尾松、茶树指示酸性土壤等。在我国，多数造林地植被受破坏比较严重，用指示植物评价立地受到一定的限制。

（5）人为活动。

土地利用的历史沿革及现状，各项人为活动对上述各环境因子的作用等。不合理的人为活动，如取走林地枯枝落叶、严重开采地下水，樵采、放牧等会使立地劣变，发生土壤侵蚀，降低地下水位。

以上列出的各项立地条件组成因子并非完整无缺，也不是每块造林地都必须考虑上述所有的因子。从理论上讲，一块造林地上作用于林木生长的环境因子相当多，但各个因子所起的作用差异很大，有些因子对林木生长发育的作用微不足道，有的因子却起着决定性的作用，这些起决定性作用的因子，在造林学上称之为主导因子。一般而言，在分析立地与林木的关系时，没有必要对所有立地因子进行调查分析，只要找出主导因子，就能满足造林树种选择和制定造林技术措施的需要。

2. 造林地的种类

造林地的环境状况主要是指造林前土地利用状况、造林地上的天然更新状况、地表状况以及伐区清理状况等。这些环境因子对林木的生长发育没有显著的影响，因而没有包括在立地条件的范畴之内。但这些因子对造林措施的实施（如整地、栽植、抚育）具有一定的影响，所以为了造林工作的实施，根据造林地的环境状况之差异性，划分出不同的造林地种类，简单地说，造林地种类就是造林地环境状况的种类。造林地种类有许多，归纳起来有四大类。

（1）荒山荒地。

荒山荒地指没有生长过森林植被或在多年前森林植被遭破坏，已退化为荒山或荒地的造林地。荒山荒地是我国面积最大的一类造林地。

（2）农耕地、四旁地、撂荒地。

农耕地指用于营造农田防护林及林粮间作的造林地种类。四旁地指路旁、水旁、村旁和宅旁植树的造林地种类。在这些地方植树常称为四旁植树，它本身不算作一个林种，但因其兼有生产、防护和美化的作用，在林业工作中具有重要地位。撂荒地指停止农业利用一定时期的土地。

（3）采伐迹地和火烧迹地。

采伐迹地指森林采伐后腾出的土地；火烧迹地指森林被火烧后留下来的土地。

（4）已局部更新的迹地、次生林地及林冠下造林地。

这类造林地的共同特点是造林地上已有树木，但其数量不足或质量不佳或树已衰老，需要补充或更替造林。

（四）造林基本技术

造林既是一个以林木和林地为主要对象，培育具有一定结构和功能的森林为主要目标的生产技术系统，又是一项涉及政策、人员、经费和物质的人为经营活动。造林应遵循生物学原则，它以森林生态学作为主要理论基础，受森林经理工作的调控，以林政学、林业经济学及企业管理学的知识作指导，涉及树木学、树木生理学、气象学、土壤学、自然地理学、林木遗传学和地理学等多个相关学科。因而造林基本技术措施是指在适地适树（生物原则）的原则下应用。

1. 良种壮苗和精细栽植

以良种壮苗来保证林木有一个优良的遗传基础，这是将来人工林生长发育的物质条件；以精细栽植来保证造林物质条件得以实现，保证林木个体优良健壮。

2. 细致整地

造林做到适地适树以后，林木和环境之间的矛盾是基本适应的，同时也存在一些不适应的部分，细致整地正是为了解决这一问题，营造更适合林木生长发育的环境条件。

3. 合理的组成与结构

以合理的配置密度和合理的树种组成来保证人工林有合理的群体结构。

4. 所有条件下的施肥、灌水、松土、除草

以抚育保护及可能条件下的施肥灌水（排水）来保证良好的林地环境条件。

以上造林基本技术措施中，良种壮苗和精细栽植主要通过合理的树种选择来完成；合理的组成与结构属人工林结构设计的内容；细致整地和有条件下的施肥、灌水、松土、除草包含于造林施工技术的范畴之中。

（五）造林树种的选择

树种选择是人工林营造中最重要的一项基本工作，是造林技术系统中非常重要的一项措施。树种选择就是要做到既符合造林目的，又能充分利用和发挥林地生产力以及其他目的效益的发挥。我国土地广阔，自然条件十分复杂，宜林地特性多样，树种资源丰富，所以在造林中应更加重视树种选择。

1. 树种选择原则

树种选择应遵循经济学和生物学相兼顾的原则。

（1）生物学原则。

这是指造林所选择的树种的生物学习性应尽可能与造林地的立地条件相适应，即适地适树原则。

（2）经济学原则。

这是指造林所选择的树种的各项性状，主要是经济性状及效益性状要符合既定的育林目标的要求，即树种选择定向原则。

树种选择就是要使所造之林能够提供与立地生产力相应的材积和价值产量，即所选择的树种应尽可能地利用地力，但不使其衰竭，最好还能改善立地。所选择的树种必须构成足够稳定的林分。除此之外，还必须考虑其他辅助原则。①因地制宜地确定针叶树种和阔叶树种、乔木和灌木的合理化比例，选择多树种造林，防止树种单一化。随着社会的发展，不仅需要提供多品种的木材，而且在改善环境，保障农牧业生产等方面也需要选择多种的优良树种，以满足各方面的需要。②充分利用优良乡土树种，积

极扩大引进取得成效的优良树种。在树种自然分布区内，分布最普遍，生长最正常的树种，是长期历史适应该地区条件而发展起来的树种，即乡土树种，它们适应性强，生长相对稳定，抗性强，繁殖容易，所以在造林时首先要考虑乡土树种。引进外来树种时，要先进行造林试验，对于获得成功的优良树种要积极推广。③选择具有较好稳定性、抗病虫害能力强的树种。所选树种形成的林分应该长期稳定，要经得住一些极端气象灾害因子的考验，能抵抗一些毁灭性病虫害的侵袭。④树种选择时还要考虑所选择树种在经营技术上是否可行。如有些树种从各方面性状看都很好，可以中选，但其种子和苗木来源有限，不可能大面积应用。有些树种虽生长效果很好，但栽培技术复杂，或需较大工料投入，或无栽培经验，成本高，最终经济效益不一定高。因此，在选择树种时，要考虑到可行性的原则，使树种选择切实可行、经济有利。

2. 树种选择方案确定

根据以上树种选择要统筹兼顾的两个主要原则，树种选择时要把握适地适树和定向选择。

①要按培育目标定向选择造林树种，不同的林种其培育目标不同，对树种的要求也不相同。因此，应依照培育目标对树种的要求，分析可能应选树种的有关目的性状，经过对比鉴别，提出树种选择方案。

②要弄清具体造林区或造林地段的立地性能，分析可能应选树种的生态学特性，然后进行对比分析，按适地适树原则选择造林树种。为了得出更可靠的有关树种选择的结论，可进行造林树种选择的对比试验。在一定造林地区的典型立地上，种植可能作为入选对象的树种，经过整个培育周期的对比试验，筛选出一些有前途的造林树种，剔除一些易遭失败的树种。不过对比试验需要时间较长，需要投入的人力物力较多、困难大。在生产上不可能对各树种都通过试验后再造林，有时就凭树种的天然分布及生长状况，根据树种生态学特性及以往的零星造林经验，来决定树种的选择。通过对现有人工林的调查研究，掌握不同树种人工林在各种立地条件下的生长状况，是选择造林树种时常用的方法：调查现有人工林时一方面要大量调查一个树种在不同立地条件下的生长效益，做出该树种生产力评价，得出该树种适生立地范围；另一方面对同一立地类型做多树种调查，做出

多树种的立地评价，可为同一立地上选用哪个树种能更好地发挥林地生产力作出判断。

③确定造林树种方案时，依照林种布局和树种选择原则，充分分析对比造林地立地性能和各可选树种的生态学特性，并依据现有树木生长状况调查资料，把造林目的与适地适树的要求结合起来统筹安排。一方面要考虑到同一个具体造林地区或造林地块上可能有几个适用树种，同一树种也可能适用于几种立地条件，经过分析比较，将最适生、最高产、经济价值最大的树种列为该区或该地块的主要造林树种。而将其他树种，如经济价值高但对立地条件要求过于苛刻，或适应性很强但经济价值低的树种，列为次要树种。同时要注意树种不要单一化，要把针阔树种、珍贵树种也考虑在内，使所确定的方案既能充分利用和发挥多种立地的生产潜力，又能满足多方面的需要。另一方面，在最后确定树种选择方案时，还要考虑选定树种在一定立地条件上的落实问题。把立地条件较好的造林地，优先留给经济价值高对立地要求严的树种。把立地条件较差的造林地，留给适应性较强而经济价值较低的树种。同一树种若有不同的造林目的，应分配给不同的造林地，如培育大径材，分配较好的造林地，若是培育薪炭林、小径材，可落实在较差的立地。

（六）适地适树

1. 适地适树的概念

适地适树就是要使造林树种的特性，主要是生态学特性和造林地的立地条件相适应，以充分发挥生产潜力，达到该地在当前技术经济条件下可能取得的最佳效益。

2. 适地适树的标准

衡量适地适树的客观标准要根据造林的目的要求来确定，对于不同林分适地适树的标准不一样。对于防护林来说，成活率高，林分稳定性高，尽快使防护效益达到最高限度为衡量适地适树的标准。对于经济林来说，除了林分的成活率和稳定性外，使林产品达到一定的数量和质量指标是衡量标准。对于用材林来说，至少要达到成活、成林、成材，还要有一定的稳定性，即对间歇性灾害因子有一定的抗御能力，同时应有一定的数量指标。衡量适地适树的数量指标主要有两种：一是立地指数，二是材积平均生长量。产品质量有时也应作为衡量适地适树的参考因子。

3.适地适树的途径和方法

适地适树反映的是树木生长与环境条件之间的协调关系。每一树种生长发育的特点主要是由它内在的生物学特性所决定，而环境条件的影响则是促进和影响它生长发育的外部原因。不同树种有不同的特性，同一树种在不同地区其特性表现也有差异。即使是在同一地区，同一树种在不同发育阶段，对环境条件的要求也不相同。造林中强调适地适树的原则，就是要正确地对待树木生长发育与环境条件之间的辩证关系。实践中，或是按具体的造林立地条件选择适宜的树种，或者是为具体的造林树种选择适宜的造林地，达到树和地的统一如在含盐较高的土壤上造林，应选用耐盐能力较强的树种另外，适地适树原则要求地和树相适，指的是地和树之间的矛盾部分在林木培育的主要过程中是相适的。可能在某个具体造林地，具体树种的某个发育阶段，地和树还存在着矛盾，要在实践过程中不断调节，逐步深入揭示树种的特性规律，通过人为措施改变其原有发展势态，并注意改善外界环境条件，使树和地这对矛盾的统一体向符合人们培育希望的方向发展。在造林过程中，为了使"地"和"树"基本适应，可以通过三条途径加以实现。

①选择。包括选树适地和选地适树。选树适地：根据造林地的立地条件选择在此条件下最适生的树种，即在确定了造林地以后，根据其立地条件选择适合的造林树种。

②改地适树。当造林地的条件不能满足造林树种的要求而又必须发展这一树种时，可以采用人为措施改善造林地条件，以适应造林树种的生长，使"树"和"地"两者相适应。如通过整地、施肥、灌溉、混交、土壤管理等措施改变造林地的生长环境，使其适合于原来不适应树种的生长。杨树可以在轻盐碱地上生长，如在重盐碱地上造林时，需要采用脱盐碱的措施（如排灌洗盐）来降低盐分含量，使之适合于林木生长。一般来说都是围绕土壤情况进行改地，如提高土壤肥力，增加土壤的蓄水能力，加厚土层，改变土壤的机械组成等，但该种途径难度较大。

③改树适地。改变树种某些特性，使之能适应造林地条件。如通过选种、

育种、引种驯化等措施改变树种的原有特性，增强树种耐寒、耐旱、耐盐等特性，使之适应原来不适应的造林地立地条件。这方面比较典型的例子是毛竹北移及一些抗性树种的培育等。

这三条适地适树的途径是互相补充、相辅相成的，在当前的技术、经济条件下，改地、改树都是有限的，而且这两者也只有在地、树尽量适应的基础上才能有效，我们还是应当提倡立足于乡土树种的栽培，因此，选择仍然是基础，如何选择树种是我们造林工作的中心任务。

第二节　林业技术创新

一、林业技术发展的重要意义

在林业建设的整个发展过程中，必要的技术支持能够对林业发展产生重大影响，林业建设的长久发展依存于技术发展。目前，林业技术水平同林业发展与需求，两者之间的供需矛盾仍然较大。因此，对于当前我国的林业产业及其建设而言，林业技术的改革与发展的作用日益凸显。

（一）林业技术装备在林业建设中的重要作用

1. 实现林业建设现代化的重要手段

林业技术的装备作为林业技术当中的重要构成内容，其技术水平的增强是提升我国林业建设现代化过程的重要方式之一。同时，增强林业技术装备水平，也是助推我国林业产业走向现代化的必经之路。这对于促进我国林业产业的发展，进一步提升林业产业的产量及其可持续性，对于助推林业发展实现林业产业的本质性转变，推动我国当今林业建设的可持续生态化发展，都具有深刻的影响。

2. 衡量现代林业建设发展程度的重要标志

现代化的林业产业模式有别于传统的粗放型林业模式，现代化的林业产业模式强调以人为本、全面协调、可持续发展的林业产业模式。我国的现代林业发展应当最大限度地对林业产业进行多样化功能需求的拓宽与延伸，林业技术装备作为现代林业建设的基础保障，同时也决定着未来林业模式发展的方向。现代林业技术水平的持续提升，必须依存于对林业技术装备的持续改良，质量水平的好坏直接影响现代林业的发展基础和建设基础。

林业技术装备已逐渐成为评判现代林业产业建设发展状况的主要标志之一。

（二）当前我国林业技术发展现状分析

1.我国林业技术的发展现状

目前我国的林业产业规模及其技术水平得到了长足的发展，已经由传统简单的木材原材料加工的林业发展模式，逐步转变为当今以林业生态建设为主的发展模式，随着我国林业产业结构的整体性调整，林业技术水平也获得了长足的进步，主要体现在以下三个方面。第一，林业育种方面，通过采取生物科技等诸多方法，我国目前已能够独立自主研制并培育出树种产量效果好、抗病虫害能力出色的优良林木品种，有效增强了我国林业种质资源的产量能力，提升了林木的培育存活率。第二，林业病虫害防治方面。采用我国自主最新研制的森林生物药剂，有效地为我国的林业病虫害预防做出了巨大贡献。第三，林业管护方面。改变了传统的仅依靠纯粹的人工检测，发展出了借助计算机技术的林业信息系统，能够实时地对林业中的各项数据详细追踪，使林业发展真正进入数字化时代。

2.制约我国林业技术发展的因素

当前我国林业技术的发展意识不强、这是影响我国林业技术快速发展的关键因素之一。一方面，目前我国绝大多数林业从业者的林业技术意识严重不足，仍然采用传统的林业产业经营生产方式从事林业活动。因此，要加强对林业经营方式的宣传与培养，以夯实其相应的林业技术基础。另一方面，由于林业技术中的新兴技术仍然不够成熟与完善，因而无法显著提升林业经济效益，甚至会导致林业经济效益亏损，这也在很大程度上制约着林业从业者与经营者推动林业技术的发展。我国当前林业技术发展的资金投入不足，应用于林业科技教育中的基础设施建设仍不够完善，林业技术发展的总体投资规模和程度同发达国家相比差距也十分明显。

二、林业实用技术体系

我国林业科技由于长期投入不足、人才缺乏、体制不健全和机制不灵活等原因，呈现出科研成果供需脱节、科技成果转化率不高、科技进步贡献率低等现状，在经济转型期，林业专业合作社成为林农、林企、科研院校和科技服务机构之间的桥梁。通过重构林业专业合作社科技成果转化运营模式，实现信息搜集与传递、科技转化规模化、科技成果市场化、推广体系多元化和协调等多项功能的建设，有效加快林业科技创新及成果转化。同时要积极开展技术培训，落实相关财政和税收政策，创新技术推广模式，进一步推动林业专业合作社的联合，使其成为"科技兴林"的有效载体。

林业专业合作社在促进科技创新及成果转化过程中，需要考虑各项功能的实施可行性，促进产品信息、科技信息的传递。而现有组织模式落后，不能有效提供产品信息、科技指导，导致参与人参与积极性不高，需要从系统的角度来规划林业专业合作社的科技创新和成果转化模式，特别是技术信息、产品信息在系统中的集成和传递。

（一）创新技术信息沟通

林业科技创新需求信息构建出林农—林业专业合作社—科研院所、科技企业和中介这一链条。林业合作社对信息进行收集、甄别和传递。科研院所、科技企业和中介则针对具体现状和技术开发可行性，实施技术开发和运营。符合林农需求以及政府产业发展要求的技术供给信息又沿着科研院所、科技企业和中介—林业专业合作社—林农的路径，到达营林、生产经营第一线，完成供给信息的传输。林业专业合作社在此过程中完成了科技创新需求和供给信息的有效对接。

（二）产品信息沟通

产品供给信息由林农—林业专业合作社—中介、企业、政府，而产品需求信息通过中介、企业、政府—林业专业合作社—林农，实现产品供给和需求的平衡。在这个过程中要考虑信息的时滞性。林农对市场价格和需求的判断，影响科技创新成果的市场化，而林业专业合作社则是影响林农对市场判断的一个有利因素。

（三）合作信息沟通

林业专业合作社之间的规模化经营也是林业专业合作社在经营管理过程中需要考虑的。政府和协会等的协调和组织，能促进林业专业合作社地区间的联动和发展。

三、林业技术创新的途径

（一）建立林业生态技术创新体系

林业生态技术创新若要顺利实施，必须建立合理的创新体系。该体系应以林业企业为核心，以林业科研、教育培训机构为辅助，借助政府部门、中介机构和基础设施等社会力量，实现学习、革新、创造和传播林业生态技术。由于林业生态技术创新是一个从新产品设想的产生，经研究、开发、工程化、商业化到市场应用完整过程的总和，所以，这就意味着创新体系必须是一系列机构的相互作用，而这些相互作用必须能够鼓励林业科学研究、推广林业先进技术、提高林业科技水平。

（二）营造林业生态技术创新环境

生态技术创新的开展在很大程度上取决于创新环境。林业生态技术创新的外部环境主要涉及政策、科技、经济核算和生态环境等因素；内部环境主要是指企业生产目标、研发能力、管理方式、组织结构等方面。因此，国家应在政策导向上给予政策倾斜，运用财政、金融和税收等手段，激励林业企业开展生态技术创新，并为其创造良好的创新氛围。同时，林业企业也要将生态创新思想纳入企业发展目标，加强组织管理，提高技术研发实力，为生态技术创新营造良好的内部环境。政府作为创新活动的重要参与者，除了在技术研发投入中发挥作用外，其最大的职能在于提供制度保障，营造良好的林业生态技术创新环境。营造一个开放、统一、有序、公平的市场环境和注重环境效益的社会导向，是促进企业技术创新的主要外部动力，因此，政府应积极制定各种法律制度，并在舆论营造中发挥服务作用，以期更有效地对林业生态创新行为予以鼓励和保护。同时，企业也要牢固树立法治思想，建立健全相关制度，形成有利于林业生态创新的法治环境，并抓制度落实。

（三）建立林业生态技术创新机制

林业生态技术创新是一个涉及经济、社会、生态、环境等多领域的综合系统，要全面开展这项工作，必须创新机制。林业具有公益性、社会性等重要特征，其受益者是全体社会成员。因此，林业生态技术创新应当是政府行为，政府在建立完善的林业生态技术创新机制中应发挥主导作用。《中华人民共和国森林法》明确规定，建立森林生态效益补偿基金的法律制度，主要内容是国家设立森林生态效益基金，用于生态效益防护林和特种用途林及林木的营造、抚育、保护和管理。这为建立环境资源林的经济补偿制度提供了法律依据，也为建立健全林业生态技术创新机制提供了法律制度保障。

（四）建立和完善管理制度

深化改革就是在调整林业结构，建立林业生态技术创新机制的同时，转换管理机制，形成社会化、网络化、国际化的林业生态技术管理新模式。首先要增强林业企业，特别是大中型林业企业的生态技术创新能力，加强技术改造，提高引进、吸收、消化、创新水平。其次要加强产学研结合，减少研究和开发中的盲目性和重复浪费，逐步使企业成为技术开发的创新主体。

（五）健全社会配套服务体系

林业生态技术创新的前期经济效益较小，因此依靠技术推动与市场拉动的自然发展速度较慢，必须成立林业技术服务中心，集咨询、技术服务、中介机构甚至风险投资等职能于一身，服务于林业生态技术创新体系，实现林业生态技术创新的经济效益、环境效益、社会效益三者统一的目标。

总之，林业的良性发展对于我国实现可持续发展的重要作用是不言而喻的，盛世兴林，科教为先，只要我们本着扎实工作、积极进取的工作精神，就一定能走一条具有中国特色的林业创新之路，为推动生态林业的可持续发展建立卓越功勋。

（六）林业技术发展概况

1.加强林业技术支持的重要意义

技术是林业发展的关键因素之一，林业的发展要依靠技术进步来推动。我国林业技术总体水平与林业发达国家还有很大的差距，在此情况下，不断加强林业技术支持尤为重要。从宏观层面看，林业技术支持是林业可持续发展的需要，随着生物科技的发展，出现了转基因生物、种质资源的优化、生物病虫害的防治，大大提高了林业经营的效率，当世界林业技术发展时，一国的林业技术十分落后，就可能危及一国的林业可持续发展。从中观层面看，林业技术支持一方面可促进林业产业结构调整和技术升级，推动林业从传统林业向现代林业发展，从粗放林业向精准林业发展，从第一产业向第二和第三产业升级；另一方面，可推动林权改革，活跃林权流转市场。林业技术是制约林权流转的因素之一，由于林业经营者缺乏技术，致使他们不敢流转林权。加大林业技术支持，向林业经营者提供所需技术，以解决其后顾之忧，必然能活跃林权流转市场。从微观层面看，林业技术支持可提高林业企业的竞争力。

2.林业技术支持的制约因素

（1）林业技术意识不够强。

随着经济的发展，世界林业技术取得了突飞猛进的发展，林业高新技术不断涌现，林业的发展越来越依赖于林业技术的进步。改革开放以来，我国的林业建设也发生了根本性的变化：从传统林业发展到现代林业，从注重林业的经济效益发展到经济效益、社会效益及生态效益三者兼顾的社会主义新林业时期，科技在林业上发挥的作用越来越重要，传统的粗放的林业生产已经不适应现代林业发展的需要了。重视林业技术革新是现代林业发展的要求，是我国林业进入WTO后在世界林业中立于不败之地的要求。然而，我国部分林农的技术意识不强，他们依然坚持采用传统的方式经营林业，一方面他们的文化水平相对较低，对林业新技术接受较难；另一方面林业的收益较低，他们不愿意进行林业技术投入。此外，由于部分地区林业没有形成规模，采用林业新技术的效益低下，致使林农淡薄林业技术发展。

（2）发展林业技术的投入不足。

发展林业技术的投入不足是制约我国林业发展的重要因素之一。我的林业技术投入不足主要表现在三个方面：①林业技术研发的资金投入不足；②林业科技人才培养的投入不足；③林业技术推广的投入不足。这些使得我国林业高新技术成果较之发达国家少，杰出的林业人才缺乏，林业技术推广的效率低下，技术成果转化率较低，从而严重制约了我国林业技术进步，阻碍了林业的发展。

（3）林业技术推广效率和效果欠佳。

林业技术推广在林业生产中的作用巨大，它是林业技术价值实现的基础，做好林业技术的推广工作是实现科技兴林的有效途径。然而，我国当前的林业推广工作的效率和效果不太令人满意，主要表现为以下几点。①对科技推广在林业生产建设中的重要性、紧迫性认识不到位，许多地方对科技推广的重要性认识还停留在口头上，有关科技推广机构建设、推广经费、推广人员待遇等一些优惠政策难以落实到位，影响了科技人员的积极性。②林业科技推广投入不足和推广网络体系不够完善。投入不足已经成为制约林业科技推广工作发展的重要因素，致使林业科技推广网络体系难以建立。推广机构基础设施差，缺少必要的推广仪器设备、交通工具；示范基地建设发展缓慢，自我发展和辐射带动能力不强。③科技推广运行机制相对滞后，推广服务人员能力有待加强。一方面科技推广的有效机制尚未形成，重点工程与科技推广结合不紧密，导致成果转化率低此外，科技推广与知识产权保护、植物新品种保护之间的矛盾显现；另一方面，技术推广人员缺乏知识更新和进修深造机会，对现代林业的新技术、新成果的熟悉程度和操作能力不足，素质有待提高，另外，推广机构专业分工过细，推广人员知识结构单一，不能很好地适应当前市场经济与高效林业多样化的发展要求，对林农缺乏足够的权威性。④林业科技推广与林业生产脱节的问题没有得到根本解决。一方面，林业生态工程建设和产业发展对科技推广的需求缺乏自觉性、紧迫性，经营粗放，水平较低，效益低下；另一方面，林业科技推广工作仍在一定程度上偏离林业生产实际，选题存在不够准确的现象，科技推广与服务领域、层次和水平有限，重大林业生产技术问题的解决缓慢，实用性科技成果不完善、不配套直接影响了成果推广的速度和科技支撑作用的发挥。

（4）林业技术自主创新能力和引进消化吸收能力较弱。

当前，我国林业技术虽然取得了很大的发展，但是底子薄弱，技术水平较之发达国家还有一段距离：自主创新的能力较弱，很多高新技术靠国外引进。对引进技术的消化能力也较弱，很多技术仅仅停留在买技术、用技术的层面，没有很好地消化与创新。我国的林业创新体系尚不完善，技术创新的资金投入机制尚不健全，技术创新的激励机制有待完善。此外，对技术产权的保护意识不强，林业企业与科研机构的有机结合不够，产学研一体化机制不完善等都制约着我国林业技术创新能力和引进消化吸收能力的提高。

3.加强林业技术支持的对策

（1）要提高科技兴林思想意识。

政府应加强林业技术的宣传工作，强调林业科技对林业生产的重要性，特别是对于边远山区，要鼓励林农接受和积极采用新技术。提高林农科技兴林意识可以从如下几方面着手。①在农村开展林业实用技术培训结合退耕还林等林业重点工程，采取短期实用技术培训形式，让农民接受林业科技知识，只有掌握了林业科技知识，才能从思想上重视它。②建立一批林业科技示范点和示范户，推广一批投资少、见效快、市场前景好、带动能力强、适宜农村发展的新成果和新技术，通过示范户带动广大林农学习科技、运用科技的积极性。③为农民提供林业科技书刊。组织编辑出版《全国林业生态建设与治理典型技术推介丛书》《农民致富关键技术问答丛书》《农家致富实用技术丛书》《特种经济动物养殖与利用丛书》等林业科普图书。组织编写果树、森林食品、森林中药材、竹藤花卉等方面的乡土教材，赠送给山区农民。

（2）深化林业科技体制改革。

要提高我国林业技术创新能力，就要不断深化科技体制改革，逐步建立起政府支持、市场引导、科研机构等综合研发，产学研结合，推广机构、林业企业、个人等力量广泛参与和分工协作的技术创新体系，加速科技成果转化，造就一支高水平、高素质的科技队伍，形成开放、流动、竞争、协作的运行机制，以提升我国林业技术的创新能力。完善我国的林业技术创新体系，具体来说，要走林业技术自主创新和引进再创新相结合的道路：①完善林业技术创新的激励机制，出台优惠政策，采取技术补偿机制对技术创新给予一定的补助，鼓励自主创新。②完善技术创新投入机制，处理好自主创新和引进消化吸收再创新的关系，增加自主创新的资金投入，增加对引进技术消化的投入。③加强技术交流和合作。④加强技术创新人才培养，以提高我国林业技术创新能力。

（3）加大林业技术方面的投入。

加强我国的林业技术支持首要的是要加大投入，可以从以下三个方面着手。①建立完善的林业技术补偿机制，林业的弱质性和低收益性制约了林业经营者林业技术投资的积极性，要提高林业整体的积极性，就要鼓励林农广泛采用新技术。可以对林农或林业企业提供技术补偿，对投资新技术的林农或林业企业给予其总投资一定比例的补助或提供免费的技术指导。②加大林业科技教育的投入。林业企业可以设立研发专项基金、加大对员工技术培训的投入，建立科研机构与林业企业的有机联系，加强对林业科研机构的资金支持。国家财政应加强对科研机构及林业院校的支持，培养林业科技人员，同时防止林业人才的流失。③加大林业技术推广的投入。林业技术推广的效率高低决定了林业技术成果转化效率的高低，这是林业技术价值实现的关键因素。因此，需加大林业技术推广工作的资金支持，对林业技术推广人员进行培训，提高其推广的技能，调动推广人员的积极性；配置先进的技术推广工具，提高推广的速度，将技术创新迅速地转化成生产力。

（4）提高林业技术转化效率。

提高林业技术成果的转化率，需要建立高效的林业技术推广网络体系。鉴于我国当前的技术推广环节存在的问题，应从如下几个方面着手：①深化改革，积极探索和建立与市场经济体制相适应的成果转化运行机制，坚持以市场为导向，以林业社会化服务为主导，建立技术推广的激励政策，政府干预与市场调节相结合，以生态效益为目的的推广项目应由政府无偿投资，经济效益明显的林业实用技术成果应逐步通过市场来调节、培养林农和林业企业为技术推广的主体；②整合资源，构建技术推广服务和成果转化平台，充分利用信息资源、人力资源和科技资源，在广大林区建立林业科技站，为林业经营者提供信息、技术指导等技术服务项目；③增加林业技术推广的资金投入；④加强技术推广工作的监督管理，一方面做好推广前的科学决策和项目论证工作，另一方面做好执行过程中的监控工作，使林业技术推广落到实处；⑤加强推广队伍自身的建设，采取灵活多样的培训形式，提高推广人员的素质和推广技能。

（七）技术和专利基础知识

1. 当前造林主要新技术

当前林业方面国内外新技术有很多，造林（更新）主要包括：①在良种选育基础上建立种子园；②组培苗的生产；③容器育苗；④塑料棚育苗；⑤飞机播种造林；⑥旱地深栽造林；⑦生根粉应用；⑧吸水剂的应用：⑨播种忌避剂应用；⑩防抽条剂应用等。

2. 专利及其分类

一项发明创造必须由申请人向政府部门（在中国目前是中华人民共和国国家知识产权局）提出专利申请，经中华人民共和国国家知识产权局依照法定程序审查批准后，才能取得专利权。专利证书包括三种类型，分别是发明新型专利证书、实用新型专利证书和外观设计专利证书。在申请阶段，分别称之为发明专利申请、实用新型专利申请和外观设计专利申请，获得授权之后，分别称之为发明专利、实用新型专利和外观设计专利，此时，申请人就是相应专利的专利权人。

3. 林业技术的核心内容

（1）林木种苗生产技术。

该项主要包括种子生产的基本知识和技术，种子质量检验的方法，主要树种苗木的繁育技术，苗圃规划设计的方法，种子生产和育苗技术规程等内容。

（2）森林营造。

该项主要包括造林的基本知识和基本技术、造林施工与管理技术、工程造林技术、造林技术规程。

（3）森林经营。

该项包括森林抚育采伐的理论、方法和技术，森林主伐更新的理论和方法，森林采伐作业技术，森林经营技术规程。

（4）森林资源管理。

该项主要包括森林资源管理的基本理论，森林资源调查的技术规范，森林调查规划软件的使用方法，基本图、林相图、森林分布图的绘制和使用方法，培养学生森林资源调查及编制森林经营方案的能力。

（5）林业有害生物控制技术。

该项包括森林昆虫基础知识、森林病害基础知识、森林病虫害防治原理和防治措施、森林病虫害调查和预测预报，讲解病虫害防治技术规程，帮助林农掌握森林病虫害的防治、调查、预测预报知识，使林农掌握森林主要检疫害虫的种类、识别方法、防治措施。

4.遥感技术

遥感技术，顾名思义，遥感就是从遥远处感知，地球上的每一个物体都在不停地吸收、发射和反射信息和能量。其中的一种形式电磁波早已被人们所认识和利用。人们发现不同物体的电磁波特性是不同的，遥感就是根据这个原理来探测地表物体对电磁波的反射和其发射的电磁波，从而提取这些物体的信息，完成远距离识别物体。遥感是在航空摄影测量的基础上，随着空间技术、电子技术和地球科学的发展而发展起来的，它的主要特点：已从以飞机为主要运载工具的航空遥感发展到以人造卫星为主要运载工具的航天遥感；它超越了人眼所能感受到的可见光的限制，延伸了人的感官；它能快速、及时地监测环境的动态变化；它涉及天文、地学、生物学等科学领域，广泛吸取了电子、激光、全息、测绘等多项技术的先进成果；它为资源勘测、环境监测、军事侦察等提供了现代化技术手段。简而言之，遥感技术是运用物理手段、数学方法和地学规律的现代化综合性探测技术。

5.GPS 技术在林业上的运用

将 GPS 这一先进的测量技术应用在林业工作中，能够快速、高效、准确地提供点、线、面要素的精密坐标，完成森林调查与管理中各种境界线的勘测与放样落界。GPS 是森林资源调查与动态监测的有力工具。GPS 技术在确定林区面积，估算木材量，计算可采伐木材面积，确定原始森林、道路位置，对森林火灾周边测量，寻找水源和测定地区界线等方面可以发挥其独特的重要的作用。在森林中进行常规测量相当困难，而 GPS 定位技术可以发挥它的优越性，精确测定森林的位置和面积，绘制精确的森林分布图。

（1）GPS技术用于森林防火。

利用实时差分GPS技术，美国林业局与加利福尼亚的喷气推进器实验室共同制订了FRIREFLY计划。它是在飞机的环动仪上安装热红外系统和GPS接收机，使用这些机载设备来确定火灾位置，并迅速向地面站报告。另一计划是使用直升机、无人机或轻型固定翼飞机沿火灾周边飞行并记录位置数据，在飞机降落后对数据进行处理并把火灾的周边绘成图形，以便进一步采取消除森林火灾的措施。

采用手持GPS进行火场定位、火场布兵、火场测面积、火灾损失估算，精确度高，安全性强，能够实时、快速、准确地测定火险位置和范围，为防火指挥部门提供决策依据，已为国内外防火机构广泛采用。

（2）GPS在造林中的应用。

①飞播。

在没有采用GPS之前，飞行员很难对已播和未播林地作判断，经常会出现重播和漏播的情况，飞播效率很低采用GPS之后，利用其航迹记录功能、飞行员可以轻松了解上次播种的路线，从而有效地避免重播和漏播。此外，利用航线设定功能，飞行员可以在地面设定飞行距离和航线，在飞行中按照预先设定好的航线工作，极大地降低作业难度。

②造林分类、清查。

利用GPS的航迹记录和求面积功能，林业工作人员很容易对物种林的分布和大小进行记录整理，同时了解采伐和更新的比例，对各林业类型标注，方便了林业的管理。在我国黑龙江、吉林和内蒙古等省（区）的分类经营、造林普查、资源调查中，已经大量采用GPS技术，取得了很好的效果，不但节省了大量的人力、物力和资金，而且极大地提高了工作效率。实践证明，采用GPS完全可以取代传统的角规加皮尺的落后测量手段，并取得极大的经济效益，由此可见，GPS技术的普遍应用必将促进林业工作向着精确、高效、现代化的方向发展，如广泛使用GPS技术一定会取得巨大的经济和社会效益。

6. 飞播技术及其优缺点

飞播，即飞机播种造林种草，就是按照飞机播种造林规划设计，用飞机装载林草种子飞行宜泊地上空，准确地沿一定航线按一定航高，把种子均匀地撒播在宜林荒山荒沙上，利用林草种子天然更新的植物学特性，在适宜的温度和适时降水等自然条件下，促进种子生根、发芽、成苗，经过封禁及抚育管护，达到成林成材或防沙治沙、防治水土流失的目的的播种造林种草法。飞播应用时要注意选择适宜的造林地和树种。飞播造林地要连片集中，植被覆盖度要高，土壤水分供应较充足。飞播适用于不易被风吹走，且发芽率较高，种源又较丰富的树种，如松树。

飞播虽然有工效高、成本低，便于在不易人工造林的地区大面积造林等各种优点，但是这种造林技术比较粗放，必须选择适宜的造林地、树种，并注意飞播后的管护。

7.地理信息系统及其在林业中的运用

地理信息系统，是随着地理科学、计算机技术、遥感技术和信息科学的发展而发展起来的一个学科，是一门集计算机科学、信息学、地理学等多门科学于一体的新兴学科，它是在计算机软件和硬件支持下，运用系统工程和信息科学的理论，科学管理和综合分析具有空间内涵的地理数据，以提供对规划、管理、决策和研究所需信息的空间信息系统。

林业生产领域的管理决策人员面对着各种数据，如林地使用状况、植被分布特征、立地条件、社会经济等许多因子的数据，这些数据既有空间数据又有属性数据，对这些数据进行综合分析并及时找出解决问题的合理方案，借用传统方法不是一件容易的事，而利用 GIS 方法却轻松自如。

社会经济在迅速发展，森林资源的开发、利用和保护需要随时跟上经济发展的步伐，掌握资源动态变化、及时做出决策就显得异常重要。常规的森林资源监测，从资源清查到数据整理成册，最后制订经营方案，需要的时间长，造成经营方案和现实情况不相符。这种滞后现象势必出现管理方案不合理，甚至无法接受。利用 GIS 就可以完全解决这一问题，及时掌握森林资源及有关因子的空间时序的变化特征，从而对症下药。

林业 CIS 就是将林业生产管理的方式和特点融入 CIS 之中，形成一套为林业生产管理服务的信息管理系统，以减少林业信息处理的劳动强度，节省经费开支，提高管理效率。

CIS 在林业上的应用过程大致分为如下 3 个阶段。

第一，作为森林调查的工具。主要特点是建立地理信息库，利用 GIS 绘制森林分布图及产生正规报表，GIS 的应用主要限于制图和简单查询。

第二，作为资源分析的工具。已不再限于制图和简单查询，而是以图形及数据的重新处理等分析工作为特征，用于各种目标的分析和推导出新的信息。

第三，作为森林经营管理的工具。主要在于建立各种模型和拟定经营方案等，直接用于决策过程。

三个阶段反映了林业工作者对 GIS 认识的逐步深入。目前 GIS 在林业上的主要应用为：①环境与森林灾害监测与管理方面中的应用，包括林火、病虫害、荒漠化等管理，如防火管理应用、主要内容包括林火信息管理、林火扑救指挥和实时监测、林火的预测预报、林火设施的布局分析等。②在森林调查方面的应用，包括森林资源清查和数据管理（这是 GIS 最初应用于林业的主要方面）、制定森林经营决策方案、林业制图。③森林资源分析和评价方面，包括林业土地利用变化监测与管理，用于分析林分、树种、林种、蓄积等因子的空间分布，森林资源动态管理，林权管理。④森林结构调整方面，包括林种结构调整、龄组结构调整。⑤森林经营方面，包括采伐、抚育间伐、造林规划、速生丰产林、基地培育、封山育林等。⑥野生动物植物监测与管理。

8. "6S" 技术体系

"6S" 技术体系就是一种具有创新意义的技术思想，它由广为流传的 "3S" 技术，即全球定位系统（GPS）、地理信息系统（GIS）、遥感系统（RS）和以专家系统（ES）、决策支持系统（DSS）和模拟系统（SS）为基础的决策制程技术组成。"6S" 技术在林业活动中的具体实施过程如下：通过 GPS、差分全球卫星定位系统（DGPS）、GIS 和 RS 等的传感器或监控系统对林业活动全过程中的森林资源普查与动态监测、森林和设施园艺经营与管理、森林防火、病虫害防治、湿地监测和荒漠化监测等从宏观到微观自动实时监测，然后将这些当时当地采集的必要数据输入 GIS，再利用事先存在 GIS 中的 SS、ES 及 DSS 对这些信息进行加工处理，绘制信息电子地图、并在决策者的参与下，做出恰当的诊断和决策，制订最佳的实施计划。

第六章　树木栽培基础及技术

第一节　树木的生长发育规律

一、树木的树体结构与枝芽类型

树木的种类繁多，树体结构形态各有不同，园林乔木、灌木及藤本植物之间，树体组成差别很大。但树体结构都是由根系、树干和树冠三部分组成。一般将树干和树冠称为树木的地上部分，根系则称为地下部分，根系与地上部分的交界处称为根茎。

（一）树木地上部分树体结构

树木地上部分是由树干、树冠组成。

1. 树干

树干是树木树体的中轴，支撑着全树的枝叶和果实。它包括主干和中心干。

（1）主干。

主干是根茎以上，第一分枝以下的部分。主干在结构上起着支撑作用，它是树体地上部分与地下部分营养物质交流的渠道，也是营养物质的贮藏场所之一。

（2）中心干。

中心干又叫中央领导干，它是第一主枝以上至树顶的树干部分。干性强的树种有中心干，而干性弱的树种没有中心干。如桃树无中心干或干性弱，杨树、裸子植物有中心干或干性强。

一般地，园林乔木有明显的树干，灌木仅具极短的主干或无主干，藤本植物的主干称为主蔓。

2. 树冠

树冠是主干以上的茎反复分枝形成的枝叶的统称。树冠由主枝、侧枝等骨干枝、枝组和叶幕组成。

（1）主枝。

主枝是着生在中心干上的永久性的分枝，它是构成树冠的主要枝条。

（2）侧枝。

侧枝是主枝上的永久性分枝，从侧枝上分生的主要大枝叫副侧枝。

主干、中心干、主枝及侧枝等组成树冠的永久性枝条称为骨干枝，它们构成树体的骨架，它们支撑着全树的枝、叶、花、果，在生理上具有运输和贮藏养分的功能。各级骨干枝先端的领头一年生枝称为延长枝，延长枝延伸生长，使树冠不断扩大。

（3）枝组。

枝组是分布在各级骨干枝上的小枝群。它是树木生长结果的基本单位。

（4）叶幕。

树冠内叶片总体的反映，是进行光合作用、制造光合产物的场所。叶幕的厚薄及结构直接关系着树木的生长发育状况与观赏效果。

（二）树木的根系

树木地下部分根系通常是由主根、各级侧根和须根组成。以实生根系为例：主根是由种子的胚根发育而成，侧根是主根上各级粗大的分枝，须根是主根与各级侧根上分生的小根。主根和各级侧根统称为骨干根，它具有固地作用，将整个树体固着于土壤中；生理上具有输导养分和水分及贮藏营养的功能。须根（包括吸收根、生长根）是根系中最活跃的部位，它具有吸收养分和水分的功能，并且可以发生新根，扩大根系的分布范围。

（三）树木枝条的类型

1. 按枝条的性质分年

按枝条的性质将枝条分为营养枝、结果枝。营养枝是只着生叶芽而没有花芽的一年生枝。按生长势强弱又分为普通营养枝、徒长枝和叶丛枝。普通营养枝是指生长健壮，芽体充实饱满，是形成骨干枝、扩大树冠和抽生结果枝的主要枝条。徒长枝是多年生枝干上的潜伏芽萌发后抽生的强旺枝条，节间长，发育不充实。叶丛枝是未形成花芽的短枝，节间短，叶片密集，常呈莲座状。

结果枝是着生花芽开花结果的枝条。

2. 按枝条生长姿势及其相互关系划分

枝条可分为直立枝、斜生枝、水平枝、下垂枝、重叠枝、平行枝、交叉枝、轮生枝等。

3. 按枝条的年龄划分

按枝条的年龄将枝条分为一年生枝、二年生枝等。新梢是指春季萌发后抽生的枝条在落叶前称新梢。新梢落叶后到第二年萌发前，称为一年生枝。一年生枝在第二年芽萌发后称为二年生枝。二年生以上的称为多年生枝。

4. 根据枝条在生长季节内抽生的先后顺序划分

按枝条发生的季节可分为春梢、夏梢和秋梢，一次枝、二次枝等。春季萌芽抽生的枝梢称为春梢，7～8月份抽生的枝梢称为夏梢，秋季抽生的枝梢称为秋梢。春季萌芽后第一次抽生的枝条称为一次枝；当年一次枝上芽抽生的枝称为二次枝，如桃芽具早熟性，当年可发生二次枝，葡萄的夏芽抽生的枝称为副梢。

（四）树木芽的类型

芽是未发育的枝条、花或花序的原始体。树木的芽是由芽轴、生长锥、叶原基、幼叶、腋芽原基和鳞片构成。芽轴是芽的中轴，芽的各部分均着生其上，是未发育的茎。生长锥是芽中央顶端的分生组织。叶原基是生长锥周围的一些小突起，是叶的原始体。幼叶是生长锥周围的大型突起，将来形成成熟的叶。腋芽原基是生长在幼叶腋内的突起，将来形成腋芽。鳞片是包围在芽的外面，起保护作用。分类依据不同，树木芽的类型也不同。

1. 根据性质划分

树木的芽按性质将芽分为叶芽和花芽。叶芽是萌发枝、叶的芽。花芽是萌发花或花序的芽。花芽又分纯花芽和混合芽，纯花芽萌发后只开花结果，不长枝叶的芽，如桃、杏、李等。混合芽是指芽萌发后既开花结果，又长枝、叶的芽，如苹果、梨、葡萄、核桃。

2.根据芽着生的位置划分

按芽的着生位置分为顶芽和侧芽。着生在枝条顶端的芽称为顶芽，着生在叶腋内的芽称为腋芽，又称为侧芽。

3.根据一节上芽的数量划分

按同一节位上着生芽数的多少将芽分为单芽和复芽，单芽是在一个节位上着生一个芽，如苹果、梨、海棠等大多数被子植物；复芽是在一个节位上着生两个以上的芽，如桃、杏、李等。

4.按芽的萌发情况划分

按芽的萌发情况分为活动芽和休眠芽，活动芽是芽形成的当年或第二年能萌发的芽，休眠芽是芽形成的第二年不能萌发的芽，又叫潜伏芽。

二、树木各器官的生长发育规律

（一）树木根系的生长

根系是树木的重要器官，在植物的生长发育中，它具有固着、吸收、输导、合成、贮藏和繁殖功能。

1.根系的类型

树木的根系根据来源不同分为三种类型。

（1）实生根系。

实生根系是用种子繁育的实生苗的根系，它是由种子的胚根发育而成的。这类根系具有主根发达，根系分布较深，生命力强，个体差异明显的特点。

（2）茎源根系。

茎源根系是用扦插、压条或组织培养繁育的苗木的根系，其根系来源于母体茎上的不定根。这类根系主根不明显，根系分布较浅，生理年龄较老，生活力相对弱，个体间相对一致。

（3）根蘖根系。

有些树木在根上发生不定芽而形成的根蘖，与母体分离形成的新个体，它的根系为根蘖根系。根蘖根系同茎源根系一样，主根不明显，根系分布较浅，生理年龄较老，生活力相对弱，个体间相对一致。

2. 根系的分布

树木的根系在土壤中有水平分布和垂直分布两种分布形式。沿着与土壤表层方向近似平行生长的根系称为水平根，水平根分布范围一般要超出树冠投影范围，为冠幅 2 ~ 3 倍；沿着与土壤表层近似垂直向下生长的根系称为垂直根，垂直根的分布深度一般大于树高。树木的根系在土壤中有明显的成层分布现象，大多数根系一般集中分布在 10 ~ 60 cm 的土层中，具有吸收功能的须根多集中在 20 ~ 40 cm 的土层内。一般树木根系的分布范围与植物种类、土壤、地下水位的高低等密切相关，如银杏、油松、国槐等树种垂直根发达，根系较深；而连翘、金银木、丁香等树种垂直根不发达，根系较浅。土质疏松肥沃，垂直根发达；土壤下有砾石层或地下水位高的条件下，垂直根向下延伸受到限制。垂直根发育好的树木，固地性强，抗风、抗旱、抗寒能力强，相反就差，养护管理时要综合考虑这些因素。

不同树木根系在土壤中分布的深浅程度不一样，根据树木根系在土壤中的深浅程度，将树木分为深根性树种和浅根性树种。深根性树种，主根发达，成年树主根深达 5 m 以上；根系一般在土壤中分布较深，大部分的双子叶植物的根系，如杨树、樟树、油松等。浅根性树种主根不发达，侧根和不定根向四面扩展，长度超过主根，根系大部分分布在 30 ~ 40 cm 的表层，如单子叶植物的根系，如禾本科、棕榈等的根系。

根系在土壤中的分布，与树种、土壤条件、树龄及栽培管理措施有关，加之根系分布的趋肥、趋水性，养护管理过程应深耕改土，施肥应达到一定深度，防止根系"上浮"。因此，了解根系的分布规律，对树木的配置、养护管理有着重要的意义。

3. 根系的年生长规律

树木根系每年发生新根，并进行延伸生长，不断向土壤深处延伸，这个特性称为根系的向地性。而向地性的本质就是趋肥趋水倾向，使根系处于最佳的肥水吸收状态。

树木的根系没有自然休眠期，只要温度条件适宜，全年都能生长。一年中根系的生长具有周期性。根系生长的温度比芽萌动的温度要低，因此，春季根系生长早于地上部分，春季根开始生长后就出现第一次生长高峰，这次生长程度、发根量与树体贮藏营养有关，以后随着地上部分枝叶迅速生长而趋于缓慢。夏季当地上部分枝叶生长缓慢或停止，根系生长出现第二次高峰，这次生长势强，发根量多，是一年中发根最多的时期。随着果实的发育根系生长减缓。秋季气温下降地上部分生长减缓，根系出现第三次高峰，这次时间短，发根量少，以后随着气温下降，根系生长减慢，当气温降至 0 ℃时，根系进入被迫休眠。

由于不同深度的土层内土壤温度会随季节变化，因此分布在不同土层内的根系一年中生长活动也不同。一般春季土壤解冻后，离地表 30 cm 以内土层的土温上升快，温度也适宜，表层根系生长较快，活动较强烈；夏季表层土温过高，表层根系生长减缓，30 cm 以下土层温度较适宜，中层根系生长快，根系活跃。90 cm 以下土层，温度全年变化较小，根系生长变化不大，只要温度适宜全年都能生长，所以冬季根系活动以下层为主。

在生长季节内，根系生长也有昼夜变化规律，很多树木根系在夜间生长量和发根量都多于白天。了解树木根系的生长规律，对把握施肥、灌水时期等养护管理有着重要的意义。

4. 根系的生命周期

树木根系一生中生长发育具有"慢—快—慢"的特征，即幼年期根系生长很快，它的生长速度超过地上部分，随着年龄增长，根系生长速度趋于缓慢，并逐渐与地上部分的生长形成一定的比例关系，即"根冠比"。经过多年生长结果后，根系会随着树冠的衰老而生长减慢，根幅逐渐缩小。

根系的寿命一般与该树种的寿命相一致，寿命长的树种如牡丹，根能活三四百年。根系的寿命与树种、环境条件和管护有关。如严重干旱、高温等会加速根系衰老，使其丧失吸收能力。一般树木根系的寿命由长至短顺序为：支持根、贮藏根、运输根、吸收根。吸收根寿命短，处于不断的死亡与更新中，也有一部分继续生长，变为木质化程度较高的输导根。

5. 影响根系生长的因素

树木根系生长的强弱和生长量的大小，与土壤的温度、水分、通气和树体营养及地上部分器官的生长状况有关。

（1）土壤温度。

不同树种根系开始发生新根的温度不一样。一般原产温带寒地的落叶树木根系开始生长所需的温度低，而热带或亚热带地区的树种根系开始生长所需的温度较高。温度对根系生长的影响表现出"温度三基点"现象，即最低温度、最适温度和最高温度。一般根系生长最低温度为 5 ~ 10 ℃，最适温度为 15 ~ 20 ℃，最高温度为 40 ℃。温度过低或过高均不利于根系的生长，甚至会对根系造成伤害。

（2）土壤湿度。

土壤水分的多少，直接影响树木的生长状况。一般根系生长最适宜的含水量为土壤含水量的 60% ~ 80%。土壤水分不足，根系不能正常吸收水分，会促使根系发生木栓化或自疏，影响根系对矿质营养的吸收，不利于树木的生长。土壤水分过多，通透性差，形成缺氧环境，抑制根系的呼吸，导致根系生长停止或窒息死亡。

（3）土壤通气。

树木根系的生长活动及新根的发生，要求土壤中必须要有足够的氧气。不同树木根系活动对氧气浓度的要求不同，一般苹果根系在氧浓度为 2% ~ 3% 时停止生长，5% 时生长缓慢，10% 以上正常生长，发生新根则要求氧气浓度在 15% 以上。如果根系周围 CO_2 含量不高，即使含氧量达到 3% 时，根系仍能正常活动，若根际周围 CO_2 含量上升至 10% 或更高，根的代谢受到破坏。土壤通气良好，根系活动强，分枝多，生理功能强；通气不良时，发根少，生长缓慢或停止，造成树木生长不良或早衰。

城市园林绿地建设时，由于路面铺设、市政工程施工夯实以及人流踩踏频繁，导致土壤坚实，通气不良，引起有害气体积累，影响根系生长，导致树木生长不良，观赏价值降低。

（4）土壤营养。

土壤营养状况影响树木根系的生长，一般土壤养分充足，根系生长量大，发生新根多，根系生理机能强；相反，根系发育不良，影响地上部分的生长发育。土壤营养一般不会成为限制因素，但它会影响根系的发育程度、生长时间长短等。由于树木根系生长具有趋肥、趋水性，因此，在养护管理中增施有机肥和矿质肥料，可促进树木吸收根的发生和根系的发育。

（二）树木枝条的生长及特性

1. 枝的生长

树木枝条的生长包括加长生长和加粗生长两个方面。新梢加长生长和加粗生长在 1 年内达到的长度和粗度称为生长量；在一定时期内加长和加粗的快慢称为生长势。生长量的大小及变化是衡量树木生长势强弱的重要标志。

（1）枝的加长生长。

加长生长是通过枝条顶端分生组织的细胞分裂、伸长实现的。新梢的加长生长一般包括三个时期：

①叶丛期。

春季萌芽后，新梢处于缓慢生长阶段，叶片展开后呈叶丛状态，此时叫叶丛期。形成的叶片寿命短，叶腋内侧芽发育程度差，常为潜伏芽。此期主要依靠上年贮存营养。

②旺盛生长期。

叶丛期过后，除已封顶停止生长形成顶芽的短枝外，其余枝条进入旺盛生长期继续向前延伸，直到初夏逐渐停止生长，这一时期叫枝条的第二生长期。此期内形成的一段新梢粗壮，叶片大，寿命长，同化能力强，侧芽饱满。这一时期主要利用当年同化营养。

③缓慢或停止生长期。

旺盛生长期后，部分形成顶芽的枝或渐停生长的枝条又继续生长，直到秋季生长渐缓至停止，这个时期称为新梢的第三生长期。这一时期新梢生长量小，节间短，新生叶片小。新梢逐渐木质化，最后形成顶芽而停止生长。

枝条停止生长的早晚与树种、部位及环境条件有关。一般来说，北方树种早于南方树种，成年树木早于幼年树，观花、观果树的短果枝早于营养枝，树冠内部枝条早于树冠外围枝，健壮枝早于徒长枝。营养不足、干旱、通气不良都能使枝条提前结束生长。而氮肥施用过多，土壤含水量过大，均会使枝条生长延长。因此，园林生产中要合理采用养护措施，秋季保证枝条及时结束生长，发育充实，以利安全越冬。

（2）枝条的加粗生长。

树木枝、干的加粗生长是形成层细胞分裂、分化、增大的结果。加粗生长开始比加长生长稍晚，其停止也晚。加粗生长的高峰出现在加长生长高峰之后。

同一株树上，下部枝条加粗生长比上部枝条停止稍晚。春季芽开始萌动时，接近芽的部位，形成层先开始活动，然后向基部发展。因此，落叶树种形成层开始活动稍晚于萌芽，同时离新梢较远的树冠下部的枝条，形成层细胞开始分裂较晚。秋季由于叶片积累大量光合产物，因而枝干加粗也最明显，主干的加粗生长一直到落叶后才停止。

（3）枝梢的组织成熟。

树木的枝梢从停止生长到正常落叶休眠之前，要经过一个生理准备时期，此期在组织内部会发生一系列的生理生化变化，称为组织成熟期。

新梢加长生长开始后，枝条逐渐木质化。新梢生长停止后，秋季温度适宜，光照充足时，光合产物不再用于器官的建造，营养物质消耗少，积累多，树体和枝条的组织内开始积累大量的碳水化合物（主要是淀粉和可溶性糖）和含氮化合物等。养分积累在果实停止生长后达到高峰，一直持续到落叶以前。落叶后，当温度进一步下降时，树体组织和细胞内积累的淀粉转化为糖，细胞内脂肪和单宁物质增加，细胞液浓度和原生质黏性提高，原生质膜形成拟脂层，透性减弱。与此同时根系也大量贮藏养分，吸收能力逐渐减弱，树体内的自由水减少。新梢正常地停止生长，保留健全叶片，积累养分和适时供应充足水分，是保证树木新梢组织成熟的条件，也为树木安全越冬奠定了基础。

2. 枝的特性

（1）顶端优势。

顶端优势是指位于枝条顶端的芽生理活性强，芽萌发早，长势强，所抽生的新梢长势最强；侧芽所萌发的新梢，由上而下长势依次递减，最下部的芽多不萌发而呈休眠状态的现象。

（2）垂直优势。

垂直优势指枝的生长势因枝条着生姿势不同而不同。一般地，直立生长的枝条生长势最强，随着枝条开张角度增加，枝条的生长势依次减弱的现象。

（3）干性。

树木的干性是指中心干的强弱与维持时间的长短。一般顶端优势明显的树种，中心干强而持久。中心干明显并能长期保持优势的，则称为干性强，反之则弱。绝大多数乔木树种十性都强，树体的树干要比主、侧枝有明显的生长优势。如雪松、云杉、水杉、玉兰等树种干性都强，而桃、梅、杏以及连翘、贴梗海棠等灌木树种则干性弱。树木干性强弱与树木种类、整形修剪措施有关，它对树木的高度、树冠形态、大小等都有影响。

（4）层性。

树木的层性是由顶端优势和芽的异质性引起的主枝和侧枝在树冠内成层分布的现象。即由于顶端优势与芽的异质性，使强壮的一年生枝发生部位比较集中，这种现象在树木幼年期尤为明显，使主枝在中心干、侧枝在主枝上的分布，形成明显的层次。

一般顶端优势明显而成枝力弱的树种层性明显，如马尾松、苹果、梨等树种，具有明显的层性。

不同树种的干性和层性强弱不同。雪松、华山松、水杉、龙柏等树种干性强而层性不明显；南洋杉、银杏、悬铃木、苹果、梨等树种干性较强、层性明显；香樟、构树、苦楝等树种，幼年期干性较强，进入成年期后干性和层性减弱；桃、梅、杏、柑橘等树种无明显的干性和层性。
树木的干性、层性与栽培管理技术有关，如群植会增强干性，孤植则会减弱干性；人为修剪也会影响树木的干性和层性。了解树木的干性和层性，对树木的整形修剪、树木的配置等有着重要的意义。

3. 影响枝梢生长的因素

树木枝条的生长与树种、品种、砧木、有机营养、内源激素、环境条件及栽培管理技术等因素有关。

（1）树种品种与砧木。

树种品种不同，枝梢生长状况不一样。有些树种品种枝梢年生长量大，生长快，如桃、葡萄成形快；有些树种品种年生长量小，生长慢，如云杉、银杏、红豆杉、白皮松等树种成形慢。还有些短枝型或半短枝型。

砧木对地上部分枝梢生长也有明显的影响，根据砧木对地上部分生长的影响情况将砧木分为三类：乔化砧、半矮化砧和矮化砧。同一树种和品种的树木嫁接在不同的砧木上，其生长势差异明显，并使树体呈乔化或矮化的趋势。

（2）贮藏养分。

树体内贮藏的营养物质状况直接影响着新梢生长。树体贮藏营养充足，枝梢生长强壮，芽体饱满；贮藏营养不足，枝梢生长较弱，纤细。氮素营养过多，会出现旺长，秋季不能及时结束生长，影响越冬性。

（3）内源激素。

新梢的加长生长是幼叶和成熟叶片共同作用的结果。幼嫩叶内产生类似赤霉素的物质，导致节间伸长；成熟叶内产生有机营养如碳水化合物和蛋白质等与生长素一起引起叶和节的分化。摘去成熟叶，可促进新梢的加长生长，但不增加节数和叶数。摘除幼嫩叶，节数和叶数仍可增加，但节间变短且新梢短。

生产中应用生长调节剂，可以调节内源激素的水平和平衡，促进或抑制新梢的生长。如喷 B9、矮壮素（CCC）可抑制内源激素的生物合成。喷 B9 后脱落酸增多而赤霉素含量下降，枝条节间短，停止生长早。

（4）母枝的位置与状况。

树冠不同部位，枝梢生长状况不一样。外围或中上部的新梢，生长健壮或旺盛；树冠下部或内膛的枝，因光照差，生长较弱。潜伏芽萌发的枝梢为徒长枝，多作为更新枝。
母枝健壮，其上侧芽饱满，抽生的枝梢长势强壮；母枝细弱，其上的芽质量较差，抽生的枝梢长势较弱。

（5）环境条件与栽培条件。

气候条件、管理条件与枝梢年生长状况密切相关。生长季长，土壤疏松肥沃、水分供应充足，枝梢年长量大；生长季短，土壤瘠薄、通透性差、肥水供应不良，枝梢生长不良。

管理措施不当也会影响枝梢生长，如氮肥施用过多，水分供应过多，都会导致枝梢徒长，生长延迟，枝梢发育不充实，影响越冬性。

（三）树木树叶及叶幕

叶是植物进行光合作用制造有机物的重要器官，植物体内90%左右的干物质都是叶片合成的，叶片合成的有机物是生物体内物质代谢和能量代谢的基础，是地球上有机物的主要来源。

1. 叶片的形成

（1）单叶的发育。

单叶的发育是从叶原基出现以后，经过叶片、叶柄和托叶的分化，直到叶片展开，叶片停止增大为止，是叶的整个发育过程。新梢不同部位的叶片，其形成时间，以及生长发育时间的长短各不相同。

（2）叶片的光合效能。

新梢基部的叶，其叶原基是冬季休眠前在芽内出现的，到次年休眠结束后进一步分化，叶片和叶柄也相继伸长，萌芽后，叶片和叶柄伸长加快，而后叶片展开，叶面积迅速增大，同时，叶柄也继续伸长。

春季，新梢生长初期，基部的叶生理活动较活跃，随着新梢伸长，活动中心不断上移，基部的叶逐渐衰老，生理活动减弱。因此，新梢上不同部位、不同叶龄的叶片，其光合能力是不同的。幼嫩的叶片，由于叶肉组织量少，叶绿素浓度低，因而光合总产量也低；随着叶龄的增加，叶面积扩大，生理上处于活跃状态，光合效能大大提高，以叶面积停止增大时光合效能最高，持续一段时间后，随着叶片的衰老而降低。

（3）影响叶片大小的因素。

叶片的大小与叶片形成时树体营养状况和叶片生长期长短有关，叶原基形成和叶片发育过程树体营养充足，单叶从展叶到叶面积增大停止所需的时间长，叶片就大，反之叶片则小。如苹果树春梢基部叶片就小，中上部叶片就大。

2. 叶幕的形成

（1）叶幕。

叶幕是指叶片在树冠内的集中分布情况，它是一个与树冠形态相一致的叶片群体。叶幕结构因树种、品种、树龄和树势而异。不同整形方法，叶幕结构也不同，杯状整形，叶幕呈现杯状，绿叶层薄；圆头形整枝，叶幕呈半圆形，绿叶层较厚；层形树冠，叶幕呈层状分布。

落叶树的叶幕，在春季萌芽后，随着新梢的伸长，叶片不断增加而形成，在年周期中有明显的季节变化。落叶树理想的叶幕，最好在较短的时间内迅速建成最大叶面积，结构合理而消光少，并保持较长时间的稳定，后期注意防止早衰。常绿树的叶片寿命长（1年以上），而且老叶多在新叶形成后脱落，故叶幕结构相对稳定。

（2）叶面积指数。

叶幕的厚薄是衡量树木叶面积多少的一种方法，通常用叶面积指数来表示。叶面积指数是指单位土地面积上植物叶片总面积占土地面积的比值，即：叶面积指数 = 叶片总面积 / 土地面积。它能正确说明单位面积的叶面积数。叶面积指数高则表明叶片多，反之则少。

一般落叶树的叶面积指数以 3 ~ 6 比较合适，常绿阔叶树可达到 8，大多数的裸子植物的叶面积指数要比被子植物要高。树木不但要求有一定量的叶片，而且要求叶片在树冠内分布合理，相互遮光少，树冠内的有效光区大，光能利用率高，树体健壮，叶大荫浓，花果发育良好，观赏效果好。

园林养护管理上通过合理修剪、肥水管理调节树体的叶面积指数，使其发挥最好的观赏效益。

3. 叶的功能

（1）叶的生理功能。

叶是植物重要的营养器官，它具有光合作用、蒸腾作用、气体交换、吸收养分等生理功能。生产上利用叶片吸收养分能力，进行根外追肥，即叶面喷肥。有些树种的叶具有繁殖功能，如落地生根，印度橡皮树、千佛手等。

（2）叶的净化环境功能。

植物的叶片可以调节空气中 CO_2 和 O_2 的含量，维持空气成分稳定。植物在光合作用过程中，吸收 CO_2，释放出 O_2，在呼吸作用中吸收 O_2，释放出 CO_2，而植物光合作用释放的 O_2 是呼吸作用消耗的 O_2 量 20 倍。

有些树种的叶片能吸收空气中的有毒气体，减少空气中有毒物质的含量。芦荟、吊兰、虎尾兰、一叶兰、龟背竹是可以清除空气中的有害物质。有研究表明，虎尾兰和吊兰可吸收室内 80% 以上的有害气体，吸收甲醛的能力强。芦荟也具有吸收甲醛的能力，可以吸收 1 m³ 空气中所含的 90% 的甲醛。常青藤、铁树、菊花、金橘、石榴、月季花、山茶、石榴、米兰、雏菊、万寿菊等能有效地清除二氧化硫、氯、乙醚、乙烯、一氧化碳、过氧化氮等有害物。

树木的枝叶可以阻滞空气中的烟尘，起到过滤器的作用。兰花、桂花、花叶芋、红背桂等是天然的除尘器，其纤毛能截留并吸滞空气中的飘浮微粒及烟尘。一般地，冠大荫浓，叶片宽大或粗糙，以及有油脂或黏液分泌的树种，如女贞、广玉兰等，吸收和滞尘能力较强。

树木的枝叶可以减缓雨水对地表的冲击力，减少地表径流，增加土壤的水分，防止水土流失。

叶片通过蒸腾作用降低空气温度，增加空气湿度，可调节局部小气候。

（3）叶的观赏功能。

树木的叶形态、色彩丰富多样，排列方式、质地不一，形成了树木叶片的观赏性。

（四）树木芽的特性及花芽分化

1. 芽的发育及其特性

（1）芽的发育。

芽是枝、叶、花的原始体。叶芽萌发以前，芽内已形成新梢的雏形，称为雏梢。随着芽的萌发，在雏梢的叶腋间，由下而上发生芽原基。芽原基出现后，生长点即由外向内分化鳞片原基，逐渐发育成鳞片。随着越冬芽的萌发，一直到这个节的叶原基发育成为叶为止，整个叶片增大期就是腋芽鳞片分化期。

芽的鳞片分化期后，芽进入夏季休眠期。直到秋季开始进行雏梢分化，到落叶以前，一般雏梢只有 3 ～ 7 个叶原基，这一阶段称为冬季休眠前的雏梢分化期。落叶后雏梢分化停止，进入冬季休眠。2 月中旬以后，雏梢继续分化，这一阶段称为冬季休眠后的雏梢分化期。这一时期芽内叶数的增加，在不同芽之间是不同的。将来萌发为短梢的芽，不再增加叶数，或只增加 1 ～ 3 个叶；将来萌发为中、长梢的，此期可增加 3 ～ 10 个叶。芽内雏梢分化的多少，在一定程度上可决定未来新梢的长短。叶数较多的新梢则长，相反则短。萌芽前雏梢节数增加变缓或停止。

（2）芽的特性。

①芽的异质性。

芽的异质性是芽形成时由于枝条内部的营养状况和外界环境条件的不同，使同一枝条上不同部位的芽存在着形态和质量有差异的现象。

枝条基部的芽是在春季展叶阶段形成的，这时新叶面积小，气温低，叶的光合效能低，叶腋处形成的芽瘦小，为隐芽。以后随着气温的升高，叶面积的增大，光合能力增强，枝梢中上部叶腋处形成的芽发育良好，充实饱满。一般地，长枝基部、上部或秋梢上的芽质量较差，中部的最好；中短枝中、上部的芽较为充实饱满；树冠内部或下部的枝条的芽，因光照不足而发育较差。

了解芽的异质性，在插条和接穗的采集时，就应选择树冠外围中上部发育充实的一年生枝，整形修剪时剪口要留外芽。

②萌芽力和成枝力。

萌芽力是一年生枝上芽萌发后抽生枝、叶的能力，一般用一年生枝上芽萌发的百分率来表示。不同树种品种，萌芽力的大小不一样。如柳树、紫薇、桃、紫叶李、葡萄、垂丝海棠等树种的萌芽力强；银杏、桂花、红枫、广玉兰、雪松等树种的萌芽力中等；梨、柿、琼花等树种的萌芽力弱。萌芽力高的树种耐修剪。

成枝力是一年生枝上芽萌发后抽生长枝的能力。一般用具体的长枝数来表示。枝条上的芽萌发后，并不是全部抽生成长枝，不同树种成枝力不同。如柳树、紫叶李、桃等树种的成枝力强；广玉兰、桂花、雪松、银杏、梨、柿、红枫、紫薇等树种的成枝力中等；琼花、垂丝海棠、葡萄等树种的成枝力较弱。成枝力强的树种树冠密集，幼树成形快，观赏效果好；成枝力较弱，树冠内枝条稀疏，幼树成形慢，成荫效果差。

③芽的早熟性和晚熟性。

枝条上的芽形成后到萌发所需时间的长短因树种而异。有些树种新梢上生长季早期形成的芽，当年就萌发的现象称为芽的早熟性，如桃枝上当年萌发的芽，葡萄的夏芽，月季、米兰的芽一年能连续3～5次抽梢并多次开花结果。当年形成，当年萌发成枝的芽称为早熟性芽，这些树种由于一年能多次抽枝，幼树成形快。

当年形成的芽当年一般不萌发，需经一定的低温解除休眠，到第二年春才萌发的现象称为芽的晚熟性。这种芽称为晚熟性芽，如毛白杨、银杏、广玉兰、葡萄的冬芽等。

芽的早熟性与晚熟性是树木的固有特性，在不同的年龄时期，不同的环境条件下，也会发生变化。如桃在环境较差的情况下，一年只萌发一次枝；梨、垂丝海棠等在非常干旱年份会出现二次萌芽二次开花现象。

④芽的潜伏力。

树木枝条基部的芽或上部的有些副芽，连续几年都不萌发而呈潜伏状态，这种芽称为隐芽或潜伏芽。当树木衰老或受到机械损伤、重剪等刺激时才萌发抽枝，抽生的枝条一般用于更新骨干枝与树冠。我们把隐芽的寿命长短称为芽的潜伏力。

不同树种潜伏芽寿命的长短不同。潜伏芽寿命长的树种更新复壮容易，寿命长；而芽的潜伏力弱的树种不易更新，寿命短。如桃树潜伏芽的寿命短，所以桃树不易更新，寿命短。

潜伏芽的寿命长短与树种的遗传特性有关，但环境条件和养护管理也有重要的影响。如桃树一般情况经济寿命为 10 年左右，但在养护管理良好的条件下，经济寿命可延长至 30 年。

2. 花芽分化

花芽分化是树木年周期中一个重要物候期，它是植物由营养生长转向生殖生长的标志。

（1）花芽分化的概念。

植物茎的生长点由叶芽状态开始向花芽状态转变的过程，称为花芽分化。芽的生长点从分化出花芽原基时起，到逐步分化出萼片、花冠、雄蕊、雌蕊以及整个花蕾和花序原始体的全过程，称为花芽形成。植物的花芽分化包括生理分化和形态分化两个阶段，生理分化是指芽内生长点由叶芽的生理状态向花芽的生理状态转化的过程；形态分化是指芽内生长点从花原基形成时起，到逐步分化出花萼、花瓣、雄蕊和雌蕊的过程。花芽的生理分化发生在形态分化之前，它为花芽的形态分化准备物质基础，在生理分化期内主要是树体内核酸、营养物质、内源激素和酶系统的变化。

花芽分化是指从生理分化开始，经过花器官各部分的发生，到形成花粉和胚囊的全过程；而自花原基出现开始，到花粉和胚囊完全形成为止，称为花芽形成期。

（2）花芽分化的过程。

①生理分化。

树木的花芽分化在形态分化前有一个生理分化期。处于生理分化期的芽，在生理生化方面，必须具有一定的核酸、营养物质、内源激素和酶系统的活性；在形态上必须完成鳞片的分化，且雏梢发育到一定的节数。

生理分化期一般持续4周左右，树种品种不同，生理分化开始时间不同，苹果在花后2～6周，柑橘在果实采收前后，月季在3～4月，牡丹在7～8月。

②形态分化。

不同种类的树木花芽分化过程及形态标志各异，一般分为七个时期。

A.叶芽期：生长点狭小，光滑而不突出，在生长点范围内为体积小、等直径、形状相似和排列整齐的原分生组织细胞，不存在异形的和已分化的细胞。

B.分化初期：生长点肥大高起，高起部分呈半球形盖在此生长点范围内，除原分生组织细胞外，尚有大而圆、排列疏松的初生髓部细胞出现。

C.花蕾形成期：肥大高起的生长点变为不圆滑、四周有凸起的形状。凸起的正顶部为中心花蕾原始体，两侧为侧花原始体。

D.萼片形成期：花原始体顶部先变平坦，然后中心部分相对凹入，四周产生凸起，即为萼片原始体。

E.花瓣形成期：萼片内方基部发生凸起，即为花瓣原始体。

F.雄蕊形成期：花瓣原始体内方基部发生凸起，即为雄蕊原始体。

G.雌蕊原始体：在花原始体中心底部发生突体，即为雌蕊的心皮原始体。

（3）花芽分化的类型。

不同的树木花芽分化期是不同的，一般将树木花芽分化可归纳为以下几种类型。

①夏秋分化型。

绝大多数春季或早夏开花的观花树木都属于这种类型。如榆叶梅、梅花、苹果、梨、垂丝海棠、丁香、连翘、迎春、玉兰、牡丹、山楂、红瑞木、杨梅、杜鹃等树种。这类树木多在夏秋(6～8月)新梢生长减缓后开始分化，持续至9～10月，完成花器主要部分的分化。经过冬季休眠后，雌、雄蕊才正常发育成熟。

②冬春分化型。

柑橘和某些常绿树木，一般在秋梢停止生长后至第二年春季萌芽前，即11月至第二年4月进行花芽分化，并连续进行花器官各部分的分化与发育，不需经过休眠就能开花，花芽开始分化到开花通常只需要1.5～3.0个月时间。

③多次分化型。

这类花木在一年中能多次抽梢，每抽生一次新梢就分化一次花芽；一年内能多次分化花芽，多次开花结果。如月季、枸杞、无花果、香石竹、倒挂金钟、茉莉花、榕树、桉树、台湾相思树、四季桂、四季石榴、柠檬、金柑、杨桃等。

④当年分化型。

一些夏秋开花的树木，在当年的新梢上形成花芽并开花，不需要经过低温就能完成花芽分化。如木槿、槐树、珍珠梅、蜀葵、紫薇、菊花、萱草等。

⑤不定期分化型。

如香蕉、菠萝等植株，一年仅分化花芽一次，可以在一年中的任何时候进行，其主要决定因素是植株大小和叶片多少。

树木花芽分化的早晚，因树种和枝条类型而异，还受树势、气候条件、结果数量等因素的影响。

第二节　树木生长发育与环境

环境因子包括气候条件、土壤条件、地形地势、生物因子和人为因子等。

一、气候条件

气候因子主要包括温度、光照、水分、空气、风等，它们是影响树木生长发育的主要生态因子。

（一）温度

1. 树木对温度的要求

（1）温度对树木生长影响——基点现象。

温度是树木生长发育重要的环境条件。不同树木对温度都有一定的要求，即最低温度、最适温度和最高温度，称为温度三基点现象。一般植物在 5 ~ 35 ℃范围内都能生长，在此温度范围内，随着温度的升高生长加速，超过 40 ℃，生长速度下降。

树木由于原产地不同，对温度的要求范围也不同。原产热带植物，生长要求的温度较高，18 ℃才开始生长，能适应较高的温度；原产温带的植物，生长要求的温度较低，6 ~ 10 ℃就开始生长，不适应高温；原产亚热带的植物，生长要求的温度介于二者之间，一般在 15 ~ 16 ℃开始生长。多数植物生长适宜温度为 10 ~ 25 ℃。高山植物最适温度为 10 ~ 15 ℃；温带植物最适温度 20 ~ 30 ℃；热带植物最适温度是 30 ~ 40 ℃。树木生长最快的温度称为生长最适温度，而把稍低于生长最适温度的温度称为协调最适温度。在协调最适温度下，植物生长较最适温度稍慢，但生长健壮。在生长最适温度下，物质消耗多，植物生长虽快，但不健壮。因此，在树木育苗时为培育壮苗，应将温度控制在协调最适温度范围。

（2）温度对树木生长的影响——"温周期"现象。

温度对植物生长的影响还表现为"温周期"现象，即季节性的变化及昼夜的变化。

①温度的年周期变化我国大部分地区属于温带，春、夏、秋、冬四季分明，一般春、秋季气温在 10 ~ 22 ℃之间，夏季平均气温在 25 ℃，冬季平均气温在 0 ~ 10 ℃。对于原产温带地区的植物，一般表现为春季发芽，夏季生长旺盛，秋季生长缓慢，冬季进入休眠。

②气温日较差一天之中最高气温出现在 13 ~ 14 时，最低气温出现在日出前后，二者之差称为气温日较差。

气温日较差影响着树木的生长发育。白天气温高，有利于树木进行光合作用以及制造有机物；夜间气温低，可减少呼吸消耗，使有机物质的积累加快。因此，气温日较差大则有利于树木的生长发育，使有机物质的积累加快。为使树木生长迅速，白天温度应在植物光合作用最佳温度范围内。但不同植物适宜的昼夜温差范围不同。通常热带树种昼夜温差范围应在 3 ~ 6 ℃，温带树种 5 ~ 7 ℃，而沙漠树种则要相差 10 ℃ 以上。

（3）不同器官或不同生育期对温度的要求不同。

树木不同器官或不同生育期对温度的要求不同，一般根系生长的温度要比地上部分低，如小麦的茎叶在 3 ℃ 以上开始生长，而根系在 2 ℃ 时就可生长。苗期温度低、湿度大时，生长慢且易受微生物侵害，发生烂根。因此苗期应避免灌水，防止地温降低，勤中耕提高地温。

2. 温度影响树木的分布

温度影响着树木生存。各种树木在系统发育的过程中，形成了各自的遗传特性、生理代谢类型和对温度的适应范围，因而形成了以温度为主导因子的树木自然分布地带。在温度因子中，限制树木分布的主要是年平均温度、生长期积温和冬季低温。其中，年均温、生长期积温是限制树木能否正常生长的因子，冬季低温是树木分布的决定因子，因此，在树木引种时要综合考虑以上因素。

一般我国树木从南向北分布顺序为：热带雨林、季雨林—亚热带常绿阔叶林—暖温带落叶阔叶林—温带针阔混交林—寒温带针叶林。

山地条件下，随着海拔高度的升高，温度降低，海拔每升高 100 m，温度降低 0.50 ~ 0.61。海拔高度不同，树木的分布也不同。

3. 低温与高温对树木的危害

（1）低温对树木的伤害。

温度过低，极端低温和突然降温会影响树木的生长发育，造成霜冻、冻害和抽条危害。而树木受害程度与降温时间、降温的幅度、低温持续的时间有关。园林生产中要及时采取养护措施，防止或减轻低温对树木的危害。

（2）高温对树木的伤害。

高温对植物的伤害称为热害。高温引起树木蒸腾作用加强、水分平衡失调，轻者发生萎蔫、灼伤，甚至干枯。如夏季高温 ≥ 35 ℃，会影响树木光合作用和呼吸作用。一般树木光合作用最适温度 20 ~ 30 ℃，呼吸作用最适温度 30 ~ 40 ℃。高温使树木光合作用下降而呼吸作用增强，同化物积累减少，不利于植物的生长发育。因此，会造成北方树种或高寒树种在南方生长不良，存活困难，如杨树、桃、苹果等引种到华南会造成生长不良，不能正常开花结实。

（二）光照

光是植物生长的必要条件，植物在有光的条件下才能进行光合作用，制造有机物。光对植物生长发育的影响，主要表现在光照强度、光照时间和光质三个方面。光照充足，植物生长发育健壮，光照不良，植物矮小，生长发育差，观赏价值低。

1. 光照强度

光照强度是单位面积上所接受的可见光的能量，一般用勒克斯表示。光照强度随着纬度的增加而减弱，随着海拔的升高而增强。一年中以夏季光照最强，冬季最弱；一天中以中午光照最强，早晚最弱。叶片在光照强度为 3 000 ～ 5 000 lx 时开始光合作用，但一般植物在光强为 1 800 ～ 2 000 lx 下生长。

一般光合作用随着光照强度的增加而增强，但当光照强度达到一定程度后，光照强度再增大，光合作用不再随之增强，这时的光照强度称为光的饱和点。在达到光饱和点后，光照强度继续增大，有些植物的光合作用反而会下降。原因在于强光会引起光合色素和某些酶的钝化，强光导致气孔关闭。

根据树木对光照强度的需要将其分为：阳性树种、耐阴树种和中间类型三类。

（1）阳性树种。

需光量为全日照的 70% 以上，光饱和点高，不能忍受任何遮阴。植株枝干稀疏，生长较快，自然整枝良好，树体寿命短，如桦木、松树、杨树、月季、扶桑、悬铃木、菊花、荷花、茉莉花等。

（2）阴性树种。

在全日照的 1/10 左右时，就能进行光合作用，光照过强时，反而会导致光合作用减弱。能耐阴，植株枝叶浓密，叶色较深，生长较慢，自然整枝不良，树体寿命长，如茶花、杜鹃、兰花、八角金盘、珊瑚树等。

（3）中性树种。

在遮阳和全日照下都能进行光合作用，比较喜光，又稍耐阴，绝大多数的树木属于这一类，如天门冬、苏铁等。

2. 光照时间

光照延续时间因纬度而不同，呈周期性变化。把树木对昼夜长短的日变化与季节长短的年变化的反应称为光周期现象，光周期对树木的影响主要表现在诱导开花和休眠。根据植物开花对日照时间长短的要求将树木分为长日照植物、短日照植物和日中性植物三类。

（1）长日照植物。

长日照植物是指在生长的某阶段内，在 24 h 的昼夜周期中，日照长度需要长于一定的时数才能成花的植物。对于这些树木来说，延长光照可促进或提早开花，反之则推迟开花或不能成花。多数生长于温带、寒带的高纬度地区的植物，花期在初夏前后，如桂花、木槿、山茶、唐菖蒲、倒挂金钟、紫罗兰等。

（2）短日照植物。

短日照植物是指在 24 h 的昼夜周期中，日照长度短于一定时数才能开花的植物。对这些植物延长黑暗或缩短光照可促进或提早开花，反之则推迟开花或不能成花。这类植物多数原产热带、亚热带低纬度地区，其花期在春季或秋季，如蜡梅、紫苏、菊花、一品红、秋海棠、蟹爪兰等。

（3）日中性植物。

这类植物的成花对日照时数没有严格要求，只要其他条件合适，任何日照时数都能开花。在一年中花期很长，除高温和低温时期外，都能开花，如凤仙、栀子、扶桑、香石竹、月季、仙客来、黄瓜等。

园林生产中可通过控制日照时间长短来调节花期，从而满足节日观赏的需要。

3. 光质

光质即光的组成，指具有不同波长的太阳光谱成分。据测定，太阳光的波长在 300 ~ 4 000 nm 之间，其中可见光的波长在 380 ~ 760 nm 之间，占太阳辐射的 52%，不可见光红外线占 43%，紫外线占 5%。在太阳辐射中，具有生理活性的波段为光合有效辐射，以 600 ~ 700 nm 的橙、红光具有最大的生理活性，蓝光次之，吸收绿光最少。

红、橙光有利于树木碳水化合物的合成,加速长日照植物的生长发育,推迟短日照植物的发育。蓝紫光能加速短日照植物的发育,延缓长日照植物的发育,有利于蛋白质的合成。紫外线可抑制茎伸长,促进花青素的形成,高山植物因高山紫外线含量高而生长量小,植株矮小。

植物光合作用吸收利用最多的是红、橙光,其次是黄光、蓝紫光,绿光吸收最少。在太阳直射光中,红光、黄光只有 37%,散射光中红、黄光占 50% ~ 60%。因此,对耐阴植物和林下植物来说,散射光效果大于直射光。高山植物及热带植物色彩艳丽与紫外线含量高有关。

(三)水分

水分是影响树木生长的重要因子。水是植物主要的组成成分,植物体一般含有 60% ~ 80% 的水分。植物体的一切生命活动都需要有水分参加,水是光合作用的原料,水解作用需要水分参与反应。水分使树木保持膨胀状态,使一些器官保持一定的形状和活跃功能,植物通过蒸腾作用调节体温。植物失水过多,会发生萎蔫,甚至死亡。

1. 水分对树木的影响

降水是大多数植物需求水分的主要供给方式,一年中降水的多少、降水的季节和区域分布,以及降水的强度,降水持续的时间等,都会对树木的生长发育产生影响。水分对植物的影响表现在以下方面。

种子萌发需要较多的水分。只有水分充足,种子才能吸胀,促进种皮软化,使种子呼吸作用加强,酶活性加强,营养物质迅速分解转化,促进种子萌发形成幼苗。

春季水分供应充分,植物枝梢、根系生长旺盛,高生长快;相反,若水分供应不良,枝梢生长慢,生长量小,树体生长不良,叶色变淡,影响树木的观赏性。

水分对开花结实有一定影响,开花结实期水分过多,生长过旺,不利于坐果;水分过少,会造成落花落果,最终影响开花结实,使观花观果树木的观赏价值降低。

了解水分对树木的影响,以便在园林栽培养护中,适时灌水,促进树木的生长发育,增强其观赏性。

2. 树木对水分的需求和适应

树木对水分的需求随植物种类、发育期、生长状况及环境条件而异。一般针叶树小于阔叶树，处于休眠期的树木小于正在生长的树木。一天中，树木对水分的需要量是白天大于夜晚；晴朗多风的天气多于无风的阴天。

植物在长期的生长发育中，对环境中水分条件有了一定的适应，形成了一定的遗传特性。根据树木对水分的适应，将其分为旱生植物、中生植物、湿生植物和水生植物四类。

（1）旱生植物。

在干旱环境中能长期忍受干旱而生长发育正常的植物。这类植物多见于雨量稀少的荒漠地区和干燥的低草原上及城市的屋顶、墙头和危崖陡壁上。根据其形态和适应性可分为少浆植物或硬叶旱生植物（沙拐枣、针茅、骆驼刺和卷柏等）、多浆植物或肉质植物（仙人掌科、景天科、百合科及龙舌兰科植物）、冷生植物和干矮植物。

（2）中生植物。

大多数植物属于这一类型，它们不能忍受过干和过湿的条件，如油松、侧柏、酸枣、桑树、旱柳、紫穗槐等。

（3）湿生植物。

需要生长在潮湿环境中的，在干燥或中生环境下生长不良或死亡的植物，如阳生湿生植物（鸢尾、半边莲、落羽杉、水松等）、阴性湿生植物（蕨类、海芋、秋海棠等）。

（4）水生植物。

生长在水中的植物，如挺水植物（芦苇、香蒲、菖蒲、千屈菜和水葱等）、浮水植物（王莲、睡莲、凤眼莲、浮萍、满江红等）和沉水植物（金鱼藻、苦草）。

3. 树木的花期与水分调控

在园林生产实践中，利用水分等环境因子的调控可促进树木的花芽分化和开花。春末控制灌水，适度干旱，可抑制生长，促进花芽分化和开花。如对玉兰、丁香、紫荆、垂丝海棠等春季通过养护，使其生长健壮，枝梢及早停止生长，组织充实，花前 20 天时适度干旱处理，再适量灌水，及时开花。

4. 树木与城市水分

树木可以阻截降水，涵养水源，并通过蒸腾作用调节大气湿度和温度，影响城市小气候，净化空气。

（四）空气

1. 空气的成分

空气是由多种成分组成的混合物，干燥的空气成分中，氮约占 78.09%，氧占 20.95%，二氧化碳占 0.032%，其他气体占 0.94%。在这些成分中，二氧化碳与植物关系最为密切，它是植物光合作用的主要原料。氧气是植物呼吸作用的主要原料。

大气污染物是由于人类活动产生的某些有害颗粒物和废气。它分为两类，一类是有害气体，如二氧化硫、甲烷、二氧化氮、一氧化碳、硫化氢和氟化氢等，另一类是灰尘、烟雾、煤尘、水泥和金属粉尘等。大气污染物的主要来源是化石燃料的燃烧，如汽车尾气，燃煤，工业生产等。

2. 二氧化碳和氧气的生态作用

（1）二氧化碳的作用。

二氧化碳是植物进行光合作用的主要原料，植物通过光合作用，把二氧化碳和水合成为糖类，构成复杂的有机物。在组成植物体的干物质中，碳和氧来自二氧化碳。

大气中二氧化碳的浓度已上升到 $360\ \mu L/L$，二氧化碳浓度有日变化与年变化规律。一天中，中午光合作用最强，二氧化碳浓度最低；而夜间，呼吸作用释放二氧化碳，在日出前二氧化碳浓度达到最高值。一年中，一般是夏季二氧化碳浓度最低，冬季最高。

对于树木生长而言，大气中 $360\ \mu L/L$ 的二氧化碳浓度，远远不能满足植物光合作用的需要，一般随着二氧化碳浓度的增加，光合作用会增强。大量试验证明，C_3 植物进行光合作用最适二氧化碳浓度为 $1\ 000\ \mu L/L$ 左右，当环境中二氧化碳浓度为 $6\ 000\ \mu L/L$ 时，植物生长量会提高 1/3 左右。

（2）氧气的生态作用。

氧气是植物呼吸作用的原料，没有氧气植物就不能生存。空气中的氧气足以满足植物的呼吸需求，氧气对植物生长的影响主要表现在土壤氧气的供应状况。

大气中氧气的主要来源于植物的光合作用，少部分来源于大气层中水的光解作用。植物的呼吸作用消耗氧气，光合作用制造氧气，但产生的氧气远远多于消耗。原因在于地球上的一切氧化过程，如有机物的分解、燃料的燃烧，都要消耗大量的氧气，大气层中的氧气含量才能保持平衡。

（3）树木与碳氧平衡。

城市由于人口密集，人的呼吸会排放出大量的 CO_2，再加上各种燃料燃烧放出的 CO_2，使空气中 CO_2 的含量不断升高，当空气中 CO_2 的浓度达到 0.05% 时，人的呼吸就困难，0.2% ~ 0.6% 时就使人受害。当环境中 CO_2 浓度增加和 O_2 减少到一定限度时，CO_2 和的平衡被破坏，就会影响植物的生长和人的身体健康。

树木是环境中 CO_2 和 O_2 的调节器，它能吸收 CO_2，释放 O_2，恢复和维持大气中 CO_2 和 O_2 的平衡。根据测算，城市每人要 10 m^2 的森林或 50 m^2 的草坪，才能满足人们呼吸的需要。若再考虑城市（工矿）燃料燃烧释放的 CO_2 和消耗的 O_2，就需增加 2 倍以上的林地面积，才能维持城市及工矿区的 CO_2 和 O_2 的平衡。

3. 树木与大气污染

大气污染是指空气中的某些原有成分大量增加，或增加了新的成分，对人类健康和动植物的生长产生危害。大气污染包括自然污染和人为污染两种。自然污染是发生于自然过程本身，如火山爆发，尘暴等；人为污染是由人类的生产活动引起的，如工业发展和城市化发展过程化石燃料和石油产品应用排放的污染物。大气污染是多种污染物的混合体。

大气污染物种类很多，已引起人们关注的有 100 多种，其中对树木危害较大的有二氧化硫、硫化氢、氯气、臭氧、二氧化氮、有毒重金属和煤粉尘等。大气中的污染物主要通过气孔进入叶片并溶解在细胞液中，通过一系列生化反应对植物产生毒害，且不同的污染物对植物毒害的症状不一样。大气中的固体颗粒污染物落在叶上，会堵塞气孔，影响光合作用、呼吸作用和蒸腾作用，危害植物。

树木可以吸收有毒气体、放射性物质，减少粉尘污染，减弱噪声，减少空气中的细菌数量，吸收 CO_2 和放出等，从而起到净化空气的作用。

二、土壤条件

土壤是树木生命活动的基础。树木的根系生活于土壤中，从土壤中吸收其生长发育所需要的矿质营养、水分。土壤对树木的影响主要从土壤温度、土壤水分、土壤质地、土壤养分及土壤酸碱度等方面发挥作用。

（一）土壤的温度

土壤温度影响根系和土壤微生物的活动、有机物的分解、养分的转化和吸收，在一定的温度范围内，土壤温度越高，植物的生长发育越快。土温过高或过低，都会影响养分的转化和吸收，均不利于根系的生长，进而影响树木的生长发育。

（二）土壤的水分

土壤水分是影响树木生长的重要因子。土壤水分充足，矿质营养才能最大限度地被植物吸收利用，土壤肥力才能提高，树木生长发育健壮，叶大而色浓，花繁而艳，才能更好地发挥其观赏功能。土壤水分不足，树木生长发育差，叶小色淡，花少而色淡，观赏效果差。土壤水分过多，土壤通透性差，土壤空气少，根系的呼吸减弱，吸收能力降低或土壤有毒物质积累，树木生长发育不良，严重者根系会窒息，导致植物死亡。

一般树木根系生长的适宜土壤含水量为田间最大持水量的60% ~ 80%，通常落叶树木在土壤含水量为5% ~ 12%时叶片出现凋萎现象。因此，树木养护管理中应适时灌水，保证土壤水分适宜，树木生长良好，最大限度地发挥其观赏效益。

（三）土壤质地和结构

土壤质地和结构状况影响着土壤的通气和透水性及保肥保水能力，从而影响土壤肥力的高低。因此，了解土壤质地和结构对树木的管护有着重要的意义。

土壤质地是土壤中各种大小矿质颗粒的相对含量。根据土壤质地不同，将土壤分为砂土、壤土和黏土三种类型。砂土质地较粗，通气透水性强，蓄水保肥性差；壤土质地较均匀，通气透水性、保肥保水能力较好；黏土质地较细，结构细密，干时硬，保肥保水能力强，但通气透水性差。大多数的树木栽种在壤土上生长良好。

土壤结构是指土壤颗粒的排列状况，一般分为团粒结构、块状结构、核状结构、柱状结构和片状结构等，其中以团粒结构最适宜树木的生长。团粒结构的土壤肥、水、气、热协调，保肥保水能力强。土壤的团粒结构越发达，土壤肥力就越高。因此，园林生产中，要加强土壤管理，促进土壤团粒结构的形成，提高土壤肥力，促进树木的生长发育。

（四）土壤养分

树木生长发育所需要的矿质营养主要来自土壤，因此土壤养分的供应状况直接影响着树木的生长状况。影响树木生长的来自土壤的矿质元素有大量养分元素如钙、钾、镁、氮、磷、硫和铁等；微量元素如硼、锰、铝和锌等。氮、磷、钾是植物需要量大，土壤中容易缺乏的元素。

土壤养分供应充分，则树木生长良好，观赏性能好；土壤养分不足，则树木生长不良，观赏性差，寿命短。氮素营养过多，生长过旺，开花结实少，观赏性能降低；秋季不能及时结束生长，贮藏物质积累少，树木的越冬性差，易受冻害。
生产上在树木养护管理中，通过合理施肥，使土壤养分供应适宜，促进树木生长发育良好，提高其观赏性。

（五）土壤的酸碱度

1. 土壤酸碱度对树木的影响

土壤的酸碱度是指土壤溶液中 H^+ 的浓度，用 pH 表示，一般土壤 pH 多在 4 ~ 9 之间。土壤酸碱度影响土壤微生物的活动和有机物的分解，从而影响土壤养分的有效性和植物的生长。不同酸碱度的土壤溶液中，矿质营养元素的溶解度不一样，供给植物可利用的养分也不同。一般情况，土壤 pH 在 6 ~ 7 时，土壤微生物的活性最强，土壤养分的有效性最高，对树木的生长最有利。

2. 树木对土壤酸碱度的适应

不同种类的植物对土壤酸碱度的要求不一样，大多数树木对土壤酸碱度的适应范围在 pH 4 ~ 9 之间，最适范围在中性或近中性范围内，土壤 pH 低于 3 或高于 9，多数植物难以存活。按照植物对土壤酸碱度的适应程度将树木分为酸性植物、中性植物和碱性植物。酸性植物在酸性或微酸性土壤环境下生长良好或正常的植物，如云杉、油松、红松、杜鹃、山茶等；中性植物是在中性土壤环境下生长良好的植物，大多数植物属于此类，如丁香、雪松、银杏、樱花及龙柏等；碱性植物是在碱性或微碱性土壤环境下生长良好或正常的植物，如刺槐、旱柳、垂柳、毛白杨、枣树、梨、杏、沙枣、白榆、泡桐、紫穗槐、柽柳、白蜡、沙棘、榆叶梅及黄刺玫等。

3. 城市土壤特点与树木栽培

城市土壤因受城市废弃物、城市气候条件的影响及车辆、人流的踏压，其理化特性及生物性状与自然状态下的土壤差异很大。

城市发展过程中，往往有大量的建筑、生产和生活废弃物就地填埋，改变了土壤的自然特性，形成了城市堆放土层。在这样的地段进行园林植物的栽植，栽植前必须对人工渣土进行的土壤改良，挑出大粒径的渣块，并掺入黏土或砂土进行改良，促进土壤团粒结构的形成，利于园林植物的生长；对难以生长植物的土壤进行换土，而且在园林植物配置时要根据土壤情况选择适宜的园林植物进行栽种。

城市土壤由于人流的践踏和车辆的碾压，土壤坚实，导致土壤通气透水性较差，加之城市土壤渣土较多，碱性较强，氮素营养缺乏，使得树木生长不良，长势衰弱。因此，树木养护过程可给土壤中掺入碎枝、腐叶土等有机物及适量的粗沙砾等改善土壤的通气状况。也可通过设置围栏、种植绿篱或铺设透气砖等措施防止践踏。

城市土壤因枯枝落叶被清理运出，土壤有机质来源缺乏，土壤养分尤其氮素营养偏低，因此，管护中应结合土壤改良进行人工施肥，增加土壤机质，改善土壤结构，提高有效态养分含量，促进园林植物的生长发育。

三、地形地势

地形是影响园林植物生长的间接生态因子。它通过对光、温度、湿度及养分等的重新分配而起作用。山地条件下，地形是影响园林植物生长的重要因素，因此，园林植物的栽培必须考虑地形条件。

（一）地形对园林植物的影响

地形是地球表面的形态特征。我国是一个多山国家，山地按海拔、相对高度和坡度的不同，分为高山、中山和低山。根据地形要素的范围大小划分为巨地形、大地形、中地形、小地形和微地形等五个等级。巨大地形影响着大气环流和气团的进退，从而影响着区域气候，使热量、水分和风等气象要素按地形结构重新分配，影响土壤的发育和园林植物的栽培。

山脉的走向影响气团的活动，对温度和降水影响较大。如秦岭是亚热带与暖温带的天然分界线，在秦岭南坡地带性植被属落叶阔叶与常绿阔叶混交林，秦岭北坡则属于落叶阔叶林，南岭也有类似作用。山脉走向也影响着降水，我国陆地的降水主要靠东南季风从太平洋带来的水汽，因此，与东南季风在一定交角的大山脉是我国水分分布的天然界线、如大兴安岭以东，降水量在 400 mm 以上，属森林区，是我国的木材生产基地；而大兴安岭以西，降水量在 300 mm 以下，属草原区或森林草原区，以牧业为主。

河流同样也影响着河流两岸的气候，进而影响植被的分布。

（二）地势对园林植物的影响

山地条件下，气候要素会随着海拔高度、坡向、坡位和坡度等地形因子的变化而变化。因此，在山地条件下，在不大的范围内就会出现气候、土壤和植被的差异，还可看到不同的植物组合或同种植物的不同物候期。

1.海拔高度

海拔高度是山地地形变化最明显的因子，一般温度会随着海拔高度增加而降低，每上升 100 m，气温下降 0.6 ℃，如热带高山，由山麓到山顶，可出现由热带、温带到寒带的气候和植被变化。在一定的高度范围内，空气湿度和降水会随着海拔高度的增加而增加，但超过一定范围后，降水量有所下降。

山地由于气候、土壤的变化，不同的海拔高度分布着不同的森林植被，海拔高度越高，则北方的、较耐寒的种类逐渐增多，到达一定海拔高度后，由于温度太低，风太大，不宜于树木的生长，只有低矮的灌木或草甸，这个海拔高度就成为树木分布的上界，称为高山树木线。

2.坡向

坡向不同，太阳辐射的强度和日照时间长短就不一样，因而土壤的理化特性有较大的差异。一般南坡温度高、湿度小，土壤有机质积累少，干燥而土壤贫瘠，称为阳坡。南坡植被多为喜光、耐旱的种类。北坡则为阴坡，植被多为耐寒、耐阴、喜湿的种类。

3.坡位

坡位是山坡的不同部位，常把一个山坡分为上坡、中坡、下坡等三个部分。山坡不同部位，土壤状况不一样。一般地，山脊和上坡常是凸形，中坡是凹凸相间的复式坡面，下坡通常是平直的。从山脊到坡底，坡面上获得的阳光逐渐减少，水分和养分则逐渐增多，生境向着阴暗、潮湿的方向发展；土层厚度、土壤有机质的含量、含水量和养分的含量逐渐增加。

4.坡度

坡度不同，坡面上获得的太阳辐射就不一样，气温、土温和土壤养分状况等都会发生变化。通常将坡地分为缓坡（6°～15°）、斜坡（16°～25°）、陡坡（26°～35°）、急坡（36°～45°）和险坡（45°以上）。坡度越大水土流失越大，导致土层浅薄，土壤贫瘠。

第三节　树木栽植技术

一、树木栽植成活原理

（一）树木栽植的概念和意义

1.树木栽植的概念

树木的栽植不同于狭义的"种植"，它是一个系统的、动态的操作过程，它是指将某地生长到一定规格的苗木移植到另一个地点的过程。在园林绿化施工中，栽植实际上就是树木的移植。它包括起苗、装运、定植和栽后管理四个环节。起苗是将一定规格的苗木从土中连根挖出（裸根或带土球）并包装的过程。装运是将挖出的苗木用一定的交通工具运至栽植地点的过程。栽植各个环节应尽量缩短时间，最好做到随起、随运、随栽，并及时管理，确保成活。栽植又因种植时间的长短和地点的变化分为假植、寄植、移植和定植。

（1）假植。

假植就是用湿润的土壤对苗木根系进行暂时埋植的操作过程。一般在苗木运到目的地后，如不能及时栽植时，为防根系失水，使苗木失去生活力，才需要进行假植。分为临时假植和越冬假植两种。

（2）寄植。

在园林工程中，将植株临时性种植在非定植点或容器中，促进苗木生根的方法。

（3）移植。

移植是将苗木从原来的育苗地或栽种地挖掘出来，在移植区或栽植区按一定的株行距重新栽植，培育园林绿化工程需要的规格较大的苗木。

（4）定植。

定植是按规划设计要求将树木栽种到计划位置的操作过程。树木定植后将永久性地在栽种地生长。

2. 树木栽植的意义

树木栽植是园林施工的一个重要环节，对树木生命周期中各阶段的生长发育有着极其重要的影响，对树木抵抗自然灾害的能力、树木的艺术美感和景观效果的发挥及树木养护成本的高低有着显著影响。

（二）树木栽植成活的原理

1. 影响树木栽植成活的因素

树木栽植能否成活，与苗木质量、苗木起运过程的损伤程度、栽植方法及栽后管理等因素有关。

（1）苗木质量。

苗木质量直接影响着栽植成活及生长发育状况，苗木质量主要指苗木的成熟度，有无病害及冻害等。育苗过程中，如氮肥偏多，生长后期雨水偏多，则导致苗木旺长而成熟不充分。一般情况下病害和冻害并不多见，即使有也可以在苗木出圃时鉴别出来。

（2）起苗、装运过程及栽前的损伤或伤害。

人工起苗容易造成伤根，运输中的装车卸车常使苗木树皮损伤；在栽植前的苗木保管不当会造成苗木失水，尤其是根系失水，这些均会影响树木栽植成活率。

（3）栽植方法。

栽植方法对栽植成活率也有很大的影响。带土球栽植、容器苗栽植均比裸根栽植成活率要高；栽植深度对栽植成活率也有影响，栽植过深，会影响苗木的成活，且会延迟发芽时间。这是因为春季，深层土壤的温度比上层偏低，从而使得发芽比较缓慢。

（4）栽后管理。

树木栽植后树体地上部分的蒸腾作用散失水分，而春季4、5月间，往往雨水偏少，地下部分根系不能及时吸收水分供应地上枝叶，不能满足新栽树木蒸腾失水和生根的需要，造成树木栽后不易成活或成活率偏低。因此，在园林绿化生产中，树木栽植后，常采取搭遮用网、打吊瓶、浇生根液的措施，防止蒸腾过大，植物水分损失大或补水补养，促发新根，促进成活。另外阴天或雨季移植树木成活率高，移植时，根部受损，特别是毛细根（吸收根），营养供不上，树木缓苗慢，所以园林施工时采用栽后及时打吊瓶、浇生根液，补充营养，促发新根。

2.树木栽植过程中树体变化

①根系受损，根系吸收能力显著下降。树木栽植过程中，起苗后苗木所带的根量为原根量的10%~20%，尤其是吸收根量大量减少，致使根系吸收能力大大降低。

②树体蒸腾与蒸发失水仍在进行。

③树体内的水分平衡被破坏。树木栽植后，即使土壤水分供应充足，但因为在新的环境下，根系与土壤的密切关系遭到破坏，减少了根系对水分的吸收表面。此外苗木挖掘时给苗木根系造成了极大的损伤，切断了主根和各级侧根，尤其是具有吸收功能的须根大量损失，根系虽具有一定的再生能力，但要发出较多的新根还需经历一定的时间，因此，树木栽植后根系吸收水分的能力极度减弱，而地上部分枝叶的蒸腾失水仍在进行，此时根系吸收的水分远远不能满足地上部分的失水需求，导致树体内部的水

分代谢平衡被打破,树体内水分极度亏缺,严重者会出现植株死亡。

3. 树木栽植的原理

树木栽植能否成活,关键在于树木栽植后能否保持和及时恢复树体内的水分代谢平衡。树木栽植成活原理是保证栽植树木的水分平衡。在树木栽植过程中,要严格各个环节的技术要领,起苗、包装和运输过程尽量减少根系损伤或带好土球,防止根系风干,适时栽植,栽后及时养护,保证土壤水分的供应,维持树体内的水分代谢平衡,保证树木栽植的成活。

(1)适树适栽。

为了确保树木栽植成活,在园林规划设计中,首先要根据绿化树种的生态习性及其对栽植地的生态环境的适应能力,绿化地的环境条件等选择适应当地环境条件的乔灌木种类进行栽植,尽量选用性状优良的乡土树种,作为景观树种中的基调骨干树种,特别是在生态林的规划设计中,实行以乡土树种为主的原则,以求营造生态群落效应,做到适树适栽,其次,可充分利用栽植地的局部小气候条件或创造有利条件,引入新树种,延伸南树北移的疆界。

同时还要考虑树种对光照的适应性。树木栽植不同于一般造林,多采用乔木、灌木、地被树木相结合的群落生态种植模式,来体现园林绿化的景观效果。因此,在园林绿地中多树种群体配植时,对耐阴性树种和阳性灌木合理配植,就显得极为重要。

(2)适时适栽。

树木栽植时期与树木的成活、生长及成活后的养护管理费用有着密切的关系。落叶树种多在秋季落叶后或在春季萌芽开始前栽植。常绿树种的栽植,在南方冬暖地区多在秋季栽植,冬季严寒地区,因干旱易造成"抽条"而不能顺利越冬,故以新梢萌发前春季栽植为宜;春旱严重地区一般在雨季栽植。随着社会经济和人类文明的发展,人们对生存环境的要求越来越高,树木的栽植也突破了时间的限制,"反季节"栽植也在生产中出现。

(3)适法适栽。

在树木的栽植过程中,具体的栽植方法,因树种的生长特性、树体的生长发育状态、树木栽植时期以及栽植地点的环境条件等而异。一般采取裸根栽植或带土球栽植。

裸根栽植多用于常绿树小苗及大多数落叶树种。裸根栽植的关键在于保护好根系，大的骨干根不可太长，侧根、须根尽量多带。从挖苗到栽植期间，要保持根系湿润、防止根系失水干枯。园林施工中常用根系蘸泥浆或假植来保持根系水分，防止失水，可提高栽植成活率20%。一般泥浆水配置比例为：过磷酸钙1 kg+细黄土7.5 kg+水40 kg，搅成浆糊状。在运输过程中，还可采用湿草覆盖，防根系风干。

带土球栽植多用于常绿树种及某些裸根栽植难以成活的树种，如云杉、樟子松、油松、雪松、白皮松、板栗、七叶树、玉兰等，多采用带土球栽植；国槐、刺槐等大树栽植和生长季栽植，也要求带土球进行，以提高成活率。反季节栽植或极端环境栽植采用容器苗栽植可提高成活率和保有率。

（4）维持树木体内的水分和营养平衡。

树木在栽植过程中，使树木根系受到损伤，破坏了土粒与根系的密切接触，导致根系吸收能力大大降低，不能满足新栽的树木地上部枝叶生长、蒸腾和蒸发失水对水分和养分的要求，打破了树木体内的水分和养分代谢平衡，影响新栽树木的成活和生长发育及养护管理。因此，在园林绿化施工过程中，对于大规格的阔叶树一般在苗木栽植前对地上部分枝叶进行强剪，减少部分枝叶量，降低蒸腾和蒸发失水量及养分的消耗，及时灌水、浇生根液、打吊瓶等，维持和恢复树体的水分和养分代谢平衡，促进栽植成活。

二、树木的栽植技术

树木栽植技术关系着树木栽后成活、生长发育状况及栽后养护管理的费用的高低，栽植环节技术规范，栽后成活率高，树木生长发育良好，养护管理成本低，观赏效果好。

（一）栽植前期准备工作

为了保证园林栽植工程顺利完成，在栽植施工前，必须做好一切准备工作。

1. 明确设计意图与工程概况

树木栽植是园林绿化工程的一个重要环节，树木栽植之前，应明确园林绿化设计的意图和园林工程概况，做到心中有数，施工程序井然有序。

（1）了解设计意图。

树木栽植施工前，施工人员要向设计人员详细了解工程设计意图，如设计思想、预想目的或意境，以及施工完成后近期所要达到的景观效果。只有知道设计意图，才能按设计要求规范施工，使树木栽植达到设计要求。如银杏树，做行道树栽植应选雄株，并要求树体大小一致，配置时采用规则式列植；做景观树时选雌、雄株均可，树体规格大小可以不同，配置时采用自然式孤植、对植、丛植、群植或片林均可。栽植施工前，应熟悉各树种的生活习性，避免因树种混植不当而造成病虫害的发生，如槐树与泡桐混植，会造成椿象等大发生；桧相应远离海棠、苹果等蔷薇科树种，以避免苹桧锈病发生。

（2）了解工程概况。

明确园林工程设计意图后，应通过设计单位和工程主管部门了解工程概况。与园林施工有关的工程概况主要包括以下内容。

①植树与其他有关工程的范围和工程量，其他工程如铺草坪、建花坛以及土方、道路、给排水、山石、园林设施等。

②施工期限，施工开始、竣工日期，其中栽植工程必须保证按不同种类树木在当地最适栽植时间进行。

③工程投资，如设计预算、工程主管部门批准投资数。

④施工现场的地上（地物及处理要求）与地下（管线和电缆分布与走向）情况与定点放线的依据（以测定标高的水位基点和测定平面位置的导线点或和设计单位研究确定地上固定物作依据）。

⑤工程材料来源和运输条件，尤其是苗木出圃地点、时间、质量和规格要求。

2. 现场踏勘与调查

在了解设计意图和工程概况的基础上，负责施工的主要人员（施工队、生产业务、计划统计、技术质量、后勤供应、财务会计、劳动人事等）必须亲自到现场进行细致的踏勘与调查，调查解决施工地段的有关问题。

①各种地上物（如房屋、原有树木、市政或农田设施等）的去留及需要保护的地物（如古树名木、古建筑等）。要拆迁的如何办理有关手续与处理办法。

②现场内外交通、水源、电源情况，如能否启用机械车辆，无条件的，如何开辟新线路。

③施工期间生活设施的安排，如办公场所、宿舍、食堂、厕所等。

④施工地段的土壤调查，根据土壤状况决定是否换土，估算客土量及其来源等。

3. 编制施工方案

园林工程属于综合性工程，为保证各项施工项目的顺利施工，互不干扰，做到多、快、好、省地完成施工任务，实现设计意图和日后维修与养护，在施工前都必须制定好施工方案。大型的园林施工方案比较复杂，要组织经验丰富的技术人员编写"施工组织设计"，精心安排施工程序。

（1）工程概况。

工程概况包括工程名称、地点、参加施工单位、设计意图与工程意义、工程内容与特点、有利和不利条件等。

（2）施工进度。

施工进度包括单项进度与总进度，规定各项目的起止日期。

（3）施工方法。

施工方法包括机械、人工的主要环节具体操作方法。

（4）施工现场平面布置。

施工现场平面布置包括交通线路、材料存放、囤苗处、水、电源、放线基点、生活区等具体位置。

（5）施工组织机构。

明确施工单位、负责人；设立生产、技术指挥，劳动工资、后勤供应等部门，以及政工、安全、质量检验等职能部门；制定完成任务的措施、思想动员、技术培训等；绘制工程进度、机械车辆、工具材料、苗木计划图。

（6）制定施工预算。

依据设计预算，结合工程实际质量要求和当时市场价格制定施工预算。方案制定后经广泛征求意见，反复修改，报批后执行。

合理的园林施工程序应是：征收土地→拆迁→整理地形→安装给排水管线→修建园林建筑广场铺装道路→大树移植→种植树木→铺装草坪→布置花坛。其中栽植工程与土建、市政等工程相比，有更强的季节性。应首先保证不同树木移栽定植的最适期，以此方案为重点来安排总进度和其他各项计划。对植树工程的主要技术项目，要规定技术措施和质量要求。

4. 施工现场清理与地形处理

树木栽植施工前，对栽植工程的现场、拆迁和清除周围有碍施工的建筑垃圾和杂物等障碍物，然后根据设计图纸进行种植现场地形处理，使栽植地与周边道路、设施等合理衔接，排水降渍良好。施工过程中，要按照施工图进行定点测量放线，才能达到设计的景观效果。行道树的定点放线，一般以路沿或道路中轴线为依据，要求两侧整齐。无固定的定植点的树木栽植，如树丛，可先划出栽植范围，具体位置根据设计理念、苗木规格和场地现状等综合考虑，一般以植株株间发育互不干扰为原则。栽植场地规划完成后，要根据栽植地的土壤情况，做好土壤改良或肥土工作，为树木栽植成活和良好生长创造适宜的生长环境。

5. 苗木准备

苗木质量的好坏、规格及大小直接影响着树木栽植的成活率及绿化效果，因此，园林栽植施工前要做好苗木准备工作。

（1）苗木的选择。

根据园林绿化设计的要求，施工前必须对可提供的苗木质量状况进行调查了解，选择相应苗龄、规格的栽植树种，并进行编号。

①优良园林绿化苗木应具备的条件。

园林绿化施工用苗应选择苗木健壮，苗干粗壮通直，枝叶繁茂，主侧枝分布均匀，树冠完整丰满，枝条充实，芽体饱满，根系发达完整，侧、须根多，无病虫害和机械损伤的苗木。使栽植后成活率高、恢复快，绿化效果好。

②苗（树）龄与规格。

A. 苗（树）龄选择：苗（树）龄对树木栽植成活率高低、成活后在栽植地的适应性和抗逆能力有很大影响。幼龄苗，树体较小，根系分布范围小，起苗时根系损伤率低，起苗、运输和栽植过程较简便，且施工费用低。苗木的须根保留较多，起苗过程对树体地下部与地上部的平衡破坏较小。后受伤根系再生力强，恢复期短，成活率高，且地上部枝干经修剪留下的枝芽也容易恢复生长，栽后营养生长旺盛，对栽植地环境的适应能力较强。

但由于株体小，容易遭受人畜的损伤，尤其在城市条件下，更易受到外界损伤，甚至造成死亡而缺株，影响景观效果。幼龄苗如果植株规格较小，绿化效果也较差。

壮龄树木，根系分布深广，吸收根远离树干，起掘时伤根率高，故移栽成活率低。为提高移栽成活率，对起、运、栽及养护技术要求较高，必须带土球移植，施工养护费用高。但壮龄树木，树体高大，姿形优美，移植成活后能很快发挥绿化效果，对重点工程在有特殊需要时，可以适当选用。但必须采取大树移植的特殊措施。

B.苗木规格要求：绿化用苗应根据城市绿化的需要和环境条件特点，选择经过多次移植、须根发达的相应规格的苗木。园林绿化工程应根据设计要求和不同用途选苗。一般落叶乔木最小选用胸径 3 cm 以上，行道树应选树干直、枝下高在 3 m 以上，树冠丰满，枝条分布均匀的树木。绿篱用苗要求分枝点要低、树冠丰满、枝叶密实，树冠大小和高度基本一致。常绿乔木，最小应选树高 1.5 m 以上的苗木日花灌木用苗要求树形饱满、长势良好，冠幅、高度及分枝数达到一定要求。如三年生丁香，株高 1.5 m 以上，5 ~ 6 个头；连翘一般 3 ~ 5 个分枝等。

（2）苗木的订购和检疫。

绿化用苗的来源一般有三种途径：当地繁育，外地购进，园林绿地及山野搜集的苗木。苗木调集前必须实地考察苗木在圃地的情况，了解起苗、装运环节的条件，综合考虑价格因素，签订苗木订购合同，明确双方职责、权利和义务。苗木调集应遵循就近调运的原则，以满足栽植地的气候、土壤条件。外地购入的苗木要求供货方在苗木上挂牌、列出种名和原产地等资料。

调入的苗木，特别是外地调进的苗木，为杜绝重大病虫害的蔓延和扩散，应加强植物检疫和消毒工作。尤其是近年来，地区间、国际种的交流日益增多，苗木检疫工作应高度重视，禁止从疫区引种树木，严防检疫性病虫害的扩散。调入的苗木经当地植物检疫部门检疫许可后方可通行。如有需要，引入的树木应采用浸渍、喷洒、熏蒸等方法进行彻底消毒。

（二）树木起苗技术

起苗是树木栽植过程中一个重要的环节，它直接影响着苗木的栽植成活率，因此，要严格把好起苗关。

1. 裸根起苗

绝大多数落叶树种，如白蜡、国槐、杨树、柳树、刺槐等均可进行裸根起苗。起苗过程苗木根系的完整和受损程度是挖掘质量好坏的关键，地表附近靠近根茎的主根、侧根和须根构成了苗木的有效根系。

（1）苗木根幅大小。

一般地，留床苗或未经移植的实生苗有效根系根量少，而经多次移植的苗木有效根系的根量大。为了促进成活，起苗时要尽量使有效根系根量大，水平分布范围为主干直径的 6 ~ 8 倍，垂直分布的深度，为主干直径的 4 ~ 6 倍，一般多在 60 ~ 80 cm，浅根性树种为 30 ~ 40 cm。绿篱用扦插苗根系的水平幅度为 20 ~ 30 cm，垂直深度 15 ~ 30 cm。

（2）起苗程序。

①号苗。

起苗前应根据设计要求进行选苗，选择生长健壮，无病虫害，树形良好，树干通直，根系发达，规格符合设计要求的良好苗木，用油漆在树干上作明显标记进行号苗。

②起苗。

起苗时，铁锹要锋利，按规定根系大小起苗，用铁锹从四周由外向内垂直挖掘，挖够深度且侧根全部挖断后再向内掏底，断根，放倒树木，打掉土坨，如遇粗大树根应用锯锯断，保证根系不劈不裂并尽量多保留须根。起苗时特别应注意不要损伤树皮。

（3）苗木挖掘注意事项。

①大规格苗木的骨干根应用手锯锯断，并保持切口平整，切忌用铁锹硬铲，防止根系劈裂。

②起苗前若土壤过干，应提前 2 ~ 3 天对起苗地进行灌水，使土质变软，便于起苗，多带根系，根系吸水后，便于贮运，利于成活。

③实生苗在挖掘前 1 ~ 2 年挖沟盘根，培养可携带的有效根系，提高

移栽成活率。

④苗木起出后要注意根系保湿或打浆保护，避免因日晒风吹而失水干枯，并及时装运，及时栽植。

2. 带土球起苗

园林绿化工程中，常绿树、名贵树、花灌木和生长季节移植落叶树，均采用带土球移植，起苗采用带土球挖掘。

（1）苗木挖掘前的准备工作

带土球起苗前要准备铲子和锋利的铲刀、锄头或镐、草绳、拉绳、吊绳、锋利的手锯、吊车和运输车等。为防止挖掘时土球松散，可提前 1 ～ 2 天浇透水。

（2）土球大小的确定。

乔木树种起苗时挖掘的根幅或土球直径一般是树木胸径的 6 ～ 12 倍，其中树木规格越小，比例越大；反之，越小。常以下式进行推算：

土球直径（cm）=5×（树木地径 − 4）＋ 45

即树木地径在 4 cm 以上，每增加 1 cm，土球直径增加 5 cm。地径超过 19 cm，土球直径则以 6.3（2π）倍计算（即树干 20 cm 的周长为半径确定）。土球高度大约为土球直径的 2/3。

（3）挖苗。

挖带土球苗木，土球规格要符合规定大小，保证土球完好，外表平整光滑，包装严密，草绳紧实不松脱。土球底部要封严，不能漏土。

挖苗程序：确定土球规格→去表土→挖土球→修整土球→掏底一包装。

①画圈线。

开始挖掘时，以树干为中心，以土球直径大小用白灰画一个正圆圈，标明土球直径的尺寸。为保证起出的土球符合规定大小，以圈线为掘苗作依据，沿线外缘稍放大范围进行挖掘。

②去表土（俗称起宝盖）。

画定圆圈后，将圆内的表土挖去一层，深度以不伤表层的苗根为度。此步骤可有可无，根据圈内表层地被植物多少来定。

③掘苗

挖苗时以树干为中心，比确定的土球直径大 3 ～ 5 cm 画圆；顺着所画的圆圈向外开沟挖土，大树沟宽 60～80 cm，小树适当窄些；土球高度为土球直径的 60%～80%。细根用铲刀或利铲直接铲断，粗大根系用手锯锯断。

④土球修整。

土球成形后将土球修整平滑，以利包扎。

⑤掏底。

土球四周修整好并打好腰箍后，土球修整到 1/2 时，逐渐向里收底，收到 1/3 时，在底部收一平底，整个土球呈倒圆台形。在土球下部主根未切断前，不得扳动树干，硬推土球，以免土球破裂和根系损伤。起苗时切勿踩、压土球，以防土球松散。如土球底部已松散，必须及时堵塞泥土地，并包扎紧实。

⑥包装。

土球修整平滑后，用草绳、蒲包等包扎材料进行包装。

3.苗木拢树冠与修剪。

为了方便装车和运输，保护树冠，对分枝较低的树木，用草绳适当包扎和捆拢树冠。捆拢树冠时注意松紧度，不能折伤侧枝。

落叶树苗木挖出后，按照设计要求及时进行修剪，剪去一部分枝叶，并培养一定的树形，减少水分散失，保持树体内的水分代谢平衡，提高栽植成活率。

4.苗木装运

苗木挖好后，本着"随起苗、随装车、随运输、随栽植"的原则，要尽快装车，在最短的时间内将苗木运到目的地栽植。苗木装运过程应注意以下几个问题。

①装车前的检验，在苗木装车前一定要仔细检查苗木的品种、规格、质量，并清点数量，对筛选出不符合要求的苗木予以更换。必要时可以贴上标签，写明树种、树龄、产地等。

②裸根苗木在装运过程中用帆布或湿草袋覆盖，长途运输要适时向苗木洒水保湿，防止苗木失水。

③装运裸根苗木时根系向前，按顺序码放整齐，在车后厢底部应垫草袋，避免碰伤树根、树皮。树梢不得脱地，必要时要用绳子围拢吊起，捆绳子的地方也要用蒲包垫上，不得勒伤树皮。

④带土球苗木装车时，2.0 m 以下苗木可立装，高大的苗木必须放倒，可以平放或斜放，一般土球向前，树梢向后，并用支架将树冠架稳，避免树冠与车辆摩擦造成损伤。土球规格决定堆放层数，土球直径大于 50 cm 的苗木一般只装一层，小一些的可以码放 2～3 层，土球之间必须排码紧密以防车开动时摇摆而弄散土球。运苗过程中土球周围不准站人或放置重物。

⑤苗木运输中必须有专人跟车押运，并带有当地检疫部门的检疫证明。

⑥苗木运到后，按指定位置卸苗，卸裸根苗要自上而下顺序卸车，不得从下乱抽，卸时轻拿轻放，不得整车往下推，以免砸断根系和枝条。

⑦卸车后不能立即栽植的，裸根苗应临时将根系埋土或用毡布、草袋盖严，必要时可挖沟假植，假植时分层码放整齐，层间以土相隔，将根部埋严，保证苗木的成活。

（三）栽植

1. 定点挖坑

（1）园林施工定点放线。

园林施工过程中要按照设计要求进行定点放线，定植点的位置标记要明显。

①施工人员接到设计图纸后，应到现场核对图纸，并了解地形、地上物和障碍情况，作为定点放线的依据。

②行道树定点一般以路沿或道路中心线为定点放线的依据，可用皮尺、钢尺、测绳按设计规定的株距，确定定植点的位置，并用锹挖小坑，放入白灰，用脚踏实表示刨坑位置。定点放线如遇有电杆、管道、涵洞、变压器等物应错开，按规定距障碍物留适当的距离。定点后应由有关人员验点。

③公园绿地的定点，可用仪器或皮尺定点，定点前先清除障碍。先将公园绿地边界、道路、建筑物的位置标明，然后根据以上标明的位置就近确定树木的位置。

④对孤立树要用仪器或皮尺定点，用木桩标出每株树的位置，木桩上标明要栽植的树种和树坑规格。

⑤自然式树丛标点可先用白灰线定出树丛的范围。在所圈范围的中间明显处钉一木桩，标明树种、栽植数量和坑径，在每株树的位置上用锹挖

一坑或撒上白灰点作为刨坑的中心位置。

（2）挖栽植穴。

栽植坑的大小直接影响树木成活和生长，栽植点确定后，按设计要求采用人工或机械挖坑，做到先挖坑，后起苗，苗木运到后立即入坑栽植，以提高栽植的成活。

①栽植穴的规格栽植穴的大小和深浅应根据树木规格和土层厚薄、坡度大小、地下水位的高低及土壤墒情而定。

②栽植穴挖掘栽植穴位置、规格确定后，以栽植点为圆心，按规定的大小在地面画圆，然后从周边垂直向下挖坑，挖成圆柱形或方形，并且上口与下口保持一致，切忌挖成锅底形。挖至规定深度后，再向下翻松约20 cm深，为根系生长创造良好的环境条件。

栽植穴挖掘时，要将表土和心土分别堆放，如有建筑垃圾、残土及石块，应进行清理并换土；土壤过于黏重或过沙应掺沙或掺黏土，进行土壤改良；土层过薄的，应当客土以加厚土层。栽植时，先将表土、好土填在根部，心土、用土填在地表。

2. 树木定植

（1）定植深度。

园林施工时，树木种植的深浅要合适，一般与原土痕平或略高于地面5 cm左右，浅根系的苗木浅栽，深根系的苗木适应深栽。栽植过深易造成根系缺氧，树木生长不良；栽植过浅，树木根茎裸露，易发生根茎冻害，树木抗风能力降低。苗木栽植深度因树木种类、土壤质地、地下水位高低及地形而异，一般地，杨、柳、杉木等根系再生能力强的树种和悬铃木、樟树等根系穿透能力强的树种可适当深栽，土壤排水不良或地下水位过高的情况下要栽浅一些；土壤干旱、地下水位低要深栽，平地和低洼地要浅栽。

（2）定植方向。

树木种植时，高大乔木要保持原来的生长方向，确保栽植方向与原种植地方相一致，以免树干冬季冻裂和夏季日灼。要将树冠丰满或观赏价值高的一面向主要观赏面的方向；行道树或主行道，要求树干或树冠中心保持在设计的直线或曲线上，树体正直，形成一定的韵律或节奏；群植丛植时，株间树干树冠要互相协调；树木主干弯曲时，应将弯曲面与行列方向一致，树弯应尽量迎风。

（3）定植。

①回填。定植时先将混有肥料的表土回填，培成土丘状。

②放苗将树木（苗木）放于土丘顶，裸根苗根系要均匀分布在坑底的土丘上，使根茎高于地面 5～10 cm。带土球栽植的苗木，放苗时对草绳等包扎材料用量较少时可不解除，如用量过多，在树木定位后剪除一部分，以免其腐烂发热，影响树木根系的生长。

③埋土。将剩余的表土填入坑内，每填 20 cm 土，踏实一次，并将树体稍向上提动，使根系与土粒密接。最后将新土填入栽植穴内，至填土略高于地表。

④种植后作围堰，其半径比树坑半径大 20～30 cm。

（4）定植时的注意事项。

①带土球树木放苗前必须踏实穴底土层，然后将苗木放入种植穴，填土踏实。

②假山或岩石缝隙种植，要在种植土中掺入苔藓、泥炭等保湿透气材料。

③绿篱成块状模纹群植时，要由中心向外顺序退植。

④坡式种植时要由上向下种植。

⑤大型块植或不同色彩丛植时，要分区分块种植。

（四）树木栽后的养护管理

1. 浇水

树木定植后 24 h 内要浇定根水，浇足浇透，待水全部渗下后在树盘上覆盖塑料薄膜或及时覆土，保证成活。

2. 加土扶正

新植树木灌水或雨后，要及时检查是否出现树穴内土壤松软下沉，树体倾斜倒伏现象，如有需要立即扶正，覆土压实。树木扶正时，先将根部背斜一侧的填土挖开，将树体扶正后再填土踏实。对带土球的树不能强推猛拉、来回晃动，以防土球松裂，影响成活。对新栽树木，雨后或灌水后要及时检查，发现树体晃动的要及时紧土踏实；树盘泥土下陷时要及时填土，防止雨后积水，导致烂根。

3.固定支撑

新植树木尤其是栽植 5 cm 以上的大树时，栽后要立支架，绑缚树干进行固定，防止风吹摇晃和风倒，影响成活和根系恢复生长。裸根树木栽植后采用标杆式支架，在树干旁打一杆桩，用绳将树干绑在杆桩上，绑缚位置在树高 1/3 或 2/3 处，支架与树干间要垫衬软物，防止勒伤树皮。带土球树木采用扁担式、三角桩或井字符固定。

4.树体裹干

常绿乔木和干径较大的落叶乔木，栽后需要用草绳、蒲包、苔藓等具有保湿保温性的材料进行包裹，严密包裹主干和比较粗壮的一、二级分枝。树体裹干可避免强光直射和干风吹袭，减少枝、干水分散失，保持枝干湿润；调节枝干温度，防止夏季高温和冬季低温对枝干的伤害。

目前生产上亦有冬季用塑料薄膜裹干保温保湿，但应注意在树体萌芽后要及时撤除，以免引发高温，灼伤枝干、嫩芽或隐芽，对树体造成伤害。施工过程对树干上皮孔大、蒸腾量大的树种如樱花、鸡爪槭等，香樟、广玉兰等常绿阔叶树栽后枝干包裹的强度要大些，以提高成活率。

5.搭架遮阴

大树移植初期或是在高温季节栽植，要搭棚遮阴，以降低树冠温度，减少树体水分的蒸发。树木成活后根据生长情况和季节变化，逐步撤除遮阳物。体量较大的乔、灌木树种，要全冠遮阴，阴棚上方及四周与树冠保持 30 ~ 50 cm 间距，以保证棚内的空气流动，防止树冠发生日灼危害。一般遮阴度为 70% 左右，使树体可接受一定的散射光，保证树体光合作用的进行。成片栽植的低矮灌木，可打地桩拉网遮阴，网高要距树冠顶部20 cm，保证透气。

俗话说"三分种植，七分养护"，由于园林绿化工程受到季节的限制，树木的种植施工时间短，而施工以后随之而来的则是经常而长期的养护管理工作。为达到树木理想的景观效果，只有不断加大后期养护管理力度，才能使城市中绿化树木得以保存，使得城市的美好环境得以保证，更是为人民群众的身心健康提供了有力保障。

第七章　树木常见病害及防治

第一节　枝干病害

一、华山松疱锈病

华山松疱锈病主要危害华山松，发生面积广大。

（一）病原

华山松疱锈病病原为担子菌亚门冬孢菌纲锈菌目的茶藨生柱锈菌（*Cronartium ribicola*）。

（二）症状

在 8 月下旬至 9 月中下旬华山松树干 3 m 以下树皮光洁处，病皮略微肿胀变软，出现淡橙黄色病斑，边缘色浅且不易发现。病斑逐渐扩展并外突产生裂缝溢出初为白色、后变橘黄色具甜味的蜜露即性孢子堆，蜜露干后可见血迹状斑痕。次年 2 月底至 6 月中旬患部树皮微裂继而从树皮裂口处露出具被膜的舌状橘黄色疱囊——锈子器，破裂后散出鲜橘黄色粉末状锈孢子。锈孢子散发完后锈子器被膜萎蔫变黑，病皮开裂、干枯、萎缩凹陷呈溃疡状，部分病斑周围皮层大量流脂。如果连年发病，病斑可不断扩展并环割树干，病树死亡。

在转主寄主茶藨子叶背，初期病斑不明显，后出现黄色丘疹状夏孢子堆。夏末初秋在夏孢子堆附近或新受害部位生出褐色毛状的冬孢子柱。

（三）发病规律

茶藨生柱锈菌具有长循环型生活史。自然状况下性子器阶段和锈子器阶段出现在华山松枝干皮部，而夏孢子和冬孢子阶段从转主寄主茶藨子属植物（*Ribes* spp.）的叶背长出。茶藨生柱锈菌的冬孢子不经休眠即可萌发担子、担孢子。担孢子借气流传播从华山松松针气孔侵入后在针叶上出现褪绿斑，侵染后 3 ~ 5 年枝干皮部出现性子器、锈子器等症状。锈孢子随风传播去侵染转主寄主植物。

林木长势和郁闭度是影响华山松疱锈病发生发展的关键因素，长势好的林分抗病力和受害后恢复的能力强；郁闭度适中的林分，光照、温度、湿度等不利于病原菌的生长和传播，发病较轻。

（四）防治方法

1. 加强检疫

加大产地检疫和调运检疫的力度，一是可以直接观察苗木或活立木上是否具有华山松疱锈病不同时期的发病症状，二是用品红染色法进行苗木或活立木进行检测。发现感病苗木、活立木就地销毁。

2. 营林措施

秋冬季节对中、幼林进行修枝，修下的枝叶应及时清出林缘集中烧毁。结合抚育间伐清理Ⅲ级以上病株，以尽量减少侵染源。在茶藨子抽发嫩枝幼叶时清除林下、林缘、林外 500 m 范围内的转主寄主茶藨子。

3. 化学防治

采用药剂处理病树，尤其是对Ⅱ级、Ⅲ级病树进行单株治疗。于锈子器未破裂前或性子器刚出现时用松焦油 5 倍（煤油稀释）、20% 粉锈宁可湿性粉剂 250 倍液、15% 粉锈清胶悬剂 250 倍液涂抹锈子器、性子器，范围在病斑上 20 cm、病斑以下 15 cm，然后用黑色塑料薄膜包扎涂抹后的病斑，连续防治 3 年左右能挽救多数病树。

4. 生物防治

锈子器阶段，直接涂抹重寄生菌 MM011（*Pestalotiopsis* sp.）和 LS020（*Trichoderma viride*）的接种体在锈子器发生部位，再在上、下 20 cm 范围内的树干部（去除死周皮后）涂抹接种体，用塑料薄膜包裹保湿。性子器和锈子器阶段从不同方位去除病部已死周皮,将 2 个菌株分别涂抹在性子器出现部位及上、下 20 cm 范围内,用塑料薄膜包裹保湿。连续 2 年防治可取得较好效果。

二、华山松腐烂病

华山松腐烂病是华山松林内普遍分布的一种病害,分布范围广,发生面积大。

(一)病原

华山松腐烂病病原为松腐皮壳囊孢（*Cytospora pini* Desrn.）,属于半知菌亚门、腔孢纲、球壳孢目。

(二)症状

华山松腐烂病往往从树干基部距地表 0.2 m 左右范围内开始发生危害,逐步向上蔓延扩展,多发生在分枝处附近或从伤口侵入危害。华山松枝干染病后,病部最初略现浮肿,周围皮层组织松软,病健部分无明显界限,随着病害的发展,病部略呈水渍状,颜色转呈浅红褐色,削开病部皮层和韧皮部呈现褐色,组织坏死,病害发展后期老病斑表面干缩呈纵向皱纹或开裂,危害轻的老病斑可从皮层剥离,有些病斑在枝条基部逐渐形成环割,引起枝条回枯,部分幼树主干感病后,也常因病斑扩大形成环割而全株枯萎死亡。

(三)发病规律

华山松腐烂病的病菌主要通过伤口侵入,如修枝等机械伤、虫伤、日灼、冻伤等,也可通过皮孔、气孔等自然孔口侵入。该病主要侵染时期为 5 ~ 6 月的雨季,腐烂病菌主要通过雨滴的飞溅传播到附近华山松的枝干上,也能凭借昆虫、人为活动及气流传播。病菌孢子到达适宜侵入的部位,当温度、湿度、pH 值和营养条件适合时,孢子萌发,通过伤口或自然孔口侵入皮层引起侵染,病菌先在伤口附近死亡的或衰弱的部位上生活定植,当树体树势强时,病菌可较长时间地呈潜伏状态,不立即扩展致病;当树体或局部组织衰弱时,潜伏病菌可逐渐在周围健康的皮层组织扩展危害,形成病斑,同时在干枯的病部皮层内产生子实体，生长季节病斑上产生的孢子通过风、雨或昆虫又传播到新的侵染点进行再侵染，引起病害的扩展蔓延。腐烂病菌以菌丝体、分生孢子器、子囊壳和子囊孢子在林间病株及病枯枝上越冬。该菌是一类弱寄生菌，有明显的潜伏浸染现象，潜伏的主要场所是病株的感病部位及其周围的组织。

（四）防治方法

（1）合理抚育、及时间伐。幼林要及时抚育，修除病枝；要定期进行抚育间伐，伐除枯立木、病害严重木及衰弱木，以减少病菌菌源，降低病害危害。

（2）幼林内应禁止放牧。

（3）雨季来临时，在林间孢子传播、侵染的重点时期（病斑扩展前），用50%多菌灵可湿剂1：500倍，或甲基托布津可湿性粉剂1：500倍水溶液进行整株喷雾防治。

三、核桃腐烂病

核桃腐烂病是重大的核桃病害，主要危害核桃的叶、花、枝和果，造成大量早期落叶、烂果、果实干瘪，严重影响核桃生长和产量。

（一）病原

核桃腐烂病病原为拟盘多毛孢属真菌（*Pestalotiopsis* sp.），属半知菌亚门。其分生孢子盘黑色，初埋生在寄主组织中，后外露，孢子堆漆状，产孢细胞有1～3个环纹，环纹体长，但不显著，分生孢子被4个真隔分为5个细胞，中间3胞暗褐色，两端端胞无色，顶生2至多根，有时分枝的鞭状附属物，基部生0～1根附属物。

（二）症状

受害部位初为黄色斑点，渐变褐色，后期变为暗灰色或灰色；果实多为下部受害，呈水渍状。

（三）发病规律

病原以分生孢子和菌丝体形态在树上及地面病株残体中越冬。越冬后孢子萌发率 70% 以上，且发展速度很快，有多次再侵染，6～8 月为发病盛期，孢子能借风雨和昆虫传播，由自然孔口和伤口侵入。

（四）防治方法

（1）加强水肥管理，增强树势，提高抗性。

（2）结合采收清除病叶、果、枝，深埋或集中烧毁。

（3）于萌芽前、展叶后和坐果后（错开花期）分别喷 5 波美度、0.5 波美度、0.3 波美度的石硫合剂；雌花前后、幼果期各喷施 1 次 80% 的甲基托布津或 95% 百菌清，或 90% 多菌灵 1 000～1 500 倍液，或 72% 农用链霉素 3 000～4 000 倍 +2% 硫酸铜（或 0.4 草酸铜）。

四、核桃枝枯病

核桃枝枯病是核桃的主要病害，主要危害核桃的枝干，造成枯枝，影响结实量。

（一）病原

核桃枝枯病病原物包括胡桃黑盘孢和矩圆黑盘孢两种真菌。子囊孢子梭形至长椭圆形，双胞，无色，具胞膜。分生孢子单胞，椭圆形，具油球。

（二）症状

受害枝条皮层变为暗灰褐色，大枝病部下陷。首先从树冠顶部开始出现枯枝，逐渐往下蔓延，同时伴随着叶片发黄、脱落。随后枯枝上出现浅红褐色的病斑，最后变灰褐色，皮下形成隆起的瘤状物（分生孢子盘）。分生孢子盘成熟后，大量孢子从盘中央顶破木栓层。

（三）发病规律

病菌在病枝上越冬，孢子借气流和雨水传播，由自然孔或伤口侵入。该菌是弱寄生菌，可在枯死枝条上长期宿存。土壤瘠薄，管理不好的弱树、弱枝发病较严重。冬季低温或干旱翌年发病更为严重。当树受到自然或人为伤害可为病原的侵染提供有利条件。

（四）防治方法

（1）加强科学管理，增施肥水、增强树势，提高核桃的抗病力，同时避免冻、灼、旱害的侵袭。

（2）做好宜林地的选择，选土壤肥沃、土层厚的地块建园。

（3）清除病残枝，并集中烧毁，消灭菌源，防止其蔓延。核桃剪枝应在展叶后落叶前进行。休眠期不宜剪锯枝条，以免引起伤流而死枝死树。剪枝后，在伤口涂刷 80% 甲基托布津 800 倍液进行保护。

（4）发生严重的核桃园可喷多菌灵或消灭灵 1 000 倍液进行防治。

五、花椒流胶病

花椒流胶病，亦称花椒干腐病，分布于陕西、甘肃、云南等省的花椒产区。该病发生较重时会对花椒生产造成一定的损失。

（一）病原

花椒流胶病病原为子囊菌亚门肉座菌科的虱状竹赤霉菌（*Gibberella pulicaris*）。

（二）症状

该病主要发生在树干基部。发病初期，病变部位呈湿腐状，表皮略有凹陷，还伴有流胶出现。病斑呈黑色，长椭圆形。剥开烂皮，内布满白色通丝，后期病斑干缩、开裂，同时出现很多橘红色小点。病斑长 5 ~ 8 cm。该病造成大面积树干腐烂，导致营养物质运输不畅，致使病枝上的叶片黄化，若病斑环绕枝干一周，则上部很快枯死。

（三）发病规律

病原以菌丝体和繁殖体在病部越冬。5 月初，当气温升高时，老病斑恢复扩展，同于 6 ~ 7 月份产生分生孢子，借风、雨传播，并通过伤口入侵。在自然条件下，凡是被吉丁虫危害的椒树，大都易感染该病。病害的发生发展可持续到 10 月，当气温下降时，病害停止扩展。病害的发生程度与品种、树龄及立地条件有关，狗椒较其他花椒品种抗病，幼树比老树发病轻，阴坡比阳坡发病也轻。

（四）防治方法

1. 搞好植物检疫

调运花椒苗木时，一定要做好该病的检疫工作，有病苗木严禁调往外地，以防传播蔓延。

2. 加强抚育管理

改变对花椒园的传统粗放经营方式，加强管理，适时施肥、灌水，及时修剪，彻底根除死亡枯立木，及时烧毁，同时用暴石灰对树塘进行消毒处理。

3. 药剂防治。

（1）在吉丁虫成虫羽化盛期，用高效氯氢菊酯 1 000 ~ 1 500 倍液，喷施树干治虫防病效果较好。对发病较轻干上的病斑，可刮除病斑，并在伤口处涂抹托福油膏或治腐灵。

（2）在每年 3 ~ 4 月间采收花椒果实后，用 50% 甲基托布津可湿性粉剂 500 倍液，喷树干 1 ~ 2 次。

第二节　叶部病害

一、杉木炭疽病

杉木炭疽病是杉木针叶和嫩梢上的主要病害之一。发生过程分为有性和无性两个阶段，有性阶段为围小丛壳菌，无性阶段为胶孢炭疽菌，即一种刺盘孢菌，具有一定腐生能力，病残体可在相当长的时期内产生孢子，不同时期患病枝叶能此起彼伏，周年交替不断提供大量菌源。病菌虽致病性较弱，但侵入寄生能力则很强，潜伏浸染现象普遍存在，且潜伏浸染数量很大，时间很长。在自然条件下，有性阶段很少见。

（一）病原

杉木炭疽病病原为围小丛壳菌 *Glomerella cingulata*，属子囊菌纲、球壳菌目。

（二）症状

此病通常危害新老针叶和嫩梢，但以老年秋梢受害为重。常在枝梢顶芽以下约 10 cm 的针叶发病，开始叶尖变褐或生不规则形斑点，逐渐向下扩展，使全部针叶变褐枯死，并可延及嫩梢，使嫩梢变褐枯死，形成颈枯。在老枝上，通常只危害针叶，茎部较少受害。枯死的病叶两面生有黑色小点状分生孢子盘，高湿气候下出现粉红色孢子堆。

（三）发病规律

病菌以菌丝在病组织内越冬。翌年春季分生孢子成熟，随风雨传播进行初次侵染。在自然条件下有潜伏浸染现象，即秋季侵染，至次年春才发病，一般 4 月初开始发病，4 月下旬至 5 月上旬为盛期，6 月以后停止。到秋季黄化的新梢，又有少量发病。浅山丘陵地区，由于土壤瘠薄，黏重板结，透水不良或低洼积水，营造杉木因根系发育不良，发生黄化现象后，最易感染炭疽病。杉木炭疽病受温度影响较大，当旬平均气温达到 20 ℃以后该病即开始进入发病盛期；但气温超过 25 ℃，过高的温度反而不利于孢子的萌发，从而抑制病害的发展；当气温高于 28 ℃时，病害的发展又趋于稳定。同时，前一旬的病情基数对杉木炭疽病的发生也有较大的作用。

（四）防治方法

（1）坚持"适地适树"，提高整地标准和造林质量，加强抚育管理、施肥、压青，促使幼林健壮生长，增强其抗病能力。

（2）对黄化的杉木幼林，除加强土肥水管理外，在晚秋和早春病菌侵染期，喷洒 1∶2∶200 倍波尔多液；或 50% 退菌特、托布津、多菌灵 800 倍液防治；还可用 75% 百菌清可湿性粉剂 500～600 倍或 70% 代森锰锌可湿性粉剂 125～175 g 兑水 40～60 kg 喷雾防治。

（3）针对生产中不同林分的发病情况及林间生境条件，对发病较轻、聚集强度较高的林分，可分别采取以卫生伐和间伐为主的物理防治、以抚育管理为主的营林技术防治、以对病源中心局部喷洒高效低毒杀菌剂为主的化学防治等措施，减少侵染源并提高林分抗病性，以达到控制病害的目的；对发病较重、趋于随机分布的低残次林分，可分别采取间伐、改造、调整造林树种等林业技术措施以及对整个林分实施全面化学防治，减少病害造成的损失。

二、核桃白粉病

核桃白粉病是核桃的主要病害，主要危害叶片，有时也危害新梢、幼芽。引起早期落叶，削弱树势，造成减产。

（一）病原

核桃白粉病病原为木通叉丝壳菌核和桃球针壳菌。病原的分生孢子倒卵形，单生于分生孢子梗的顶端。

（二）症状

危害叶片幼芽和新梢，造成早期落叶，甚至苗木死亡。发病初期叶片褪绿或造成黄斑，严重时叶片扭曲皱缩，幼芽萌发而不能展叶，在叶片的正面或反面出现圆片状白粉层，后期在白粉中产生褐色或黑色粒点（闭囊壳）。

（三）发病规律

病菌以闭囊壳在落叶或病梢上越冬。翌年春季气温上升，遇到雨水，闭囊壳吸水膨胀，散出子囊孢子。孢子随气流传播到幼嫩芽梢或叶上，进行初侵染。发病后的病斑上多次产生分生孢子进行再侵染。秋季病叶上又产生小粒点，即闭囊壳，随落叶或在病梢上越冬。新叶幼树发病比大树重。温暖、潮湿的环境有利于该病的发生；同时，氮肥施用过多，致使苗木生长柔嫩，导致核桃易感染该病。夏末秋初新展的叶片也易受害。

（四）防治方法

（1）苗圃做高床，控制播种量和氮肥，勿使苗木过密过嫩。

（2）用西力生、草木灰（1：10）在苗床撒施进行防治。

（3）冬季清除落叶，修剪病枝，集中烧灰或制作堆肥，清除越冬病原。合理施肥，适量灌溉，防止陡长，减少病害的发生。发病期喷施 0.2 波美度石硫合剂、硫黄粉、80% 可湿性退菌特 800 倍液、80% 甲基托布津 1 000 倍液。

三、油茶半边疯病

油茶半边疯病又名白皮病、白腐病、干枯病、石膏病、烂脚瘟等。1958年以来，广东、广西、浙江、江西、湖南等省（区）相继报道有该病发生，是油茶生产过程中常见的病害。

（一）病原

引起油茶半边疯病的病原为真菌，属担子菌纲、韧革菌目、伏革菌科、伏革菌属的一些种类。

（二）症状

由于枝干被害，生长显著衰退，枝叶稀疏，叶片发黄，继之落叶、落花和落果，3～5年枯萎枯死。病害多从油茶枝干背阴面基部开始发生，感病后的树皮局部凹陷，病部与健部交界处有棱痕。病皮失去原有光泽，较为粗糙。以后产生石膏状白粉层，平铺于病组织表面，即病原菌子实体。病斑自枝干一边开始，纵向比横向扩展快，常呈长条形，并可向枝条上蔓延。病斑周围产生愈伤组织，使病斑下陷。病原菌丝侵入木质部后，木质部呈黄褐色腐朽。在横切面上，病部与健部交界处可见明显棕褐色带纹。

（三）发病规律

油茶半边疯的发生与气温、林龄及立地条件关系密切。病斑随着气温的升高、油茶林龄的增长而严重。阴坡、山坳、密林、土壤瘠薄以及抚育管理粗放的油茶林发病重。该病多在枝、干基部或中部倾斜面的下方发生，发病后，树皮腐烂，木质部呈干枯状，灰褐色，呈现一层石膏似的膜状菌丝体，最后病部下陷，形成溃疡，呈长条状。

（四）防治方法

（1）应着重加强抚育管理，增强油茶抗病力。

（2）结合垦复修剪，彻底清除病枝，集中烧毁，以减少侵染来源。

（3）禁止林内放牧，生产活动注意保护茶树，以免机械损伤，防止病菌侵入。

（4）对轻病枝干，及时刮治，然后涂抹 1：3：15 的波尔多液。不要修剪大枝，以免伤口过大难愈合，病菌容易侵入。修剪和机械损伤的伤口要削光滑，之后涂抹波尔多液消毒，然后涂抹漆或用塑料薄膜包扎，以防病菌入侵。

四、油茶煤污病

该病除了危害油茶外，还危害滇山茶、山茶和梅茶等，在油茶老林区普遍而严重发生。该病造成油茶落花、落果和落叶，影响茶树的生长和结实，严重时甚至全株死亡。

（一）病原

病原菌有三种：子囊菌门中的茶新煤炱（*Neocapnodium theae*）；子囊菌门中的山茶小煤炱（*Meliola camelliae*）；半知菌中的茶烟煤菌（*Fumago camelliae*）。

（二）症状

在叶正面、幼嫩枝条的表面形成黑色的煤烟状物（菌丝体和繁殖体）。

（三）发病规律

对于依靠昆虫分泌物和植物渗出物生存的真菌引起的煤污病，每年的3～6月和9～11月是其发病的高峰期；病菌以菌丝、子囊孢子和分生孢子越冬，借气流和昆虫传播。对于不依靠昆虫分泌物和植物渗出物生存的寄生真菌引起的煤污病，则在初夏开始发病。煤污病的发生与温湿度、立地条件关系密切，湿度大、平均气温13℃左右、种植密度大、阴坡地方、树龄大的发病重。

（四）防治方法

（1）加强抚育管理，使林分通风透光。

（2）对虫害严重的林分，通过治虫也可达到治病的目的：如用石硫合剂（夏季用 0.3 波美度；春秋用 1 波美度；冬季用 3 波美度）喷洒。

五、油茶炭疽病

该病危害油茶、滇山茶、山茶等，在国内的安徽、浙江、江西、福建等省都有分布。植株感病后引起落叶、落花、落果，降低油茶的产量和品质。

（一）病原

病菌的有性型是子囊菌门中的围小丛壳菌。子囊壳半埋生在寄主组织内，散生、黑色、近球形；子囊棍棒状，内含 8 个子囊孢子；椭圆形、单细胞、无色或淡色。其无性型是半知菌中的盘长孢状刺盘孢（*Colletotrichum gloeosporioides*）。分生孢子盘先埋生后突出寄主组织，具有暗褐色的刚毛，刚毛顶端尖，有隔；分生孢子单生在分生孢子梗上，长椭圆形、两端钝圆，无色，单细胞。

（二）症状

当叶片感病时，多在叶尖和叶缘处形成半圆形或不规则性的病斑，病斑上有轮纹、先黑褐色后期中部变为灰白色，并出现轮生黑色的颗粒（分生孢子盘）。当嫩梢感病时，形成圆形或不规则性的病斑，下陷，后期变灰白，出现黑色颗粒，并出现纵裂；当病斑环绕一周后，枝条死亡。当果实感病时，出现圆形，黑褐色病斑，后期病斑上出现轮生的黑色颗粒，潮湿时从颗粒上可产生粉红色的胶质物；病斑可延伸至种仁，从中部纵向裂开。当花芽和叶芽感病时，多发生在鳞片基部，严重时芽枯蕾落。一年中先危害嫩叶嫩梢，然后是果实，最后是花芽、叶芽。

（三）发病规律

该病受害部分多，发生时间长，面积广，温度在 27 ~ 30℃病害发生迅速；春雨多、夏秋季降雨次数多时间长发病重；阳坡发病重于阴坡；老树重于幼壮树。病菌以菌丝体、分生孢子、子囊孢子在病蕾痕、病果痕、病叶芽、病枝和病叶中越冬，通过伤口或叶孔和皮孔侵入。

（四）防治方法

（1）选育抗病良种。如"八月熟"因成熟早，而错过发病的高峰期，从而表现为高度抗病；红皮类型的品种比青皮类型的品种出油高且抗病。

（2）加强管理，合理施肥，增加磷钾肥有利于提高植株抗病性。

（3）冬季和早春前清除感病部分并将其烧毁。

（4）药剂防治。播种前用 0.2% 抗菌剂 401 或 50% 可湿性退菌特 1 000 倍液浸种 24 h；在春季抽梢期、病害发生的中期和果实发病的严重期喷洒 1% 的波尔多液或其他杀菌剂，如 0.3 波美度石硫合剂、50% 的退菌特可湿性粉剂 800 ~ 1 000 倍液。药液中加入 1% ~ 3% 的茶枯水能增加药剂黏附性。

六、花椒锈病

花椒锈病又称花椒鞘锈病、花椒粉锈病，广泛分布于甘肃、陕西、山西、河北、河南、四川、安徽、江苏、浙江和云南等省花椒产区，是一类危害性较大的病害。

（一）病原

花椒锈病病原菌为担子菌亚门栅锈菌科的花椒鞘锈病菌（*Coleosporium zanthoxyli*）。

（二）症状

该病主要危害叶片，偶尔也危害叶柄。发病初期，叶正面出现直径 2 ~ 3 mm 水浸状褪绿斑，与病斑相对应的叶背面出现圆形黄褐色的疱状物。发病后期，在叶片正面，褪绿斑转变为 3 ~ 6 mm 深褐色坏死斑。本病往往使椒叶在采取后不久大量脱落，从而再次萌发新叶。不仅影响了当年椒树营养的积累，同时也因再次生叶使养分过度消耗，直接影响次年花椒的产量与椒果的质量。

（三）发生发展规律

该病一般于6月中下旬开始发生，7～9月上中旬为发病高峰期。降雨量多，特别是秋季雨量多、降雨频繁的情况下，病害容易流行。多从树冠下部叶片开始发生，并向上蔓延，在椒树果实成熟前病叶大量下落，到10月上旬病叶全部落光，二次新叶开始陆续长出。病原菌可通过气流传播，气候适宜时，病原菌繁殖速度快，再侵染频繁。该病发生与环境条件有关，阳坡较阴坡发病轻；零散椒树比成片椒林发病轻。同时该病发生也与花椒品种有关，狗椒较为抗病，大红袍发病最重。

（四）防治方法

1. 加强椒园管理

（1）合理修剪使其通风透光。

（2）花椒落叶之后，将病枝落叶进行清扫，集中烧毁，彻底清除和消灭越冬病原菌。

（3）加强水肥管理，增强树势，提高椒树的抗病能力。

2. 栽培抗病品种

狗椒等品种抗病力较强，可与感病品种混栽。

3. 药剂防治

（1）6月初至7月下旬，用20%萎锈灵300倍液均匀喷雾。

（2）翌年春季椒芽萌发前喷洒1次1：2：600倍的波尔多液，可预防花椒鞘锈病菌的侵染和蔓延。

第三节　种实病害

一、种实霉烂

（一）分布及危害

该病主要发生在贮藏库中，偶尔发生在收获前，种子处理过程中或播种后的土壤中。影响种子质量，降低食用价值和育苗的出苗率。

（二）症状

具霉味。

种皮：生长各种颜色的霉层或丝状物，少数为白色或黄色的蜡油状菌落；

内部：变成糊状，呈褐色湿腐、有的保持原形，只有胚乳部分有红褐色至黑褐色斑纹，也有形状和颜色不变的。

（三）病原

青霉菌类、曲霉菌类、交链孢菌、匐枝根霉、镰刀菌类、细菌。

青霉菌类：霉层中心部呈蓝绿色或灰绿色，边缘是白色菌丝。分生孢子梗直立，顶端一至多次分支，形成扫帚状，分支顶端产生瓶状小梗，小梗顶端产生成串的分生孢子。

曲霉菌类：菌丝层稀疏，上生大头针状褐色或黑褐色子实体。分生孢子梗直立，顶端膨大成圆形或椭圆形，上面着生 1 ~ 2 层放射状分布的瓶状小梗，分生孢子聚集在分生孢子梗顶端呈头状。

交链孢菌：霉层毛绒状，褐色中显绿色，边缘白色。分生孢子梗深色，顶端单生或串生淡褐色至深褐色、砖隔状分生孢子。分生孢子从产孢孔内长出，倒棍棒形、椭圆形或卵圆形，顶端有喙状细胞。

（四）发展规律

（1）种实霉烂的病菌基本上都是腐生性的，自然界存在范围广，种子和这类病接触的机会很多；

（2）成熟的种实在某种条件下，会为病菌的侵染创造有利条件，造成病害的迅速蔓延；

（3）在贮藏库里，湿度的适宜与否才是影响发病的主要因子。

（五）防治方法

（1）及时采收，采收时要避免损伤；

（2）贮藏时种子要干燥，并剔除坏种、病种和虫种等；

（3）保持库内卫生，进行消毒处理，温度保持在 0 ~ 4 ℃为宜，保持通风；

（4）沙藏种子催芽时，要注意消毒。

二、苗木猝倒病

（一）分布及危害

苗木猝倒病又叫立枯病，为世界性病害，全国各省都有发生，发病率20%～50%不等，严重时80%幼苗死亡，还可危害许多农作物，是育苗中一大灾害。主要危害树种：杉属、松属和落叶松属等针叶树苗木，柏类比较抗病；此外也危害榛木、榆树、香椿、枫杨、银杏、桦树、刺槐等多种阔叶树幼树。

（二）症状

（1）种芽腐烂型：播种后出苗前，种芽在土中被病菌侵染，引起种芽腐烂，亦称种腐或芽腐，表现为缺苗断垄。

（2）茎叶腐烂型：幼苗出土期或出土后，苗木密集或湿度大，被病菌侵染，也称顶腐型。

（3）幼苗猝倒型：幼苗出土后，嫩茎未木质化前病菌自根茎处侵入，使基部呈水浸状腐烂，苗木速倒伏，此时苗木幼叶仍为绿色，也称萎倒或颈腐。

（4）苗木立枯型：苗木木质化后，病菌自根部侵入，使根部皮层变色腐烂，病苗枯死，但不倒伏，又称根腐型立枯病。

（三）病原

引起苗木猝倒病的病原有非侵染性和侵染性病原两类。非侵染性病原主要由于圃地积水，覆土过厚，土壤板结和地表温度过高灼伤根茎等。侵染性病原主要是真菌中的镰孢菌、丝核菌、腐霉菌，偶尔也见到链格孢菌，常见的有以下几种：

（1）茄丝核菌（*Rhizoctonia solani*）；

（2）镰孢菌主要有腐皮镰孢（*Fusarium solani*）、尖镰孢（*F.oxysporum*）；

（3）腐霉菌中主要有德氏腐霉（*Pythium debaryanum*）和瓜果腐霉（*Pythium aphanidermatum*）；

（4）链格孢菌中主要有细链格孢（*Alternaria tenuis*）。

（四）发病规律

该病害多发生于 4～6 月，主要危害 1 年生以下的幼苗，尤其是出土 1 个月以内幼苗最易感病，发病后也易流行。

（1）前作感病植物，土壤病菌多。

（2）雨天操作，易板结，不利于种子萌发。

（3）圃地粗糙，土壤黏重，苗床不平或太低圃地积水。

（4）肥料未腐熟常常混有病菌。

（5）播种不及时：过早延长幼苗出土期，过迟遇到高温也易发病。

（6）种子质量、播种量的多少，以及管理措施是否及时等，都影响幼苗猝倒病的发生和发展。

（五）防治方法

以栽培技术为主的综合防治，培育壮苗，提高抗病性。

（1）选好苗圃地，南方推广山地育苗。

（2）播种前苗圃要精耕细作：南方结合撒石灰，三烧三挖，合理控制水温水量及浇水时间创造有利于苗木生长的小环境。

（3）出苗后，合理施肥：有机为主无机为辅，基肥为主追肥为辅。

（4）适时播种，不能过早过迟。

（5）苗圃的各种作业要在天气晴朗干爽时进行。在南方播种前后用新土或火烧土（森林腐殖土最好）。

（6）化学防治是防治方法中最简便易行而且见效快。

主要施用药剂：75% 五氯硝基苯（对丝核菌有较好的杀伤效果，持续时间长）、25% 代森锌或敌克松药土 4～6 g/m²、25% 多菌灵可湿性粉剂与乙磷铝或瑞迪霉素混合、腐霉危害的猝倒病可用乙磷铝或瑞迪霉素药剂、$FeSO_4$ 和波尔多液。

感病后可用药土撒于根颈部或喷洒药剂喷洒，喷后用清水冲洗。茎叶腐烂应喷波尔多液保护。

（7）生物防治：菌根菌—牛肝菌（*Suillus grevillei*）防治油松幼苗猝倒

病 *Gliocladium virens* 生物型，GVP 对 *Rhizoctonia solani* 有很好的拮抗作用。

三、核桃细菌性黑斑病

核桃细菌性黑斑病是核桃的主要病害之一。该病对小树到大树均能感染，危害核桃的叶、嫩枝、花和果，致使枝叶梢枯死，花序和果实黑腐早落，严重影响核桃生长和产量。

（一）病原

核桃细菌性黑斑病的病原为核桃黄极毛杆菌，属细菌门，菌体短杆状，极生单鞭毛，有荚膜，革兰氏染色阴性。

（二）症状

受害的绿色幼果，初期果皮上产生褐色油浸状小斑点，后扩大成圆形或不规则形，无明显边缘，周围有水浸状晕圈，严重时病斑凹陷，深入内果皮（核壳），并使全果皮变黑腐烂，果仁干瘪、早落。叶上病斑较少，黑褐色，近圆形或多角形，外缘呈现半透明油浸状晕圈，严重时病斑联合，叶片皱缩、枯焦，叶柄变黑，微凹陷。到生长后期有些叶片上的病斑脱落，形成穿孔现象。受害嫩梢上的病斑褐色长形、稍凹陷，受害严重的病梢在病斑以上的部分枯死。花受害后变黑枯死。湿度较大时，有些品种的病果及病枝上可见细菌溢脓。

（三）发病规律

病原主要在受病枝条的病斑和芽内越冬。翌年春季借风雨和昆虫传播，由自然孔口和伤口侵入，感染嫩枝和叶，再侵害花和果实。核桃果实受举肢蛾危害严重的发病亦重。气温在 4 ～ 30 ℃时叶片均可感病。5 ～ 27 ℃时果实均可感病，潜育期 10 ～ 15 天。

该病发生严重程度与降雨关系密切，雨水多受害重，核桃展叶期至花期受害较重。阴坡发病重于阳坡，苗木及老龄树重于中、幼龄树。

（四）防治方法

（1）加强水肥管理，增强树势，提高抗性。

（2）清园，剪除病枝，清除病叶与病果，并集中烧毁或深埋，减少越冬菌源基数。

（3）核桃萌芽前、展叶后和坐果后（错开花期）分别喷5、0.5、0.3波美度的石硫合剂；结合核桃采收清除病叶、果、枝，并深埋或集中烧毁；雌花前和后、幼果期，各喷施1次80%的甲基托布津或95%百菌清，或90%多菌灵1 000～1 500倍液，或72%农用链霉素3 000～4 000倍+2%硫酸铜（或0.4草酸铜）。

（4）防治举肢蛾。可在核桃树开花坐果期喷洒杀螟松乳油800倍液，每半月1次，共喷2～3次。

四、杨黑斑病

（一）分布及危害

该病分布于整个杨树栽培区，主要危害杨树的幼苗、幼树及成年树的叶片，严重影响苗木的正常生长。在嫩梢上也能产生溃疡斑形成枯梢，连年受害树势衰弱。1965年南京一带加杨普遍发病提早两个月落叶，造成当年实生苗大量枯死，使育苗完全失败。

（二）症状

病原菌种类不同或在不同杨树种类上，其危害状有一定的差异。

杨生盘二孢引起的黑斑病在青杨派树种上病斑主要在叶背；黑杨派和白杨派树种上病斑在叶面和叶背上都有。叶斑初期为针刺状发亮的小点，后扩大成直径约1 mm的近圆形的黑斑。在少数树种上，病斑不规则形或角状。

由杨盘二孢引起的黑斑病，病斑褐色，近圆形或角状。在有些杨树上形成污渍状或边缘树枝状的病斑，直径均4～5 mm，主要在叶正面。

白杨盘二孢菌在叶面上形成直径1～6 mm近圆形、暗褐色病斑。

病斑在嫩叶上为红色，老叶上病斑为黑褐色。潮湿时在病斑上产生1至多个乳白色胶黏状小点—分生孢子堆。

嫩梢上病斑初为梭形，黑褐色，长2～5 mm，后隆起出现稍带红色的分生孢子盘，木质化后中间开裂成溃疡形。响叶杨的果穗上也产生病斑。

（三）病原

杨黑斑病是由半知菌亚门的盘二孢属（*Marssonia*）真菌引起的，据报道我国有三种，其特点是：分生孢子盘位于病叶角质层下面，分生孢子无色，双细胞，上面细胞大且钝圆，下面细胞小但略尖。

1. 杨生盘二孢菌

（1）寄生在黑杨、青杨上的，孢子萌发时产生多个芽管称为多芽管专化型；

（2）寄生在白杨上的孢子萌发时产生单个芽管称为单芽管专化型。

2. 白杨盘二孢菌

分生孢子在 9 ~ 28 ℃时均可萌发，芽管顶端的侵染丝分泌胞外酶，溶解角质层，穿过表皮直接侵入。潜育期的长短取决于气温和树种的抗病程度，一般为 6 ~ 8 天。

（四）发病规律

根据地区不同，病菌分别以菌丝体、分生孢子盘和分生孢子在落叶中或 1 年生枝梢的病斑中越冬。第二年成为初侵染来源，分生孢子堆需通过雨水和凝结水稀释后方能随水滴飞溅或飘扬借风传播。

（1）病害发生季节因病菌种类，分布地区而有差异。单芽管型 4 月开始发病，5 月最重，7 ~ 9 月停止，9 月再侵染。多芽管型 6 月中旬开始发病，逐渐加重到落叶为止。

（2）不同杨树种类上述 3 种黑斑病菌的抗病能力不同：白杨派是多芽管型的抗性树种；毛白杨、山杨、胡杨为单芽管型的感病树种，其他均抗病。

（3）病害的发生与季节雨量、雨日的多少关系最密切。雨多发病重。

（五）防治方法

（1）注意圃地选择；

（2）及时清扫处理病落叶，减少病原；

（3）合理密植，改善苗木的通风透光条件；

（4）选育和栽培抗病速生品种；

（5）药剂防治，200 倍波尔多液或 85% 代森锌 250 倍液。

第八章 树木常见害虫及防治

第一节 种子果实和苗圃害虫及防治

一、刺槐种子小蜂

（一）分布与危害

刺槐种子小主要危害刺槐。以幼虫取食荚果内种子。

（二）识别特征

成虫，体长约 3 mm，黑色，触角黄褐色，胸部隆起，翅透明，布有短刺，翅脉简单，微黄。卵，长椭圆形，一端具长细柄，乳白色透明。幼虫，末龄体长约 4 mm，乳白色，头不明显，上颚棕色，体肥而弯曲，无足。蛹为裸蛹。

（三）生活习性

刺槐种子小蜂 1 年发生 2 代。以幼虫在种子内越冬。翌年一般 4 ~ 5 月间化蛹，5 月上、中旬后出现成虫并产卵，5 月中旬第 1 代幼虫孵化钻入荚角内食害种子，6 月中旬出现第 2 代幼虫，在荚角内蛀食种子至秋后在种子内越冬。

该虫发生期每年略有差异，但与刺槐物候期特别是荚角形成期是一致的。成虫产卵于种子内，产卵后的荚角表面可见到黄色胶点；幼虫孵化后蛀食种子子叶，被害荚角逐渐变色，出现褐色斑点。幼虫不转移危害，一生仅危害 1 粒种子，受害种子表面呈淡紫褐色。

（四）防治措施

（1）加强检疫，严禁带虫种子调进。

（2）加强对母树林、种子园的管护，清除林地虫源。采种时尽量将树上球果种子采光。冬季彻底摘除树上带虫的荚角，杀灭越冬幼虫。

（3）种子处理。用清水漂洗种子，将上层有虫种子去掉；播种前用80℃温水浸种 30 min，然后用凉水降温，继续浸种，可催芽灭虫；必要时，用氯化苦 30 g/m³ 在温度 15℃以上熏蒸种子 80 h，要严格剂量，事后要做种子发芽实验。

（4）大面积树木，成虫发生期可施放敌敌畏插管烟剂 7.5 ～ 15.0 kg/hm² 放烟 2 ～ 3 次，间隔 3 ～ 5 天；也可用 80% 敌敌畏乳油进行超低量喷雾。

二、蛴螬

（一）分布与危害

蛴螬是鞘翅目金龟甲总科幼虫的总称。常见种类有黄毛金龟子、黑绒金龟子、铜绿金龟子等。寄主，植食性蛴螬大多食性极杂，同一种蛴螬常可危害双子叶和单子叶粮食作物、多种蔬菜、油料、芋、棉、牧草以及花卉和果、林等播下的种子及幼苗。危害特点，幼虫终生栖居土中，喜食刚刚播下的种子、根、块根、块茎以及幼苗等，造成缺苗断垄。成虫则喜食害果树、树木的叶和花器。这是一类分布广、危害重的害虫。

（二）识别特征

蛴螬体肥大弯曲近 C 形，体大多白色，有的黄白色。体壁较柔软，多皱。体表疏生细毛。头大而圆，多为黄褐色，或红褐色，生有左右对称的刚毛，常为分种的特征。胸足 3 对，一般后足较长。腹部 10 节，第 10 节称为臀节，其上生有刺毛，其数目和排列也是分种的重要特征。

（三）生活习性

蛴螬年生代数因种、因地而异。这是一类生活史较长的昆虫，一般 1

年1代，少数2～3年1代。如大黑鳃金龟两年1代，暗黑鳃金龟、铜绿丽金龟1年1代。

蛴螬共3龄：1、2龄期较短，第3龄期最长。

蛴螬栖生土中，其活动主要与土壤的理化特性和温湿度等有关。在一年中活动最适的土温平均为13～18℃，高于23℃，即逐渐向深土层转移，至秋季土温下降到其活动适宜范围时，再移向土壤上层。因此蛴螬对果园苗圃、幼苗及其他作物的危害主要是春秋两季最重。

（四）防治措施

1. 人工防治

细致整地，挖拾蛴螬；避免施用未腐熟的厩肥，或将杀虫剂与堆肥混合施用，冬季翻耕，将越冬虫体翻至土表冻死。在蛴螬发生严重的地块，合理控制灌溉，或及时灌溉，促使蛴螬向土层深处转移，避开幼苗最易受害时期。

2. 生物防治

蛴螬乳状菌能感染十多种蛴螬。蛴螬的其他天敌也很多，如各种益鸟、青蛙等，可以保护利用。

3. 药剂防治

（1）成虫防治。

金龟子成虫一般都有假死性，可利用人工振落捕杀大量成虫；夜出性金龟子成虫大多都有趋光性，可用灯光诱杀；成虫盛期可喷施40.7%毒死蜱乳油1 000～2 000液、30%佐罗纳乳油2 500倍液或40%乐斯本乳油1 000～2 000倍液等。

（2）蛴螬防治。

加强药剂处理土壤。如用5%辛硫磷颗粒剂30.0～37.5 kg/hm² 处理土壤；苗木出土后，发现蛴螬危害根部，可用50%辛硫磷乳油1 000～1 500倍液灌注苗木根际。

三、小地老虎

（一）分布与危害

鳞翅目，夜蛾科，别名土蚕、地蚕、黑土蚕、黑地蚕。其分布在全国各地。寄主，各种蔬菜及农作物幼苗。危害特点，幼虫将蔬菜幼苗近地面的茎部咬断，使整株死亡，造成缺苗断垄。

（二）识别特征

成虫体长 18 ~ 24 mm，翅展 42 ~ 54 mm。前翅暗褐色，肾状斑外有 1 尖长楔形斑，缘线上也有 2 个尖端向里的楔形斑；后翅灰白色，翅脉及边缘黑褐色，缘毛灰白色；触角（雄）分支仅达 1/2 处，其余为丝状。幼虫体长 37 ~ 50 mm，灰褐色，各节背板上的 2 对毛片，前面 1 对小于后面 1 对；气门菱形；臀板黄褐色，有深色纵线 2 条。

（三）生活习性

小地老虎在北方 1 年发生 2 ~ 4 代。一般认为以老熟幼虫及蛹越冬。

成虫，夜间活动、交配产卵，卵产在 5 cm 以下矮小杂草上，尤其在贴近地面的叶背或嫩茎上，卵散产或成堆产。对黑光灯及糖、醋、酒、蜜等香、甜物质趋性较强。补充营养后 3 ~ 4 天交配产卵，卵散产于杂草或土块上；幼虫，白天潜伏于杂草或幼苗根部附近的表土干、湿层之间，夜间咬断苗茎，尤其以黎明前露水未干时更烈，把咬断的幼苗嫩茎拖入土穴供食。当苗木木质化后，则改食嫩芽和叶片，也可把茎干端部咬断；老熟幼虫，在土表 5 ~ 6 cm 深处作土室化蛹。

小地老虎喜温暖及潮湿的条件，最适发育温区为 13 ~ 25 ℃，在河流湖泊地区或低洼内涝、雨水充足及常年灌溉地区，如土质疏松、团粒结构好、保水性强的壤土、黏壤土、砂壤土均适于小地老虎的发生。尤其在早春菜田及周围杂草多，可提供产卵场所。蜜源植物多，可为成虫提供补充营养的情况下，将会形成较大的虫源，发生严重。

（四）防治措施

（1）及时清除苗床及圃地杂草，减少虫源。

（2）人工捕杀。清除巡视苗圃，发现断苗时，刨土捕杀幼虫。

（3）诱杀成虫和幼虫。一是黑光灯诱杀成虫。二是糖醋液诱杀成虫：糖6份、醋3份、白酒1份、水10份加适量辛硫磷，盛于盆中，于近黄昏时放于苗圃地中。某些发酵变酸的食物，如甘薯、胡萝卜、烂水果等加入适量药剂，也可诱杀成虫。三是毒饵诱杀幼虫。在播种前或幼苗出土前，用幼嫩多汁的新鲜杂草70份与25号西维因可湿性粉剂1份配制成毒饵于傍晚撒于地面，诱杀3龄以上幼虫。

（4）化学防治。地老虎1~3龄幼虫期抗药性差，且暴露在寄主植物或地面上，是药剂防治的最佳时期。喷洒40.7%毒死蜱乳油1 000~2 000倍液、75%辛硫磷乳油1 000倍液，也可用50%辛硫磷1 000倍液喷浇苗间及根际附近的土壤。

四、东方蝼蛄

（一）分布与危害

东方蝼蛄，直翅目，蝼蛄科。别名非洲蝼蛄、土狗、地狗、小蝼蛄、拉拉蛄、地拉站等。主要以成虫、若虫危害植物幼苗的根部和靠近地面的幼茎。同时，成虫、若虫常在表土层活动，钻蛀坑道，造成播种苗根土分离，干枯死亡。清晨在苗圃床面上可见大量不规则隧道，虚土隆起。近年来，危害草坪也比较严重。

（二）识别特征

成虫体长30~35 mm，灰褐色，腹部色较浅，全身密布细毛。前足为开掘足。卵初产时长夜晚，大量出土活动。早春或晚秋因气候凉爽，仅在表土层活动，不到地面上，在炎热的中午常潜至深土层。

（三）生活习性

2年1代，以成虫或若虫在地下越冬。清明后，上升到地表活动。5月上旬至 6 月中旬是蝼蛄最活跃的时期，也是第一次危害高峰期。6 ~ 7 月为产卵盛期。9 月份气温下降，再次上升到地表，形成第二次危害高峰。10 月中旬以后，陆续钻入深层土中越冬。蝼蛄昼伏夜出，以夜间 9 ~ 11 时活动最盛，特别在气温高，湿度大、闷热的夜晚，大量出土活动。早春或晚秋因气候凉爽，仅在表土层活动，不到地面上，在炎热的中午常潜至深土层。

蝼蛄具趋光性，并对香甜物质，如半熟的谷子、炒香的豆饼、麦麸以及马粪等有机肥，具有强烈趋性。土温在 16 ~ 20℃，含水量在 22% ~ 27% 为最适宜。土中大量施未腐熟的厩肥、堆肥，易导致蝼蛄发生。

（四）防治措施

（1）施用充分腐熟有机肥。

（2）灯光诱杀成虫。在闷热的天气、雨前的夜晚更有效。

（3）鲜马粪或鲜草诱杀。在苗床的步道上每隔 20 m 挖一小土坑，将马粪或鲜草放入坑内，次日清晨捕杀或施药毒杀。

（4）毒饵诱杀。用 50% 辛硫磷乳油 0.5 kg 拌入 50 kg 煮至半熟或炒香的饵料中作毒饵，傍晚均匀撒于苗床上，但要注意防止牲畜、家禽误食。

（5）灌药毒杀。在受害植株根际或苗床浇灌 50% 辛硫磷乳油 1 000 倍液。

第二节　树木吸汁害虫及防治

一、桃蚜

（一）分布与危害

桃蚜又名桃赤蚜、烟蚜。其分布于全国各地，主要危害桃、樱花、月季、蜀葵、香石竹、仙客来及一二年生草本花卉。危害特点，吸取植物汁液，掠夺其营养，造成生理伤害，使受害部分褪色发黄、畸形、营养不良，甚至整株枯萎死亡。有的会引起煤污病，有的会传播病毒病、类菌质体病害。

（二）识别特征

无翅胎生雌蚜，体黄绿色或赤褐色，卵圆形。复眼红色，腹管较长，圆柱形。有翅胎生雌蚜，头及中胸黑色、腹部深褐色，腹背有黑斑。复眼红色。若蚜和无翅成蚜相似，身体较小，淡红色或黄绿色。

（三）生活习性

1年发生 10 ~ 30 代，以卵在桃树的枝梢、芽腋等缝隙和小枝等处越冬。生活史较复杂。翌年 3 月，开始孵化危害。5 ~ 6 月，虫口密度增大，不断产生有翅蚜，迁飞至蜀葵和十字花科植物上危害。10 ~ 11 月，又产生有翅蚜，迁回桃树、樱花等树上。不久产生雌、雄性蚜，交配产卵越冬。

（四）防治措施

（1）注意检查虫情，抓紧早期防治。盆栽花卉上零星发生时，可用毛笔蘸水刷掉，刷时要小心轻刷、刷净，避免损伤嫩梢、嫩叶，刷下的蚜虫要及时处理干净，以防蔓延。结合修剪，剪除有卵的枝叶或刮除枝干上的越冬卵。

（2）保护和利用天敌。适当栽培一定数量的开花植物，有利天敌活动。瓢虫、草蛉，抑制蚜虫的蔓延。

（3）烟草末 40 g 加水 1 kg，浸泡 48 h 后过滤制得原液。使用时加水 1 kg 稀释，另加洗衣粉 2 ~ 3 g 或肥皂液少许，搅匀后喷洒植株，有很好的效果。

（4）药剂防治。尽量少用广谱性杀虫剂，选用对天敌杀伤较小的、内吸和传导作用大的药物。虫口密度大时，可喷施 20% 杀灭菊酯乳油 2 000 倍液、鱼藤精 1 000 ~ 2 000 倍液、10% 吡虫啉可湿性粉剂 2 000 倍液或 50% 抗蚜威可湿性粉剂 4 000 倍液；或地下埋施涕灭威、克百威（呋喃丹）防治卷叶危害的弱虫；用 10% 吡虫啉乳油 50 ~ 100 倍液涂茎，对梅、樱花等安全。

（5）物理防治。利用黄色并涂有胶液的纸板或塑料板，诱杀有翅蚜虫；或采用银白色锡纸反光，拒栖迁飞的蚜虫。

二、落叶松球蚜

（一）寄主及危害

落叶松球蚜寄主植物为红皮云杉、落叶松等，是小兴安岭天然林采伐区的优势种。该虫主要危害 10 ~ 20 年生幼树，也常在兴安落叶松人工幼林内猖獗危害。威胁树木的高生长，严重时可降低当年落叶松高生长的40%。

（二）特征及习性

干母第 1 龄腹面前足、中足和后足基节有腺孔群，腺孔圆形，数量不等。有翅瘿蚜腹部背面第 5 节中侧蜡片愈合，第 6 节各蜡片均愈合。伪干母第 1 龄腹面中足和后足基节有蜡孔群，每一基节上两群，内外各一，蜡孔圆形，数量不等。触角第 3 节顶端毛长为该节宽的4.5倍。伪干母成虫腹部第 1 ~ 6 节无缘蜡孔组成的缘蜡片。

每 2 年完成 1 个生活周期。以从受精卵孵化出来的第 1 龄干母若虫在红皮云杉中下层小枝芽上越冬。5月上旬若虫开始取食，5月底云杉芽萌动，干母成熟，大量孤雌产卵。受害红皮云杉的新芽基部、针叶和主轴渐渐变形，卵孵化时即形成虫瘿。瘿表面常有 1 龄若虫，到 6 月中旬已渐增大。瘿端有嫩枝，瘿体一侧有闭合缝，外长针叶。7月末虫瘿开裂，老熟若虫爬出，在附近针叶上羽化，向兴安落叶松迁飞。孤雌产卵，8 月中下旬孵化为第 1 龄伪干母，9 月中旬开始越冬。次年 4 月下旬若虫开始取食，脱皮 3 次，5 月初成熟为伪干母，开始孤雌产卵。5 月下旬部分卵孵化发育为有翅性母，向红皮云杉迁飞。6 月初孤雌产卵，上旬孵化为雌、雄性蚜，7 月初雌性射产受精卵，8 月初受精卵孵化为第 1 龄干母，9 月初开始在红皮云杉芽上越冬，完成为时 2 年的生活周期。此外，在伪干母所产的卵中，有一部分孵化为停育型第 1 龄若虫，即以此越冬；另一部分孵化为进育型，继续发育成熟。孤雌卵生繁殖 4 代，然后以 1 或 2 龄若虫越冬。

（三）发生规律

落叶松球蚜完成一个完整的生活史需要 2 年，是多型昆虫，包括各个不同的虫型。

1. 干母

干母生活在第一寄主上,起源于有性蚜所产的受精卵。秋末以初孵若虫在云杉冬芽上越冬。翌年早春长成无翅型蚜,即干母,营孤雌生殖。

2. 瘿蚜

瘿蚜起源于干母所产的无性卵。早春云杉芽受到干母及瘿蚜初孵若虫的刺激,形成虫瘿,若虫即生活于其中。至晚秋虫瘿开裂,具翅芽的迁移型若虫从其中爬出,经脱皮、羽化,飞往第二寄主,营孤雌生殖。不具翅芽的非迁移型留在第一寄主上,繁殖出来仍是干母型。

3. 伪干母

伪干母生活于第二寄主上,起源于瘿蚜所产的卵,秋末以若虫越冬,翌年早春长成无翅蚜,营孤雌生殖,其后代可成为:一是性母,有翅,迁飞回第一寄主,营孤雌生殖;二是侨蚜,无翅,生活在第二寄主上,营孤雌生殖,一年可繁殖 4 ~ 5 代。

4. 有性蚜

有性蚜生活在第一寄主上,起源于性母所产的卵,分别长成为雌蚜和雄蚜,交尾后,雌蚜仅产 1 粒卵,由此孵出干母。

在第一寄主(红皮云杉)上,有性蚜所产的受精卵于 8 月初开始孵化,孵出的干母若虫,9 月初即在云杉芽上越冬。翌年 4 月中下旬越冬若虫开始活动、脱皮,体迅速增大,体上分泌物由少变多,经两次蜕皮后即长成无翅型干母成虫。6 月上旬干母产的卵孵化出若虫。由于干母的危害刺激,形成虫瘿,若虫就在瘿内危害。早瘿小型,球状,长约 15 mm,初形成时淡绿色,后呈淡紫色,逐渐变乳白色,开裂线,呈粉红色,瘿室排列无规则。

8 月初虫瘿开裂,中旬开裂盛期,具翅芽的若虫爬出瘿外,脱皮羽化为有翅瘿蚜,迁飞到第二寄主落叶松上,营孤雌生殖。瘿蚜所产的卵于 8 月中旬前后孵化,9 月中旬开始进入越冬状态。翌年 4 月下旬,越冬的伪干母若虫开始活动,经脱皮 3 次,即为伪干母成虫,5 月上旬产卵。一部分卵 5 月末羽化成具翅的性母,迁回到云杉上。另一部分为无翅的侨蚜,留在落叶松上,每年可发生 4 ~ 5 代,是危害落叶松的重要阶段。

（四）防治措施

（1）造林时，避免云杉和落叶松混交。7月，在云杉上的虫瘿开裂之前，可剪除虫瘿烧毁。

（2）5月上中旬，第一代侨蚜若虫期，可用50%抗弱威可湿性粉剂3000倍液，防治（该药剂对蜜蜂安全）；在已经郁闭的落叶松人工林内，可施放杀虫烟剂，也有一定的防治效果。

（3）早春防治关键在于抓住防治时机，第一初孵化的瘿蚜若虫期：在5月末是孵化的初期与盛期，要选择敏感有效的药物，主要以溴氰菊酯等喷雾防治。云杉与落叶松用药方法及时间上相同。第二性母成虫防治：据观测6月初大量的性母成虫自落叶松上迁回云杉上，在此盛期用药防治可杀死80%以上的性母成虫。第三人工剪除长出的虫瘿：8月上旬前，将虫瘿剪除烧掉或埋掉，剪能减少对枝条的伤害。

（4）增施化学肥料，提高树体抗性。据调查树体生长健壮、枝叶茂密，遭此虫危害较轻，反之则危害严重。施肥实验表明，春季对长势较弱的树体灌施硝铵等氮肥，在8月中旬对树体增施过磷酸钙等磷肥，促进了树体增长，使之恢复健康生长，危害也明显减轻，而不施肥的则仍然较重。

三、大青叶蝉

（一）分布与危害

同翅目，叶蝉科，别名青叶跳蝉、青叶蝉、大绿浮尘子等。危害杜鹃、梅、李、樱花、海棠、桧柏、杨、柳和刺槐等植物。寄主约160种植物。以成虫和若虫刺吸植物刺吸汁液，造成叶片呈现小白斑，退色、畸形、卷缩，甚至全株枯死，还可传播病毒病。

（二）识别特征

成虫体长7～10 mm，雄较雌略小，青绿色。头橙黄色，左右各具1小黑斑，单眼2个，红色，单眼间有2个多角形黑斑。前翅绿色，微带青蓝色泽，端部色淡近半透明；后翅烟黑色，半透明。足橙黄色。若虫与成虫相似，共5龄，黄绿色，具翅芽。

（三）生活习性

1年3～5代，以卵在被害植物枝条的皮层内越冬。第2年4月上、中旬孵化。若虫孵化后常喜群集在草上取食，若遇惊扰便斜行或横行。5月下旬第1代成虫羽化，第2代成虫发生在7～8月，第3代成虫出现在9～11月。成虫在枝条上产卵，产卵时以产卵器刺破枝条，表皮呈半月形伤口，将卵产于其中，排列整齐。成虫喜在潮湿背风处栖息，有很强的趋光性。

（四）防治措施

（1）加强管理，清除树木、花卉附近的杂草，结合修剪，剪除有产卵伤疤的枝条。

（2）设置黑光灯，诱杀成虫。

（3）在成虫、若虫危害期，喷施2.5%溴氰菊酯乳油、20号杀灭菊酯乳油、20%甲氰菊酯乳油2 000倍液、20%叶蝉散（异丙威）乳油1 000倍液或50%抗蚜威乳油3 000倍液。

四、温室粉虱

（一）分布与危害

同翅目粉虱科，又名白粉虱，俗称小白蛾子，是一种分布很广的露地和温室害虫，危害倒挂金钟、茉莉、兰花、凤仙花、一串红、月季、牡丹、菊花、万寿菊、扶桑、绣球等多种花卉植物。主要以成虫和若虫群聚在叶片背面吸取汁液，被害叶片卷曲、褪绿、变黄、萎蔫，甚至全株枯死。此虫分泌大量蜜液，严重污染叶片和果实，往往引起煤污病的大发生，还传播病毒病。

（二）识别特征

成虫，体长1.0～1.2 mm，体浅黄或浅绿色，全身表面覆盖一层白蜡粉。复眼赤红色。若虫，体扁平，椭圆形，黄绿色，体表具长短不一的蜡丝，两根尾须稍长。幼虫，孵化3天后紧贴于叶片上营固生生活。卵，长椭圆形，有柄，初淡绿色，而后变褐色至黑色。

（三）生活习性

1年10余代，在温室内可终年繁殖。繁殖能力强，产卵具有趋嫩性，因此在植株上自上而下的分布为：新产的绿色卵、变黑的卵、初龄若虫、老龄若虫、蛹及新羽化的成虫，此虫繁殖适温为18～21℃。成虫喜欢选择上部嫩叶栖息、活动、取食和产卵。卵期6～8天，若虫期8～9天。成虫一般不大活动，对黄色和嫩绿色有趋性。营有性生殖和孤雌生殖。若虫孵化后即固定在叶背面刺吸汁液。

（四）防治措施

1. 棚室条件

棚室附近种植十字花科蔬菜，前茬种植芹菜、蒜黄等白粉虱不喜食的作物，避免黄瓜、番茄、菜豆混栽；及时清除被害残株及杂草，培育"无虫苗"；育苗前，彻底熏杀育苗温室残余虫口，通风口安装纱窗，杜绝虫源迁移。

2. 黄板诱杀成虫

利用废旧的纤维板或硬纸板，裁成1 m×0.2 m长条，用油漆涂为橙黄色，再涂上一层黏油（可使用10号机油加少许黄油调匀），每亩设置31～34块，置于行间可与植株高度相同。当白粉虱粘满板面时，须及时重涂黏油，一般可7～10天重涂1次。要防止油滴在作物上造成烧伤。

3. 药剂防治

（1）在白粉虱低密度时及早喷药。

可用25%扑虱灵可湿性粉剂1 500倍液，2.5%溴氰菊酯乳油2 000～3 000倍液，2.5%鱼藤精400倍液，或68%灭虱宁乳悬剂800倍液，均匀喷洒于叶背面。

（2）敌敌畏熏烟成虫。

将80%敌敌畏乳油与锯末掺匀，加一块烧红的煤球熏烟，于傍晚时熏烟，棚膜要盖严，每棚放4～5点，此法仅防治成虫效果较好。每周1次，连续3次。

4. 生物防治

可人工繁殖释放丽蚜小蜂，在温室第二茬番茄上，当粉虱成虫在0.5头/株以下时，每隔两周放1次，共3次释放丽蚜小蜂，使成蜂15头/株时，可有效控制其危害。

五、草履蚧

（一）分布与危害

该虫广布于国内各地，危害国槐、刺槐、核桃、杨树、梨、苹果、月季、广玉兰、碧桃、海棠、紫叶李、大叶黄杨、丝棉木、龙爪槐、悬铃木樱桃、海桐、紫薇、垂柳、绣球、柑橘等。以若虫、成虫聚集在树干基部或嫩枝、幼芽、叶背等处吸汁危害。

（二）识别特征

雌成虫，体长 7.8 ~ 10.0 mm，体扁平，长椭圆形，背面淡灰紫色，腹面黄褐色，周缘淡黄色，被一层霜状蜡粉，腹部有横列皱纹和纵向凹沟，形似草鞋。雄成虫，体紫红色，长 5 ~ 6 mm，翅 1 对，淡黑色。若虫，与雌成虫相似，但体小，色深。

（三）生活习性

1 年 1 代，以卵囊在树根附近的土中越冬。长江流域各省，越冬卵在当年的 12 月和次年的 1 月间孵化，3 月上、中旬若虫上树较多，多集中在 1 ~ 2 年生枝上吸食危害，以 4 月份危害最烈。4 月中、下旬雄若虫潜伏于树皮缝等隐蔽处，分泌大量蜡丝缠绕虫体，变相蛹。交尾后的雌成虫于 5 月下旬开始寻找附近疏松的土表或树皮缝隙等处形成卵囊产卵。

六、杏球坚蚧

（一）分布与危害

该虫别名朝鲜球坚蚧、桃球坚蚧等，属于同翅目蚧科，分布于东北、华北等地区，主要危害李、桃、梅、国槐等树木。虫口密度大，终生吸取寄主汁液。受害后，植物生长不良，受害严重的寄主致死，因而能招致吉丁虫等。

（二）识别特征

成虫：体近乎球形。前端和身体两侧的下方弯曲，直径 3 ～ 5 mm，高约 5毫米。初期介壳质软，黄褐色，后期或硬化红褐色至黑褐色，表面皱纹明显，体背面有纵列点刻 3 ～ 4 行或不成行。

卵：椭圆形长约 0.3 mm，粉红色，半透明，附着一层白色蜡粉。

（三）生活习性

1 年发生 1 代，以 2 龄若虫固定在枝条上越冬。5 月上旬开始产卵于母体下面，产卵约历时两周。每头雌虫平均产卵 500 粒左右，可多达 1 000 粒，最少产卵 50 粒。卵期 7 天。6 月中旬为若虫孵化盛期，初孵化若虫从母体臀裂处爬出，在寄主上爬行 1 ～ 2 天，寻找适当地点，以枝条裂缝处和枝条基部叶痕中为多。固定后，身体稍长大，两侧分泌白色丝状蜡质物覆盖虫体背面，6 月中旬后，又逐渐出现蜡层，包虫体四周，此时发育缓慢，越冬前蜕皮 1 次，到 10 月份，进入越冬。

重要天敌是黑线红瓢虫，1 头一生可捕食该害虫 2 000 余头，捕食量较大，足抑制杏球坚蚧大发生。

（四）防治措施

（1）加强植物检疫，禁止有虫苗木、接穗、原木输出或输入。有虫苗木可用 6.6 g/m³ 的 52% 磷化铝片剂熏蒸 1.5 ～ 2 天。

（2）加强养护。通过林业技术措施来改变和创造不利于介壳虫发生的环境条件。如实行轮作，合理施肥，清洁花圃，提高植株自然抗虫力；合理确定植株种植密度，合理疏枝，改善通风透光条件；冬季或早春，结合修剪、施肥等农事操作，挖除卵囊，剪去部分有虫枝，集中烧毁，以减少越冬虫口基数；介壳虫少量发生时，可用软刷、毛笔轻轻清除，或用布团蘸煤油抹杀。

（3）化学防治。喷药、涂干、灌根、注射等施药方式如下。

喷药：冬季和早春植物发芽前，可喷施 1 次 3 ～ 5 波美度石硫合剂，消灭越冬代若虫和雌虫。在初孵若虫期，进行喷药防治，常用药剂有吡虫啉可湿性粉剂、40% 速扑杀乳油、40% 乐斯本乳油、0.3 ～ 0.5 波美度石硫合剂，每隔 7 ~ 10 天喷 1 次，共喷 2 ~ 3 次，喷药时要求均匀周到。也可用 10% 吡虫啉乳油 5 ~ 10 倍液打孔注药。

树干涂药环：树木萌芽时，在粗糙树干制约 15 cm 环带、不要伤及韧皮部，用 25% 杀虫脒 20 倍液或 40% 氧化乐果乳油 50 倍液涂环。

灌根：除去树干根际泥土后，用 25% 杀虫脒 40 倍液或 40% 氧化乐果乳油 100 倍液浇灌并覆土，或用 50 号久效磷乳油 500 倍液灌根。涂环及灌根后要及时浇水 1 次，以促进药液输导，提高杀虫效果。

树干涂胶：对在土壤越冬、有上树习性的可用废机油、柴油或菌麻油 1 份充分煮熟后加入压碎的松香 1 份配制黏虫胶，在树干涂 30 cm 宽的环带阻止若虫上树。

树干注药：用 50% 久效磷乳油 10 ~ 30 倍液树干注药，即在受害树干钻深 7 cm×1.5 cm、45° 斜度的孔，按胸径 10 ~ 20 cm 注 4 mL，21 ~ 30 cm 注 8 mL，31 ~ 40 cm 注 10 mL、50 cm 以上注 12 mL，注药后用黄泥堵孔。

（4）生物防治：介壳虫天敌多种多样，种类十分丰富，如澳洲瓢虫可捕食吹绵蚧；大红瓢虫和红缘黑瓢虫可捕食草履蚧；红点唇瓢虫可捕食日本龟蜡蚧、桑白蚧、长白蚧等多种蚧虫；异色瓢虫、草蛉等可捕食日本松干蚧。寄生盾蚧的小蜂有蚜小蜂、跳小蜂、缨小蜂等。因此，在园林绿地中种植蜜源植物、保护和利用天敌，在天敌较多时，不使用药剂或尽可能不使用广谱性杀虫剂，在天敌较少时进行人工饲养繁殖，发挥天敌的自然控制作用。当天敌寄生率达到 50% 或羽化率达到 60% 时严禁化学防治。

七、梨冠网蝽

（一）分布与危害

该虫又名梨网蝽、梨花网蝽。分布广泛，危害樱花、梅花、月季、杜鹃、海棠、桃花、苹果、梨等花木。成虫和若虫在叶背刺吸汁液，被害处有许多斑斑点点的褐色粪便和产卵时留下的蝇粪状黑点，整个受害叶片背面呈锈黄色，正面形成苍白色斑点。受害严重时，叶片上斑点成片，全叶失绿呈苍白色，提早脱落。

（二）识别特征

成虫:体形扁平,暗褐色。前胸和前翅面呈密网状花纹。后翅膜质白色。卵:长约 0.6 mm,长椭圆形,一端弯曲,淡绿到黄绿色。若虫:共 5 龄。初孵若虫:乳白色,最后变成深褐色。身体两侧有明显的锥状刺突。

（三）生活习性

世代数因地而异,华北 1 年 3 ~ 4 代,华中和华南 1 年 5 ~ 6 代,各地均以成虫在树皮裂缝、枯枝落叶、杂草丛中或土块石缝中越冬。在华北地区,越冬成虫于次年 4 月上、中旬开始活动,飞到寄主叶背集中刺吸危害。4 月下旬至 5 月上旬为出蛰盛期。4 月下旬成虫开始产卵,卵产在叶背面叶肉内,上面覆有黄褐色胶状物。初孵若虫不甚活动,有群集性,2 龄后活动范围逐渐扩大。6 月中旬第 1 代成虫大量出现。成、若虫喜群集叶背主脉附近危害。成虫期 1 个月以上,产卵期也长,有世代重叠现象。全年 7 ~ 8 月危害最严重。10 月中、下旬以后成虫开始越冬。

（四）防治措施

（1）加强养护。及时清除落叶和杂草,注意通风透光,创造不利于该虫的生活条件。

（2）树冠喷雾,多在越冬成虫出蛰活动到第 1 代若虫孵化阶段,使用药剂有:40% 氧化乐果乳油 1 000 倍液、喷雾 50% 杀螟松 1 000 倍液或 20% 杀灭菊酯乳油 2 500 倍液;量大时,每隔 10 ~ 15 天喷 1 次,连喷 2 ~ 3 次,消灭成虫和若虫。

（3）保护和利用天敌。草岭、蜘蛛、蚂蚁等都是蝽类的天敌,当天敌较多时,尽量不喷药剂,以保护天敌。

八、棉红蜘蛛

（一）分布与危害

该虫属蜱螨目叶螨科,别名棉叶螨、红叶螨、朱砂叶螨,分布在全国各地,主要危害香石竹、菊花、凤仙花、茉莉、月季、一串红、蜀葵、万寿菊、桃、月季、玉米、高粱、向日葵、桑树、豆类、棉花、枣、柑橘、黄瓜等。被害叶片初呈黄白色小斑点，后逐渐扩展到全叶，造成叶片卷曲，枯黄脱落。

（二）识别特征

成螨一般呈红色、锈红色。4 对足。

（三）生活习性

世代数因地而异。1 年发生 12 ~ 20 代（由北向南逐增），以各种虫态在杂草及树皮缝中越冬，主要以受精雌成螨在土块缝隙、树皮缝隙及枯叶等处越冬。越冬时，一般几个或几百个群集在一起。翌春气温达 10℃以上，即开始大量繁殖。每头雌螨产卵 50 ~ 110 粒，多产于叶背。卵期 2 ~ 13 天。幼螨和若螨发育历期 5 ~ 11 天，成螨寿命 19 ~ 29 天。可孤雌生殖，其后代多为雄性。幼蛾和前期若螨不甚活动。后期若螨则活泼贪食，有向上爬的习性。先危害下部叶片，而后向上蔓延。繁殖数量过多时，常在叶端群集成团，滚落地面，被风刮走，向四周爬行扩散。朱砂叶螨发育起点温度为 7.7 ~ 8.8℃，最适温度为 25 ~ 30℃，最适相对湿度为 35% ~ 55%，因此高温低湿的 6 ~ 7 月危害重，尤其干旱年份易于大发生。但温度达 30℃以上和相对湿度超过 70% 时，不利于其繁殖，暴雨有抑制作用。天敌有 30多种。

（四）防治措施

（1）加强栽培管理，搞好圃地卫生，及时清除园地杂草和残枝虫叶，减少虫源。改善园地生态环境，增加植被，为天敌创造栖息生活繁殖场所。保持圃地和温室通风凉爽，避免干旱及温度过高。夏季园地要及时浇水喷雾，尽量避免干旱或高温使害螨生存繁殖。初发生危害期，可喷清水冲洗。

（2）药剂防治。发现红蜘蛛在较多叶片危害时，应及早喷药。防治早期危害，是控制后期猖獗的关键。可喷施 5% 尼索朗乳油、15% 哒螨灵乳油1500 倍液、25% 三唑锡可湿性粉剂 1 000 倍液、50% 四螨嗪 5 000 倍液或73% 克螨特乳油 2 000 倍液。喷药时，要求做到细微、均匀、周到，要喷及植株的中、下部及叶背等处，每隔 10 ~ 15 天喷 1 次，连续喷 2 ~ 3 次，有较好效果。

第三节　树木食叶害虫及防治

一、落叶松叶蜂

（一）分布与危害

落叶松叶蜂属膜翅目叶蜂科、食叶类害虫，分布于陕西、甘肃、内蒙古、山西、辽宁、吉林、黑龙江、宁夏等地。该虫危害华北落叶松、朝鲜落叶松、日本落叶松等落叶松。除针叶受害外，因成虫产卵于梢部，造成梢头失水，弯曲而干枯。

（二）识别特征

成虫：雌成虫，体长 8.5 ～ 10.0 mm，黑色有光；头黑色具小刻点及白短毛，上唇黄色；前胸背板两侧、翅基片黄褐色，中后胸黑色，翅黄色，痣黑色；足黄色。雄成虫，体长 7.5 ～ 8.7 mm。幼虫：老熟幼虫体长 12 ～ 21 mm，黑褐色；胸足黑褐色，腹足黄白色。

（三）生活习性

1 年 1 代，以老熟幼虫结茧在枯落物下越冬，4 月下旬为化蛹盛期，蛹期 16 ～ 40 天；成虫羽化高峰期为 5 月上旬，羽化后 3 ～ 4 小时即在新梢上产卵，卵期 10 ～ 20 天，5 月下旬孵化。幼虫期 18 ～ 25 天，共 5 龄，6 月中旬后进入落地结茧盛期。

雌成虫营孤雌生殖，雄虫极少。刚羽化的雌成虫先爬行约 1 h 后，喜在强光下飞翔，11：00 ～ 14：00 为活动高峰期。卵成纵列集产于落叶松当年生嫩枝一侧的表皮下，落卵部位由于组织受损而枯干，使新梢向一侧弯卷或枯死。每枝卵量 2 ～ 110 粒、平均 12.9 粒，每雌产卵 52 粒。1 龄幼虫不善活动，只将针叶咬成大小不同的缺刻，针叶后期干枯变黄，2 龄以后将整个针叶吃光，4 龄以后食量剧增，5 龄后分散取食，老熟幼虫下树在落叶层中结茧进入潜育期。整个群体中约有 5% 的个体为 2 年 1 代。

（四）防治措施

1. 生物防治

该虫的天敌动物有野鸡、啄木鸟、灰喜鹊等。幼虫期可喷洒 0.5 ~ 1.5 亿孢子苏云金杆菌。

2. 林业防治

营造混交林，加强抚育，增强树势，减少危害；幼龄幼虫群集叶上时，可采取人工捕捉方法。

3. 化学防治

幼龄幼虫期可喷洒 25% 灭动脉Ⅲ号悬浮剂 3 000 倍液、80% 敌敌畏乳油 1 500 ~ 2 000 倍液、50 号马拉硫磷乳油 2 000 倍液、50% 杀螟松乳油 1 000 倍液、2.5% 溴氰菊酯 5 000 倍液或使用 DDV 插管烟剂均有很好效果。

二、菜粉蝶

（一）分布与危害

菜粉蝶又名菜青虫。属鳞翅目、粉蝶科，分布于全国各地，主要危害羽衣甘蓝、旱金莲、大丽花、油菜、白菜、包心菜等多种植物。以幼虫取食叶片，大发生时能将整株叶片吃光只余叶脉。苗期危害严重时，则整株死亡。幼虫还可蛀入叶球里危害，不但暴食球心，而且由于腐烂和粪便的污染，严重影响包心菜的质量和产量。

（二）识别特征

雌蝶：前翅正面近翅基部灰黑色，顶角有三角形大黑斑，下有 2 个小黑斑，沿后缘有 1 条灰黑色带。雄蝶：前翅正面基部灰黑部分较小，后缘无黑色带。卵：长瓶形，高 1 mm，黄绿色，表面有网纹。幼虫：老熟时体长约 35 mm，青绿色，背中线为黄色细线，体表密布黑色瘤状突起，其上着生短细毛。蛹：体长 18 ~ 21 mm，纺锤形，初为青绿色，后为灰褐色。体背有 3 条纵脊。

（三）生活习性

成虫白天活动，夜间、风雨天则在茂密的植物上栖息不动。幼虫5龄，多在清晨孵化，孵化后先吃卵壳，再吃叶片。低龄幼虫剥食危害，留表皮。虫体长大，可到叶片上取食，并能侵入甘蓝心球取食。留大量虫粪。4～5龄取食量最大。幼虫活动受气温影响很大，盛夏在叶背面取食，清晨夜间、秋天在叶面取食。夏季高温对幼虫不利，这是夏季虫口密度下降的原因。

（四）防治措施

1. 物理机械防治

清除虫蛹、捕捉成虫、捕杀幼虫。

2. 化学防治

敌敌畏乳油、除虫菊酯乳油等。

3. 生物防治

Bt制剂、青虫菌等，保护和利用天敌。卵的天敌，捕食性花蝽、广赤眼蜂等。幼虫的天敌，粉蝶绒茧蜂、绒茧蜂、寄生蝇（幼虫体内）等。蛹的天敌，粉蝶金小蜂是最有效的蛹期寄生蜂。广大的蜂、粉蝶黑瘤姬蜂（蛹寄生）等。

三、天幕毛虫

（一）分布与危害

天幕毛虫又名顶针虫。我国东北、华北、西北等地均有分布，危害梨、苹果、海棠、沙果、桃、李、杏、樱桃、梅，杨、榆、柳及栎等。刚孵化幼虫群集于一枝，吐丝结成网幕，食害嫩芽、叶片，随生长渐下移至粗枝上结网巢，白天群栖巢上，夜出取食，5龄后期分散危害，严重时全树叶片被吃光。

（二）识别特征

成虫形态特征雌雄差异很大。体长17～24 mm。雄虫体、翅褐色，前翅中央有1条深褐色宽带，翅的外缘毛褐色和白色相间。雌蛾前翅中部也有1条浅褐色宽带,宽带外侧有1条黄褐色镶边。老熟幼虫体长55 mm。卵：椭圆形,灰白色,卵产于小枝上,呈顶针状。蛹:初为黄褐色,后变黑褐色,蛹体有淡褐色短毛旬化蛹于黄白色丝质茧中。

（三）生活习性

1年1代,以卵在小枝条上越冬。翌春孵化,初孵幼虫吐丝作巢,群居生活。稍大以后,于树权间结成大的丝网群居。白天潜伏,晚上外出取食。老熟幼虫分散取食。6月末7月初幼虫老熟并在叶间作茧化蛹。7月中、下旬羽化成虫。卵产于细枝上,呈"顶针状"。成虫有趋光性。

（四）防治措施

1.人工防治

在树木冬剪时,注意剪掉小枝上的卵块,集中烧毁。春季幼虫在树上结的网幕显而易见,在幼虫分散以前,及时捕杀。于幼虫越冬前,干基绑草绳诱杀。

2.物理机械防治

成虫有趋光性,可在果园里放置黑光灯或高压汞灯防治。

3.生物防治

利用松毛虫卵寄生蜂；在幼虫期使用白僵菌、青虫菌、松毛虫杆菌等微生物制剂。

4.药剂防治

发生严重时,可喷洒2.5%溴氰菊酯乳油3 000～5 000倍液或25%灭幼脲3号悬浮剂1 000倍液喷雾防治。

第四节　树木蛀干害虫及防治

一、星天牛

（一）分布与危害

星天牛又名白星天牛、柑橘星天牛，分布很广，几乎遍及全国。食性杂，危害杨、柳、榆、刺槐、悬铃木、乌桕、相思树、柑橘、樱花和海棠等。以成虫啃食枝干嫩皮，以幼虫钻蛀枝干，破坏输导组织，影响正常生长及观赏价值，严重时被害树易风折枯死。

（二）识别特征

成虫：体长 20 ~ 41 mm，体黑色有光泽。触角鞭状，各节有淡蓝色的毛环。前胸背板两侧有尖锐粗大的刺突。鞘翅上有大小不规则的白斑，鞘翅基部有黑色颗粒。卵：长椭圆形，黄白色。老熟幼虫：体长 38 ~ 60 mm，乳白色至淡黄色，头部褐色，前胸背板黄褐色，有"凸"形斑，足略退化。蛹：纺锤形，黄褐色，裸蛹。

（三）生活习性

南方 1 年 1 代，北方 2 ~ 3 年 1 代，以幼虫在被害枝干内越冬，翌年 3 月以后开始活动。成虫 5 ~ 7 月羽化飞出，6 月中旬为盛期，成虫咬食枝条嫩皮补充营养。产卵时先咬一"T"形或"八"字形刻槽。卵多产于树干基部和主侧枝下部，以树干基部向上 10 cm 以内为多。每刻槽产 1 粒，产卵后分泌一种胶状物质封口，每雌虫可产卵 23 ~ 32 粒。卵期 9 ~ 15 天，初孵幼虫先取食树干表皮，1 ~ 2 个月以后蛀入木质部，11 月初开始越冬。

（四）防治措施

1.加强检疫

天牛类害虫大部分时间生活在树干里，易携带传播，所以在苗木、繁殖材料等调运时，要加强检疫、检查。双条杉天牛、黄斑星天牛、松褐天牛为检疫对象，应严格检疫。对其他天牛也要检查有无产卵槽、排粪孔、羽化孔、虫道和活虫，一经发现，立即处理。

2. 适地适树

采取以预防为主的综合治理措施。对在天牛发生严重的绿化地，应针对天牛取食树种，选择抗性树种，避免其严重危害；加强管理，增强树势；除古树名木外，伐除受害严重虫源树，合理修剪，及时清除园内枯立木、风折木等。

3. 人工防治

（1）利用成虫飞翔力不强和具有假死性的特点，人工捕杀成虫。

（2）寻找产卵刻槽，可用锤击、手剥等方法消灭其中的卵。

（3）用铁丝钩杀幼虫。特别是当年新孵化后不久的小幼虫，此法更易操作。

4. 饵木诱杀

对公园及其他风景区古树名木上的天牛，可采用饵木诱杀，并及时修补树洞，干基涂白等，以减少虫口密度，保证其观赏价值。

5. 保护利用天敌

保护利用天敌如人工招引啄木鸟，利用天牛肿腿蜂、啮小蜂等。

6. 药剂防治

在幼虫危害期，先用镊子或嫁接刀将有新鲜虫粪排出的排粪孔清理干净，然后塞入磷化铝片剂或磷化锌毒签，并用粘泥堵死其他排粪孔，或用注射器注射 80% 敌敌畏乳油、50% 杀螟硫磷乳油 50 倍液等。在成虫羽化前喷 2.5% 溴氰菊酯触破式微胶囊。

二、大灰象甲

（一）分布与危害

大灰象甲又名大灰象，属鞘翅目象甲科，分布于我国北方地区，食性很杂，主要危害杨、柳、榆、槐、云杉、落叶松、核桃、桑、苹果、梨等树的幼树，幼虫取食幼树细根及蛀食根部皮层，成虫取食初出土的树木幼苗嫩芽。

（二）形态特征

成虫：雄虫体长约 8.4 mm，雄虫腹部较钝圆；雌虫体长约 9.6 mm，雌虫腹部末端较尖削。体粗壮，椭圆形，淡褐色，密被灰白色、灰黄色或黄褐色鳞毛。鞘翅宽卵形或椭圆形。后翅退化。

幼虫：老熟幼虫体长 14 mm，乳白色。头部米黄色。上颚褐色，先端具有 2 齿，后方有 1 个钝齿，内齿前缘有 4 对齿状突起，中央有 3 对齿状小突起，后方的 2 个褐色纹均呈三角形，下颚须和下唇须均为 2 节。第 9 腹节末端稍扁，先端轻度骨化，褐色。肛门孔暗色。

（三）生活习性

在西北地区 2 年 1 代，以成虫和幼虫在土壤中越冬。4 月中、下旬越冬成虫开始出土活动。5 月下旬，成虫在地下土壤中产卵。6 月上旬以后，陆续孵化为幼虫。9 月下旬，幼虫做土室越冬。翌年 4 月上旬，春暖后继续取食，至 6 月上旬，开始化蛹，蛹期约 15 天。7 月中旬，羽化为成虫，并在原处越冬。

成虫，不能飞翔，有群居性，在 4 月下旬温度较低时，多潜伏在土块间隙中或植物残株下面，很少爬出地面活动。雨后常有不少被泥土粘住不能活动而死亡。随气温上升，成虫的活动也随之活跃。有隐蔽性和假死性。在大暑前后，多数离开地表爬到枝叶的阴处。喜食幼嫩多汁的针叶，食量不大。但由于群聚集危害，幼苗一旦受害便无一幸存。食害针叶时常沿叶缘蚕食，食痕呈半圆形缺刻。成虫出现后经过 2 周左右，即行交尾。于 5 月下旬开始产卵，卵成块地产于地下土壤中。产卵期很长，可为 19 ~ 86 天；卵期 10 ~ 11 天，每只雌成虫产卵量为 374 ~ 1 172 粒。

幼虫，幼虫孵出后，迅速爬行，寻找土块间或松软表土，入土内取食。幼虫取食腐殖质、须根和根皮。随温度下降，幼虫逐渐向下移动。9 月下旬，幼虫钻至 60 ~ 100 cm 深处，做成土室，在其中越冬，第 2 年 4 月上旬春暖后，继续取食。

蛹，越冬幼虫 6 月上旬开始在 60 ~ 80 cm 深处化蛹，如果土壤结构坚硬，也有在 40 ~ 50 cm 深处化蛹的。蛹期 15 ~ 20 天，羽化后当年不出土，在原处越冬。

（四）防治措施

（1）利用害虫不耐水淹的特性，苗圃地适时灌水，及时中耕除草，生产经营实行轮休制。

（2）人工捕杀：每年5～6月，在成虫羽化盛期利用云杉幼树较低，成虫不能飞翔，活动性较差，匍匐植物叶下集中潜伏及假死习性，人工捕杀。

（3）成虫活动盛期，用50%杀虫螟松、75%辛硫磷、50%杀螟松乳油、50%马拉硫磷等乳油1 000倍液，2.5%溴氰菊酯10 000倍液等，喷雾树体。

（4）在5～6月份，无风夜晚，可用敌敌畏杀虫烟雾剂，用量每公顷30～45 kg流动放烟熏杀成虫，也有明显的杀虫效果。

（5）土壤处理：每年5～7月上旬每亩用50%辛硫磷微胶囊200～500 g，加细土25～30 kg(药液约10倍水稀释，喷洒细土拌匀，使充分吸附)，撒后浅锄。或50%辛硫磷乳油500倍液，顺播种行开沟浇灌，如再浅锄可延长药效。

（6）每年5～7月，可用50%辛硫磷200倍液浇灌。作业时可在离幼树10～15 cm处或在苗床上每隔20～30 cm用棒插洞，灌入药液后，用土封洞，以防苗根漏风。

（7）加强出入境植物检疫，对带虫苗木用磷化锌熏蒸3天。

第九章 树木的养护管理

第一节 树木的整形修剪

整形修剪是调节树体结构，促进生长平衡，消除树体隐患，恢复树木生机的重要手段。

一、整形修剪概述

（一）维护修剪工具

园林植物的种类多种多样，要修剪的冠形也各不相同，须选用相应功能的修剪工具才能达到更好的效果。只有正确地选用工具，才能达到事半功倍的效果。常用的工具有修枝剪、园艺锯、梯子、绿篱机、果岭机及劳动保护用品。

1. 修枝剪

修枝剪又称枝剪，有圆口弹簧剪、绿篱长刃剪、高枝剪等各种样式。传统的圆口弹簧剪由一片主动剪片和一片被动剪片组成，主动剪片的一侧为刀口，需要提前重点打磨;绿篱长刃剪适用于绿篱、球形树等规则式修剪;高枝剪适用于庭园孤立木、行道树等高干树的修剪（因枝条所处位置较高，用高枝剪，可免于登高作业）。

2. 园艺锯

园艺锯的种类有很多，常用的有单面修枝锯、双面修枝锯、刀锯等，用于锯除剪刀剪不断的枝条。使用前通常须锉齿及扳芽（亦称开缝）。对于较粗大的枝干，常用锯进行回缩或疏枝操作。为防止枝条的重力作用而造成枝干劈裂，常采用分步锯除。首先从枝干基部下方向上锯入枝粗的 1/3 左右，然后再从上方锯下。

3. 梯子

在需要登高以修剪高大树体的高位干、枝时往往就需要用到梯子。为了保证人身安全，在使用前要观察地面凹凸及软硬情况，放稳梯子。

4. 绿篱机、果岭机

绿篱机用于茶叶修剪、公园、庭园、路旁树篱等园林绿化大面积的专业修剪。有手持式小汽油机、手持式电动机、车载大型机。一般说的绿篱机是指依靠小汽油机为动力带动刀片切割转动的，目前分单刃绿篱机与双刃绿篱机两种，主要包括汽油机、传动机构、手柄、开关及刀片机构等。果岭机用于修剪高尔夫球运动中球洞所在的草坪。有手扶果岭机和坐式果岭机两种。

5. 劳动保护用品

劳动保护用品包括安全带、安全绳、安全帽、工作服、手套、胶鞋等。

（二）整形修剪的原则

1. 根据不同的绿化要求修剪

应明确该树木在园林绿化中的目的要求，是作庭荫树还是作片林，是作观赏树还是作绿化篱。不同的绿化目的各有其特殊的整剪要求，如同样的日本珊瑚树，做绿篱时的修剪和做孤植树的修剪，就有完全不同的修剪要求。

2. 根据树木生长地的环境条件特点修剪

生长环境的不同，树木生长发育及长势状况也不相同，尤其是园林立地的条件不如苗圃的条件优越，剪切、整形时要考虑生长环境。生长在土壤瘠薄、地下水位较高处的树木，通常主干应留得低，树冠也相应地小。生长在土地肥沃处的以修剪成自然式为佳。

3. 根据树木年龄修剪

不同年龄的树木其生长发育能力、生长发育状态有明显的差异，对这类树木进行修剪应逐一采取不同的整形修剪措施。例如，幼树，生长势旺盛，但是植株整体处于较脆弱的阶段，在修剪时应求扩大树冠，快速成型，所以可以轻剪各主枝，否则会影响树木的生长发育。成年树，生长速度渐渐趋于平缓，在修剪的过程之中，应以平衡树势为主要目的，对壮枝要轻剪，缓和树势；而对弱枝需要重剪，增强树势。衰老树，为了复壮更新以及避免残枝对营养物质的吸收和利用，通常要重剪，刺激其恢复生长势。对于大的枯枝、死枝应及时锯除，防止掉落砸伤行人、砸坏建筑和其他设施。

（三）整形修剪的依据

1. 弄清生长发育习性

树木种类繁多，习性各异。在对树木进行整形修剪的过程中需要以树木的生长与发育规律为依据，将其有限的养分充分利用到必要的生长点或发育枝上去，避免植物吸收的养分浪费。

2. 满足分枝规律

在整形修剪的过程中，可以根据观赏花木的分枝习性进行修剪。树木在生长进化的过程中形成了一定的分枝规律，一般有假二叉分枝、多歧分枝、主轴分枝、合轴分枝等类型。

（1）假二叉分枝

生芽同时萌枝生长所接替，形成叉状侧枝，以后如此继续。其外形上似二叉分枝，因此称为"假二叉分枝"。如树木如泡桐、丁香等，树干顶梢在生长季末不能形成顶芽，而是由下面对生的侧芽向相对方向分生侧枝，修剪时可留一枚壮芽来培养干高，剥除枝顶对生芽中的一枚。

（2）多歧分枝

多歧分枝的树木顶梢芽在生长季末发育不充实，侧芽节间短，或顶梢直接形成三个以上势力均等的芽，在下一个生长季节，每个枝条顶梢又抽生出三个以上新梢同时生长，致使树干低矮。对这类树进行修剪一般在树木的幼年时期，采用短截主枝重新培养主枝法和抹芽法培养树形。

（3）主轴分枝

有些树种顶芽长势强、顶端优势明显。自然生长成尖塔形、圆锥形树冠，如钻天杨、毛白杨、桧柏、银杏等；而有些树种顶芽优势不明显，侧枝生长能力很强，自然生长形成圆球形、半球形、倒伞形树冠，如馒头柳、国槐等。喜阳光的树种，如梅、桃、樱、李等，可采用自然开心形的修剪整形方式，以便使树冠呈开张的伞形。

（4）合轴分枝。

如悬铃木、柳树、榉树、桃树等，新梢在生长期末因顶端分生组织生长缓慢，顶芽瘦小不充实，到冬季干枯死亡；有的枝顶形成花芽而不能向上，被顶端下部的侧芽取而代之，继续生长。

3. 枝芽特性

一些树木萌芽发枝能力很强、耐剪修，可以剪修成多种形状并可多次修剪，如桧柏、侧柏、悬铃木、大叶黄杨、女贞、小檗等，而另一些萌芽力很弱的树种，只可作轻度修剪。因此要根据不同的习性采用不同的修剪整形措施。

4. 树体内营养分配与积累的规律

树叶光合作用合成的养分，一部分直接运往根部，供根的呼吸消耗，剩余的大部分改组成氨基酸、激素，然后再随上升的液流运往地上部分，供枝叶生长需要。通过修剪可以有计划地将树体营养进行重新分配，并有计划性地供给某个需要的生长中心。例如，培养主干高直的树木时，可以截去生长前期的大部分侧枝，这样能够将树木所吸收的养分主要供给主干顶端生长中心，促进主干的高生长，而避免了侧枝对养分的消耗，达到主干高直的目的。

二、整形修剪的方法

（一）整形修剪的一般程序

修剪程序可以用以下五步来进行精确的概括："一知、二看、三剪、四检查、五处理。"

"一知"：修剪人员必须掌握操作规程、技术及其他特别要求。修剪人员只有了解操作要求，才可以避免错误。

"二看"：实施修剪前应对植物进行仔细观察，因树制宜，合理修剪。

具体是要了解植物的生长习性、枝芽的发育特点、植株的生长情况、冠形特点及周围环境与园林功能，结合实际进行修剪。

"三剪"：对植物按要求或规定进行修剪。剪时由上而下，由外及里，由粗剪到细剪。

"四检查"：检查修剪是否合理，有无漏剪与错剪，以便修正或重剪。

"五处理"：包括对剪口的处理和对剪下的枝叶、花果进行集中处理等。

（二）整形的方法

1. 自然式整形

自然式整形是指按照树种的自然生长特性，采取各种修剪技术，对树枝、芽进行修剪，以及对树冠形状结构作辅助性调整，形成自然树形的修剪方法。在园林地中，比较常用的是自然式整形，其操作方便，省时省工，而且最易获得良好的观赏效果。在自然式整形的过程中需要注意维护树冠的均匀完整，抑制或剪除影响树形的徒长枝、平行枝、重叠枝、枯枝、病虫枝等。

2. 规则式整形

根据观赏的需要，将植物树冠修剪成各种特定的形式，称为规则式整形，一般适用于萌芽力、成枝力都很强的耐修剪植物。因为不是按树冠的生长规律修剪整形，经过一段时间的自然生长，新抽生的枝叶会破坏原修整好的树形，所以需要经常修剪。

（1）几何形式。

这里所说的几何体造型，通常是指单株（或单丛）的几何体造型。

球类整形要求就地分枝，从地面开始。整形修剪时除球面圆整外，还要注意植株的高度不能大于冠幅，修剪成半个球或大半个球体即可。如果球类有一个明显的主干，上面顶着一个球体，就称为独干球类。独干球类的上部通常是一个完整的球体，也有半个球或大半个球的，剪成伞形或蘑菇形。独干球类的乔木要先养干，如果选用灌木树种来培养，则采用嫁接法。

除球类和独干球类外，还有其他一些几何形体的造型，如圆锥形、金字塔形、立方体、独干圆柱形等，在欧洲各国比较热衷于此类造型。整形修剪的方法与球类大同小异。

将不同的几何形状在同一株（或同一丛）树木上运用，称为复合型几何体。复合型几何体有的较简单，有的则很复杂，可以按照树木材料的条件和制作者的想象来整形。结合形式有上下结合、横向结合、层状结合的不同类型。上下结合、横向结合的复合型式通常用几株树木栽植在一起造型，而层状结合的复合型造型基本上都是单株的，两层之间修剪时要剪到主干。

（2）其他形式。

除了几何形式外，还有多种其他形式。诸如建筑形式，如亭、廊、楼等；动物形式，如大象、鸡、马、虎、鹿、鸟等；人物形式，如孙悟空、猪八戒、观音、人等；古桩盆景等形式。

3. 自然与人工混合式整形

对自然树形以人工改造而成的造型。依树体主干有无及中心干形态的不同，可分为中央领导主干形、杯状形、自然开心形、多领导干形等。

（1）中央领导干形。

这是较常见的树形，有强大的中央领导干，顶端优势明显或较明显，在其上较均匀地保留较多的主枝，形成高大的树冠。中央领导干形所形成的树形有圆锥形、圆柱形、卵圆形等。

（2）杯状形。

不保留中央领导干，在主干一定高度留 3 个主枝向四面生长，各主枝与垂直方向上的夹角为 45°，枝间的角度约为 120°，在各主枝上再留两个次级主枝，依此类推，形成杯状树冠。这种树形特点是没有领导枝树膛内空，形如杯状。这种整形方法，适用于轴性较弱的树种，对顶端优势强的树种不用此法。

（3）自然开心形。

此种树形为杯形的改良与发展。主枝 2 ~ 4 个均可。主枝在主干上错落着生，不像杯状形要求那么严格。为了避免枝条的相互交叉，同级留在同方向。采用此开心形树形的多为中干性弱、顶芽能自剪、枝展方向为斜上的树种。

（4）多领导干形。

一些萌发力强的灌木，直接从根茎处培养多个枝干。保留 2 ~ 4 个领导干培养成多领导干形，在领导干上分层配置侧生主枝，剪除上边的重叠枝、交叉枝等过密的枝条，形成疏密有序的枝干结构和整齐的冠形。如金银木、六道木、紫丁香等观花乔木、庭荫树的整形。多领导干形还可以分为高主干多领导干和矮主干多领导干。矮主干多领导干一般从主干高 80 ~ 100 cm 处培养多个主干，如紫薇、西府海棠等；高主干多领导干形一般从 2 m 以上的位置培养多个领导干，如馒头柳等。

（5）其他形。

伞形多用于一些垂枝形的树木修剪整形，如龙爪槐、垂枝榆、垂枝桃等。修剪方法如下：第一年将顶留的枝条在弯曲最高处留上芽短截，第二年将下垂的枝条留 15 cm 左右留外芽修剪，再下一年仍在一年生弯曲最高点处留上芽短截。如此反复修剪，即成波纹状伞面。若下垂的枝条略微留长些短截，几年后就可形成一个塔状的伞面，应用于公园、孤植或成行栽植都很美观。

棚架形包括匍匐形、扇形、浅盘形等，适用于藤本植物。在各种各样的棚架、廊、亭边种植树木后按生长习性加以剪、整、引导，使藤本植物上架，形成立体绿化效果。

人工式修剪具有冠丛形的植物是没有明显主干的丛生灌木，每丛保留 1 ~ 3 年主枝 9 ~ 12 个，平均每个年龄的树枝 3 ~ 4 个，以后每年需要将老枝剪除，并在当年新留 3 个或 4 个新枝，同时剪除过密的侧枝。适合黄刺玫、玫瑰、鸡麻、小叶女贞等灌木树木。

丛球形主干较短，一般 60 ~ 100 cm，留有 4 个或 5 个主枝呈丛状。具有明显的水平层次，树冠形成快、体积大、结果早、寿命长，是短枝结果树木。多用于小乔木及灌木的整形。

（三）修剪的方法

1. 截

短截又称为短的，是指将植物的一年生或多年生枝条的一部分剪去。枝条剪短后，养分相对集中，能够刺激剪口下的侧芽萌发，增加枝条数量，促进多发叶多开花。这是在园林植物修剪整形中最常用的方法，短的程度对产生的修剪效果有明显的影响。

（1）轻短的。只剪去一年生枝的少量枝段（一般在原枝段 1/4 ~ 1/3 之间）。如在秋梢上短的，或在春、秋梢的交界处（留盲节）。截后能缓和树势，利于花芽分化，也易形成较多的中、短枝，需要注意的是截后单枝生长较弱。

（2）中短的。在春梢的中上部饱满芽处剪去原枝条的 1/3 ~ 1/2，其能够形成较多的中长枝，而且这些中长枝成枝力高，生长势强。对于各级骨干枝的延长枝或复壮枝具有重大的意义。

（3）重短剪。在枝条中下部、全长 2/3 ~ 3/4 处短截，刺激作用大，可逼基部隐芽萌发，适用于弱树、老树和老弱枝的复壮更新。

（4）极重短的。剪去除春梢基部留下的 1 ~ 2 个不饱满的芽的部分，在极重短的之后，植株会萌发出 1 ~ 2 个弱枝，一般多用于降低枝位或处理竞争枝。

2. 疏

疏又称疏删或疏剪，即把枝条从分枝基部剪去的修剪方法。疏剪的主要对象是弱枝、病虫害枝、枯枝及影响树木造型的交叉枝、干扰枝、萌蘖枝等各类枝条。特别是树冠内部萌生的直立性徒长枝，芽小、节间长、粗壮、含水分多、组织不充实，宜及早疏剪以免影响树形；但如果有生长空间，可改造成枝组，用于树冠结构的更新、转换和老树复壮。

抹芽和除蘖是疏的一种形式。在树木主干、主枝基部或大枝伤口附近常会萌发出一些嫩芽而抽生新梢，妨碍树形，影响主体植物的生长。将芽及早除去，称为抹芽；或将已发育的新梢剪去，称为除蘖。抹芽与除蘖可减少树木的生长点数量，减少养分的消耗，改善光照与肥水条件。如嫁接后砧木的抹芽与除蘖对接穗的生长尤为重要。抹芽与除蘖，还可减少冬季修剪的工作量和避免伤口过多，宜在早春及时进行，越早越好。

3. 回缩

回缩又称为缩剪，是将多年生的枝条剪去一部分。因树木多年生长，离枝顶远，基部易光腿，为了降低顶端优势位置，促多年生枝条基部更新复壮，常采用回缩修剪方法。

回缩常用于恢复树势和枝势。在树木部分枝条开始下垂、树冠中下部出现光秃现象时，在休眠期将衰老枝或树干基部留一段，其余剪去，使剪口下方的枝条旺盛生长来改善通风透光条件或刺激潜伏芽萌发徒长枝来人为更新。

4. 伤

伤是通过各种方法损伤枝条，以达到缓和树势、削弱受伤枝条生长势的目的。伤的具体方法有：刻伤、环剥、折梢、扭梢等。

5. 变

变是指改变枝条生长方向，控制枝条生长势。如用拉枝、曲枝等方法将直立或空间位置不理想的枝条，引向直立或空间位置理想的方向。变可以使顶端优势转位、加强或削弱，可以加大枝条开张角度。骨干枝弯枝有扩大树冠、改善光照条件，充分利用空间，促进生殖，缓和生长的作用。该类修剪措施大部分在生长季应用。

6. 放

放即对一年生枝条不做任何短截，任其自然生长，又称为缓放、甩放或长放。利用单枝生长势逐年减弱的特点，对部分长势中等的枝条长放不剪，下部易发生中、短枝，停止生长早，同化面积大，光合产物多。有利于促进花芽形成。

（四）综合修剪技术

1. 剪口与剪口芽的处理

剪口的形状可以是平剪口或斜切口，一般对植物本身影响不大，但剪口应蔼剪口芽顶尖 0.5 ～ 1.0 cm。剪口芽的方向与质量对修剪整形影响较大。若为扩张树冠，应留外芽；若为填补树冠内膛，应留内芽；若为改变枝条方向，剪口芽应朝所需空间处；若为控制枝条生长，应留弱芽，反之应留壮芽为剪口芽。

若剪枝或截干造成剪口创伤面大，应用锋利的刀削平伤口，用硫酸铜溶液消毒，再涂保护剂，以防止伤口由于日晒雨淋、病菌入侵而腐烂。常用的保护剂有保护蜡和豆油铜素剂两种。保护蜡用松香、黄蜡、动物油按 5 : 3 : 1 比例熬制而成的。熬制时，先将动物油放入锅中用温火加热，再加松香和黄蜡，不断搅拌至全部熔化。由于冷却后会凝固，涂抹前需要加热。豆油铜素剂是用豆油、硫酸铜、熟石灰按 1 : 1 : 1 比例制成的。配制时，先将硫酸铜、熟石灰研成粉末，将豆油倒入锅内煮至沸腾，再将硫酸铜与熟石灰加入油中搅拌，冷却后即可使用。

2. 病害控制修剪

其目的是防止病害蔓延。从明显感病位置以下 7 ～ 8 cm 的地方剪除感病枝条，最好在切口下留枝。修剪应避免雨水或露水时进行，工具用后应以 70% 的酒精消毒，以防传病。

3. 剪口处理与大枝修剪

（1）平剪口。

剪口在侧芽的上方，呈近似水平状态，在侧芽的对面作缓倾斜面，其上端略高于芽 5 mm，位于侧芽顶尖上方。优点是剪口小，易愈合，是观赏树木小枝修剪中较合理的方法。

（2）留桩平剪口。

剪口在侧芽上方呈近似水平状态，剪口至侧芽有一段残桩。优点是不影响剪口侧芽的萌发和伸展。问题是剪口很难愈合，第二年冬剪时，应剪去残桩。

（3）大斜剪口。

剪口倾斜过急，伤口过大，水分蒸发多，剪口芽的养分供应受阻，故能抑制剪口芽生长，促进下面一个芽的生长。

（4）大侧枝剪口。

切口采取平面反而容易凹进树干，影响愈合，故使切口稍凸呈馒头状，较利于愈合。剪口太靠近芽的修剪易造成芽的枯死，剪口太远离芽的修剪易造成枯桩。

留芽位置不同，新枝生长方向也各有不同，留上、下两枚芽时，会产生向上、向下生长的新枝，留内、外芽时，会产生向内、向外生长的新枝。

（5）大枝修剪。

大枝修剪通常采用三锯法。第一锯，在待锯枝条上离最后切口约 30 cm 的地方，从下往上拉第一锯作为预备切口，深至枝条直径的 1/3 或开始夹锯为止；第二锯，在离预备切口前方 2 ~ 3 cm 的地方，从上往下拉第二锯，截下枝条；第三锯，用手握住短桩，根据分枝结合部的特点，从分杈上侧皮脊线及枝干领圈外侧去掉残桩。这样可避免锯到半途时因树枝自身的重量而撕裂造成伤口过大，不易愈合。

将干枯枝、无用的老枝、病虫枝、伤残枝等全部剪去时，应自分枝点的上部斜向下部剪下，这样可以缩小伤口，残留分枝点下部突起的部分，伤口不大，容易愈合，而且隐芽萌发也不多；如果残留其枝的一部分，将来留下的一段残桩枯朽，随其母枝的长大渐渐陷入其组织内，致使伤口迟迟不愈合，很可能成为病虫害的巢穴。

三、常见树木的整形修剪

（一）行道树的整形修剪

行道树种植在人行道、绿化带、分车线绿岛、市民广场游径、河滨林荫道及城乡公路两侧等，一般使用树体高大的乔木，枝条伸展，枝叶浓密，树冠圆整有装饰性。枝下高和形状最好与周围环境相适应，通常在 2.5 m 以上，主干道的行道树要求冠行整齐，高度和枝下高基本一致，以不妨碍交通和行人行走为基准。

定植后的行道树要每年修剪扩大树冠，调整枝条的伸展方向，增加遮阳保湿效果。冠形根据栽植地点的架空线路及交通状况决定。主干道及一般干道上，修剪整形成杯状形、开心形等规则形树冠，在无机动车通行的道路或狭窄的巷道内可采用自然式树冠。

（二）庭荫树的整形修剪

庭荫树一般栽植建筑物周围或南侧、园路两侧，公园中草地中心，庭荫树的特点明显，具有健壮的树干、庞大的树冠、挺秀的树形。

庭荫树的整形修剪，首先是培养一段高矮适中、挺拔粗壮的树干。树干的高度要根据树种生态习性和生物学特性而定，更主要的是应与周围环境相适应。树干定植后，尽早将树干上 1.0 ~ 1.5 m 或以下的枝条全部剪除，以后随着树木的生长，逐年疏除树冠下部的侧枝。庭荫树的枝下高没有固定要求，如果树势旺盛、树冠庞大，作为遮阳树，树干的高度以 2 ~ 3 m 为好，能更好地发挥遮阳作用，为游人提供在树下自由活动的空间；栽在山坡或花坛中央的观赏树主干可适当矮些，一般不超过 1 m。

庭荫树一般以自然式树形为宜，于休眠期间将过密枝、伤残枝、枯死枝、病虫枝及扰乱树形的枝条疏除，也可根据需要进行特殊的造型和修剪。庭荫树的树冠应尽可能大些，以最大可能发挥其遮阳等保护作用，并对一些树皮较薄的树种还有防止日灼、伤害树干的作用。一般认为，以遮阳为主要目的的庭荫树的树冠占树高的比例以 2/3 以上为佳。如果树冠过小，则会影响树木的生长及健康状况。

（三）花灌木类的修剪整形

花灌木在园林绿化中起着至关重要的作用。花灌木在苗圃期间主要根据将来的不同用途和树种的生物学特性进行整形修剪。此期间的整剪工作非常重要，人们常说，一棵小树要长成栋梁之材，要经过多次修枝、剪枝。幼树期间如果经过整形，后期的修剪就有了基础，容易培养成优美的树形；如果从未修剪任其随意生长的树木，后期要想调整、培养成理想的树形是很难的。所以注意花灌木在苗圃期间的整形修剪工作，是为了出圃定植后更好地起到绿化、美化的作用。

对于丛生花灌木通常情况下，不将其整剪成小乔木状，仍保留丛生形式。在苗圃期间则需要选留合适的多个主枝，并在地面以上留 3 ~ 5 个芽短截，促其多抽生分枝，以尽快成形，起到观赏作用。

花灌木中有的开出鲜艳夺目的花朵，有的具有芬芳扑鼻的香味，有的具有漂亮、鲜艳的干皮，有的果实累累，有的枝态别致，有的树形潇洒飘逸。总之，它们各以本身具有的特点大显其观赏特性。

（四）藤本类的修剪整形

藤本类的修剪整形的目的是尽快让其布架占棚，使蔓条均匀分布，不重叠、不空缺。生长期内摘心、抹芽，促使侧枝大量萌发，迅速达到绿化效果。花后及时剪去残花，以节省营养物质。冬季剪去病虫枝、干枯枝及过密枝。衰老藤本类，应适当回缩，更新促壮。

（1）棚架式。在近地面处先重剪，促使发生数条强壮主蔓，然后垂直引缚主蔓于棚架之顶，均匀分布侧蔓，这样便能很快地成为荫棚。

（2）凉廊式。常用于卷须类和缠绕类藤本植物，偶尔也用于吸附类植物。因凉廊侧面有隔架，勿将主蔓过早引至廊顶，以免空虚。

（3）篱垣式。多用卷须类和缠绕类藤本植物，如葡萄、金银花等。将侧枝水平诱引后，对侧枝每年进行短截。葡萄常采用这种整形方式。侧蔓可以为一层，也可为多层，即将第一层侧蔓水平诱引后，主蔓继续向上，形成第二层水平侧蔓，以至第三层，达到篱垣设计高度为止。

（4）附壁式。多用于墙体等垂直绿化，为避免下部空虚，修剪时应运用轻重结合，予以调整。

（5）直立式。对于一些茎蔓粗壮的藤本，如紫藤等亦可整形成直立式，用于路边或草地中。多用短截，轻重结合。

（五）绿篱的修剪整形

绿篱又称植篱或生篱，有自然式和整形式等外表形式。自然式绿篱一般可不采取专门的修剪整形措施，仅适当控制高度，在栽培管理过程中将病老枯枝剪去即可。

多数绿篱为整形式绿篱，对整形式绿篱需进行专门的修剪整形工作。

整形式绿篱在定植后应及时修剪，剪去部分枝条，有利于成活和绿篱的形成。最好将树苗主尖截去 1/3 以上，并以此为标准定出第一次修剪的高度。

当树木的高度超过绿篱规定高度时，即在规定高度以下 5 ~ 10 cm 短截主枝或较粗的枝条，以便较粗的剪口不致露出表面。主干短截后，再用绿篱剪按规定形状修剪绿篱表面多余的枝叶。修剪时应注意设计的意图和要求。

绿篱最易发生下部干枯空裸现象，因此在剪整时，其侧断面以呈梯形最好，可以保持下部枝叶受到充分的阳光而生长茂密不易秃裸。反之，如断面呈倒梯形，则绿篱下部易迅速秃空，不能长久保持良好的效果。

整形式绿篱形式多样。有剪成几何形体的，如圆柱形、矩形、梯形等。在地形平直时也可修剪成波浪形或墙垛形，在入口处有时修剪成拱门或门柱等，有的剪成高大的壁篱式作为雕塑、山石、喷泉等的背景，有的将树木单植或丛植，然后修剪成鸟、兽、建筑物或具有纪念、教育意义等雕塑形式。

（1）绿篱拱门修剪。绿篱拱门设置在用绿篱围成的闭锁空间处，为了便于游人入内常在绿篱的适当位置断开绿篱，制作一个绿色的拱门，与绿篱连为一体。制作的方法是：在断开的绿篱两侧各种 1 株枝条柔软的小乔木，两树之间保持较小间距，然后将树梢向内弯曲并绑扎而成。也可用藤本植物制作。藤本植物离心生长旺盛，很快两株植物就能绑扎在一起，而且由于枝条柔软，造型自然。绿色拱门必须经常修剪，防止新梢横生下垂，影响游人通行。反复修剪，能始终保持较窄的厚度，使拱门内腔通风通光好，不易产生空秃。

（2）图案式绿篱的修剪整形。一般采用矩形的整形方式，要求篱体边缘形成清楚的界线和显著的棱角，以及要求尽可能实现篱带宽窄一致，图案式绿篱每年修剪的次数比一般镶边、防护的绿篱要多，而且枝条的替换、更新时间比较短，不能出现空秃，以使文字和图案清晰可辨。用于组字或图案的植物，需要具有矮小、萌枝力强、极耐修剪的特性。目前常用的是瓜子黄杨或雀舌黄杨。可依字图的大小，采用单行、双行或多行式定植。

（六）特殊树形的修剪整形

特殊树形的整形可以满足人们对美的享受、满足植物应景的原则等，其也是植物修剪整形的一种形式。常见的形式有动物形状和其他物体形状等。用各种侧枝茂盛、枝条柔软、叶片细小且极耐修剪的植物，通过扭曲、盘扎、修剪等手段，将植物整成亭台、牌楼、鸟兽等各种主体造型，以点缀和丰富园景。

造型植物的修剪整形，首先应培养主枝和大侧枝构成骨架，然后将细小的侧枝进行牵引和绑扎，使它们紧密抱合生长，按照仿造的物体形状进行细致的修剪，直至形成各种绿色雕塑的雏形。在以后的培育过程中不能让枝条随意生长而扰乱造型，每年都要进行多次修剪，对"物体"表面进行反复短截，以促发大量的密集侧枝，最终使各种造型丰满逼真、栩栩如生。造型培育中，绝不允许发生缺棵和空秃现象，一旦空秃难以挽救。

第二节　树木的树体保护

园林绿地中有许许多多成年的大树，它们不仅改善城市生态环境，为居民提供户外游憩的乐趣，同时也是城市所拥有的财产。但是我们经常可以见到，有些树木由于受到自然或人为活动的影响而处于衰退的状态，有的出现严重的损伤，这类树木不仅不能发挥正常的功能，还可能直接造成居民或财产的损害。因此在同林植物的养护与管理中，对树木的保护和修补是一项十分重要的工作。

对树体、枝、干等部位的损伤进行防护和修补的技术措施称为树体保护，又称树木外科手术。

一、树体管理的相关知识

（一）树体的保护和修补原则

树木的树干和骨干枝上，往往因病虫害、冻害、日灼及机械损伤等造成伤口，这些伤口如不及时保护、治疗、修补，经过长期雨水侵蚀和病菌寄生，易使内部腐烂形成树洞。另外，树木经常受到人为的有意无意的破坏，如树盘内的土壤被长期践踏变得很坚实，人为地在树干上刻字或拉枝折枝等。如果树木的树皮受到大面积损伤而没有及时处理，就可能为病虫害的发生创造了条件。以上所有这些对树木的生长都有很大影响，因此对树体的保护和修补是非常重要的养护措施。

树体保护首先应贯彻"防重于治"的原则，做好各方面的预防工作，尽量防止各种灾害的发生，同时还要做好宣传教育工作。对树体上已经造成的伤口，应该及早治疗，防止扩大。

（二）造成树木受损的非感染和传播性因素

1. 树冠结构

乔木树种的树冠构成基本为两种类型：一类具有明显的主干，顶端生长优势显著；另一类无明显的主干。

（1）有主干型。

有主干型树木如果在中央主干发生虫蛀、损伤、腐朽，则其上部的树冠就会受影响。如果中央主干折断或严重损伤，有可能形成一个或几个新的主干，而其基部的分枝处的连接强度较弱。有的树木具有双主干，两主干在生长过程中逐渐相接，在相连处夹嵌树皮，而其木质部的年轮组织只有一部分相连，结果在两端形成突起使树干成为椭圆状、橄榄状，随着直径的生长，这两个主干交叉的外侧树皮出现褶皱，然后交叉的连接处产生劈裂，这类情况危险性极大，必须采取修补措施来进行加固。

（2）无主干型。

此类树木通常由多个直径和长度相近的侧枝构成树冠。排列不合理会造成树木具有潜在危险，即几个一级侧枝的直径与主干直径相似，几个直径相近的一级侧枝几乎着生在树干的同一位置。古树、老树树冠继续有较旺盛的生长。

2.分枝角度

侧枝在分枝部位曾因外力而劈裂但未折断，一般在裂口处可形成新的组织而愈合，但该处易发生病菌感染而腐烂。如果发现有肿突、锯齿状的裂口，应特别注意检查。对于有上述情况的侧枝应适当剪短以减轻其重，否则侧枝前端下沉可能造成基部劈裂，如果侧枝较重会撕裂其下部的树皮，而造成该侧根系因没有营养来源而死亡。

3.树冠偏冠

树冠一侧的枝叶多于其他方向，树冠不平衡，因受风的影响树干呈扭曲状，如果长期在这种情况下生长，木质部纤维则会呈螺旋状方向排列来适应外界的应力条件，在树干外部可看到螺旋状的扭曲纹。树干扭曲的树木当受到相反方向的作用力时，如出现与主风方向相反的暴风等，树干易沿螺旋扭曲纹产生裂口，这类伤口如果处理不及时，就会成为真菌感染的入口。

4.树干内部裂纹

当树干横断面出现裂纹，在裂纹两侧尖端的树干外侧形成肋状隆起的脊时，如果该树干裂口在树干断面及纵向延伸，肋脊在树干表面不断外突，并纵向延长，则形成类似板状根的树干外突；树干内断面裂纹如果被今后生长的年轮包围、封闭，则树干外突程度小而呈近圆形。因此，从树干的外形饱圆度可以初步诊断内部的情况，但必须注意有些树种树干形状的特点不能一概而论。树干外部发现条状肋脊，表明树干本身的修复能力较强，一般不会发生问题。但如果树干内部发生裂纹而又未能及时修复导致形成条肋，而在树干外部出现纵向的条状裂口，则树干最终可能会纵向劈成两半，将会构成危险。

5.分枝强度

侧枝特别是主侧枝与主干连接的强度要比分枝角度重要，侧枝的分枝角度对侧枝基部连接强度的直接影响不大，但分枝角度小的侧枝生长旺盛，而且与主干的关系要比那些水平的侧枝强。

6. 夏季树枝折断和垂落

有时树木在夏季炎热无风的下午，会发生树枝折断垂落的现象。一般情况，垂落的树枝大多位于树冠边缘，呈水平状态，且远离分枝的基部。断枝的木质部一般完好，但可能在髓心部位能看到色斑或腐朽，这些树枝可能在以前受到过外力的损伤但未表现症状，因此难以预测和预防。

7. 树干倾斜

树干严重向一侧倾斜的树木最具潜在的危险性，如位于重点监控的地方，应采取必要的措施或伐除。

8. 树木根系问题

（1）根系暴露。

如在大树树干基部附近挖掘、取土，导致树木大侧根暴露于土表，甚至被切断，此类树木在城市中就成为了不安全的因素。它的影响程度还取决于树体高度、树冠枝叶浓密程度、土壤厚度和质地、风向、风速等。

（2）根系固着力差。

在一些立地条件下，例如土层很浅、土壤含水量过高，树木根系的固着力差，不能抵抗大风等异常天气条件，甚至不能承受树冠的重负，特别是在严重水土流失的立地环境，常见主侧根裸露在地表，因此在土层较浅的立地环境下不宜栽植大乔木，或必须通过修剪来控制树木的高度和冠幅。

（3）根系缠绕。

在树木栽植时由于栽植穴过小，人为地把侧根围绕在树干周围，或由于根系周围的土壤问题侧根无法伸展，造成侧根围绕主根生长，危害性大。此类情况经常在苗圃中就已经形成，所以在苗木栽植前要认真选择苗木。

（4）根系分布不均匀。

树木根系的分布一般与树冠范围相应，有时由于长期受来自一个方向的强风作用，在迎风一侧的根系要长些，密度也高。如果这类树木在迎风一侧的根系受到损伤，可能造成较大的危害。另外，在一些建筑工地，筑路、取土、护坡等工程会经常破坏树木的根系，甚至有的树木几乎一半根系被切断或暴露在外，常常会造成树木倾倒。

（5）根及根茎的感病。

造成树木根系及根茎的感病与腐朽的病菌很多，根系问题通常导致树木发生严重的健康问题及最严重的缺陷，而更为重要的是在树木出现症状之前，可能根系的问题就已经存在了。当一些树木的主根系因病害受损长出不定根时，这些新的根系能很快生长以支持树木的水分和营养，而原来的主根可能不断地损失最终完全丧失支持树木的能力，这类问题通常发生在树干的基部被填埋、雨水过多、灌溉过度、根部覆盖物过厚，或者地被植物覆盖过多的情况中。

二、园林植物树体管理技术实施

（一）树干伤口的治疗

1. 清理伤口

对于枝干上因病、虫、冻、日灼或修剪等造成的伤口，需用锋利的刀刮净削平四周，使皮层边缘呈弧形。

2. 消毒

用 2%～5% 的硫酸铜溶液、0.1% 的升汞溶液、石硫合剂原液对处理好的伤口进行消毒。

3. 涂抹保护剂

对在进行修剪时造成的伤口，要将伤口削平后涂以保护剂，选用的保护剂要容易涂抹且黏着性好。受热不融化，不透雨水，不腐蚀树体组织，同时又有防腐消毒的作用，如铅油、接蜡等。大量应用时也可用黏土加少量的石硫合剂混合物作为涂抹剂，如用激素涂剂对伤口的愈合更有利，用含有 0.01%～0.10% 的 α-萘乙酸膏涂在伤口表面，可促进伤口愈合。受雷击的树木枝干，应将烧伤部位锯除并涂以保护剂。

4. 加固保护

风使树木枝折裂时，要立即用绳索捆缚加固，然后对伤口处消毒涂抹保护剂。根据现场情况还可以用两个半弧圈的铁箍加固，为了防止摩擦树皮要在铁箍与树干之间垫软物，再用螺栓连接，随着干径的增粗逐渐放松螺栓的松紧度。还可以用带螺纹的铁棒或螺栓旋入树干，起到连接和夹紧的作用。

（二）树皮修补

在春季及初夏，形成层活动期树皮极易受损与木质部分离，出现上述情况时，可采取适当的处理使树皮恢复原状。即采取措施保持木质部及树皮的形成层湿度，小心地从伤口处去除已经被撕裂的树皮碎片，重新把树皮覆盖在伤口上用钉子或强力防水胶带固定，另外用潮湿的布带、苔藓、泥炭等包裹伤口避免太阳直射。

一般在形成层旺盛生长时愈合，处理后 1 ~ 2 周可打开覆盖物检查树皮是否生存、愈合，如果已在树皮周围产生愈伤组织则可去除覆盖，但要继续遮光。

（三）移植树皮

有时在树干上捆绑铁丝，会造成树木的环状损伤，可以补植一块树皮使上下已断开的树皮重新连接恢复传导功能，或嫁接一个短枝来连接恢复功能。具体操作如下。

（1）清理伤口，在伤口上下部位铲除一条树皮形成新的伤口带，宽约 2 cm，长为 6 cm。

（2）在树干的适当部位切取一块树皮，宽度与清理的伤口带一致，长度较伤口带稍短。

（3）把新取下的树皮覆盖在清理完的伤口上，用涂有防锈清漆的小钉固定在伤口上。

按上述操作过程，将整个树干的伤口全部用树皮覆盖，在植皮操作时一定要保持伤口湿度，全部接完后用湿布等包扎物将移植的树皮伤口上下 15 mm 范围内包扎好，在其上用强力防水胶带再次包扎，包扎范围上下超过里层材料各 25 mm。经过 1 ~ 2 周后移植的树皮即可愈合，形成层与木质部重新连接。

（四）桥接和根接

1. 桥接

一些庭园大树树体受到病虫、冻伤、机械损伤后，树皮会形成大面积损伤，形成树洞，树木生长势受到阻碍，影响树液流通，致使树木严重衰弱，可采取桥接技术恢复树势。

桥接是用几条长枝连接受损处，使上下连通以恢复树势。将树体的坏死树皮切削掉，选树干上树皮完好处，利用树木的一年生枝条作接穗，根据皮层切断部位的长短确定所需枝接接穗，在树干连接处（可视为砧木）切开和接穗宽度一致的上下接口，接穗稍长一点，将上下削成同样削面插入，固定在树皮的上下接口内，使二者形成层吻合贴切，用塑料绳及小钉加以固定，在接合处再涂保护剂封口，促进伤口愈合。

2. 根接

根茎及根部受伤害，使树体丧失吸收养分和水分的能力，破坏了植株地上与地下部分的平衡。采用根接的方法，在春季萌发新梢时或秋季休眠前，将地下已经损伤或衰弱的侧根更换为粗壮健康的新根。

（五）吊枝和顶枝

用单根或多股统集的金属线、钢丝绳在树枝之间或树枝与树干间连接起来，用以减少树枝的移动、下垂，降低树枝基部的承重。也可以把原来由树枝承受的重量通过悬吊的缆索转移到树干的其他部分或另外增设的构架之上。

顶枝的作用与吊枝基本相同。采用金属、木桩、钢筋混凝土材料做支柱，将支竿从下方、侧方承重来减少树枝或树干的压力。支柱应有坚固的基础，上端与树干连接处要有适当形状的托杆和托碗，并加软垫，以免损伤树皮。立支柱的同时还要考虑到美观，并与周围环境要协调一致。也可以将几个主枝用铁索连接起来，这种加固技术对树体更有效。

（六）涂白

在日照强烈、温度变化剧烈的大陆性气候地区，利用涂白能减弱树木地上部分吸收太阳辐射热，延迟芽的萌动期。树干涂白后能反射阳光，减少枝干温度的局部增高，可以有效地预防日灼危害。同时杨柳树栽完后马上涂白，还可防蛀害虫。

第三节　树木的树洞处理

树木在长期的生命历程中，经常要经受各种人为或自然灾害的伤害，造成树皮创伤，因各种原因造成的伤口长久不愈合，长期外露的木质部受雨水浸渍，逐渐腐烂，形成树洞，严重时树干内部中空，树皮破裂，一般称为"破肚子"。由于树干的木质部及髓部腐烂，输导组织遭到破坏，因而影响水分和养分的运输及贮存，严重削弱树势，降低了枝干的坚固性和负载能力，缩短了树体寿命。

一、树洞形成的原因与进程

（一）树洞形成的原因

树洞是树木边材或心材，或从边材到心材出现的任何孔穴。树洞形成的根源在于忽视了树皮的损伤和对伤口的及时、恰当的处理。皮伤本身并不是洞，但是为树洞的形成打开了门户。健全的树皮是有效保护皮下其他组织免受病原菌感染的屏障。树体的任何损伤都会为病菌侵入树体，造成皮下组织腐朽创造了条件。事实上，树皮不破是不会形成树洞的。

由于树体遭受机械损伤和某些自然因素的危害，如病虫危害、动植物的伤害、雷击、冰冻、雪压、日灼、风折等，造成皮伤或孔隙以后，邻近的边材在短期内就会干掉。如果树木生长健壮，伤口不再扩展，则2～3年内就可被一层愈伤组织所覆盖，对树木几乎不会造成新的损害。但是在树体遭受的损伤较大以及不合理修剪留下的枝桩或风折等情况下，伤口愈合过程缓慢，甚至完全不能愈合时，木腐菌和蛀干害虫就有充足的时间侵入皮下组织而造成腐朽。这些有机体的活动，反过来又会妨碍新的愈合，终究导致大树洞的形成。此外，树木经常受到人为有意或无意的损坏，也会对树木的生长产生很大影响。如市政工程和建筑施工时的创击、树盘内的土壤被长期践踏得很坚实、有个别游客在树干上刻字留念或拉枝折枝以及有关部门不正确的养护管理等，所有这些因素，不但严重地削弱树木的生长势，而且会使树木早衰，甚至死亡。

（二）树洞形成的速度、常见部位及类型

一般认为，心材的空洞不会严重削弱树木的生活力。然而，它的存在削弱了树体的结构，在强风、凇、雪和冰雹中易发生风折，同时还会成为蚂蚁、蛀虫或其他有害生物繁殖的场所。树干上的大孔洞造成树皮、形成层和边材的损坏，大大减少了营养物质的运输和新组织的形成。

大多数木腐菌引起的腐朽进展相当缓慢，其速度约与树木的年生长量相等。尽管树上有大洞存在，但是对于一棵旺盛生长的大树来说，仍能长至其应有的大小。美国科学家发现白杨上的白心病 10 年蔓延约 59 cm，平均每年约扩展 5.9 cm；同一真菌在槭树上 10 年约扩展 46 cm。然而，某些恶性真菌在短时间内可能会引起树木广泛的腐朽。此外，在树体心材外露或木材开裂的地方，腐朽的速度更快。树木越老对腐朽也越敏感。

树洞主要发生在大枝分杈处、干基和根部。树干基部的空洞都是由于机械损伤、动物啃食和根茎病害引起的；干部空洞一般源于机械损伤、断裂、不合理地截除大枝以及冻裂或日灼等；枝条的空洞源于主枝劈裂、病枝或枝条间的摩擦；分杈处的空洞多源于劈裂和回缩修剪；根部空洞源于机械损伤，动物、真菌和昆虫的侵袭等。

根据树洞所处位置及程度，可将树洞分为 5 类：

①朝天洞。洞口朝上或洞口与主干的夹角大于 120°。

②通干洞。有 2 个以上洞口，洞内木质部腐烂相通，只剩下韧皮部及少量木质部，又称对穿洞。

③侧洞。多见于主干上，洞口面与地面基本垂直。

④夹缝洞。树洞的位置处于主干或分枝的分叉点。

④落地洞。树洞靠近地面近根部。

二、树洞处理的目的和原则

洞处理的主要目的是阻止树木的进一步腐朽，清除各种病菌、蛀虫、蚂蚁、白蚁、蜗牛和啮齿类动物的繁殖场所，重建一个保护性的表面；同时，通过树洞内部的支撑，增强树体的机械强度，提高抗风倒雪压的能力，并

改善观赏效果。

树木具有一定的抵御有害生物入侵的能力，其特点是在健康组织与腐朽心材之间形成障壁保护系统。树洞处理并非一定要根除心材腐朽和杀灭所有的寄生生物，因为这样做必将去掉这一层障壁，造成新的创伤，且降低树体的机械强度。因此，树洞处理的原则是阻止腐朽的发展而不是根除，在保持障壁层完整的前提下，清除已腐朽的心材，进行适当的加固和填充，最后进行洞口的整形、覆盖和美化。

许多人认为，树洞处理是要根除和治愈心材腐朽，而实际上除了树洞危害的范围很小外，处理工作很难阻止腐朽的扩展。通常，真菌的蔓延从几厘米扩大到腐朽带以外数十厘米，并明显地进入健康的木质部。虽然挖除这类木质部在理论上是完全可行的，但是这样做实际上既不经济又不可能。因为一方面要确定处理时是否已把所有被侵染的木质部全部去掉，而必须经过大量的试验观测与培养，造成大量的时间与劳力耗费；另一方面，如果把含有真菌的木质部全部去掉，会严重削弱树体的强度，导致安全隐患以致对人们造成生命财产的威胁；同时，当大范围挖掉心材，暴露边材而导致边材干枯的时，还会造成树木的彻底死亡，导致前功尽弃。如果只去掉严重腐朽的部分，这类树木可能还能存活许多年。因此，树洞处理的原则有以下几点：

①利用先进的 PICUS 技术（主要采用弹性波树木断层画像诊断仪），用仪器对树木内部健康探测并对树木进行健康评估，了解树木内部是否存在空洞及空洞腐烂程度，判断树木是否存在倒伏或折断的可能。如果易倒伏或易折断，为了安全起见，建议短截或直接移走。

②尽可能保护创面附近障壁保护系统，抑制病原微生物的蔓延避免造成新的腐朽。

③尽量不破坏树木的输导系统和不降低树木的机械强度，必要时还应通过合理的树洞加固，提高树木的支撑力。

④通过洞口的科学整形与处理，加速愈伤组织的形成与洞口覆盖，以起到美化作用。

三、树洞处理的步骤与方法

树洞处理比表面伤口的处理复杂得多。这是因为洞口内的腐朽部分可能纵向或横向扩展很远，而多数空洞的内壁不容易从外面观察到。因此，树洞的清理和修整必须从洞口开始，一不小心就会失手损害活组织。每个树洞都有其本身的特点，都应从实际出发，灵活处理，并需要比较熟练的技术。

过去处理树洞的方法，就是简单地用某些固体材料填到洞内，而近年来的发展趋势是保持树洞的开口状态，对内部进行彻底清理、消毒和涂保护剂。根据我国部分地区的实践和国外的标准方法，树洞处理的主要步骤是清理、整形、消毒和涂保护剂。

（一）树洞的清理

应在保护树体受伤后形成的障壁保护系统的前提下，小心地去掉腐朽和虫蛀的木质部。凿铣的主要工具有木槌或橡皮锤，以及各种规格的凿、圆凿或刀具等。在对规模较大的树洞进行清理时，可以利用气动或电动凿或圆凿等机械铲除腐朽的木质部，以提高作业的工效和质量。

根据树洞的大小及其洞口状况的差异，对不同的树洞有不同的清理要求。小树洞中的变色和水渍状木质部，因其所带的木腐菌已处于发育的最活跃时期，即使看起来还相当好，也应全部清除。对于大树洞的处理要十分谨慎，变色的木质部不一定都已腐朽，甚至于还可能是防止腐朽的障壁保护系统。因此如果盲目地大规模铲除变色的木质部，不但会大大削弱树体结构，致使树体从作业部分断裂，而且会因破坏障壁而导致新的腐朽。对于基本愈合封口的树洞，要清除内部已经腐朽的木质部十分困难，如果强行凿铣，需铲除已经形成的愈合组织，破坏树木的输导组织，导致树木生长衰弱，因此最好保持不动。但是为了抑制内部的进一步腐朽，可在不清理的情况下，注入消毒剂；如果经过周密的考虑，必须切除洞口的愈合组织，清理洞内的木质部，也应通过补偿修剪，减少枝叶对水分和营养的消耗，以维持树体生理代谢的平衡。一般而言，清理树洞时的轴向扩展，很少造成树木生理机能的失调。

（二）树洞整形

树洞整形分为树洞内部整形和洞口整形。

1. 内部整形

树洞内部整形主要是为了消灭水袋，防止积水。

（1）浅树洞的整形。

在树干和大枝上形成的浅树洞有积水的可能时，应切除洞口下方的外壳，使洞底向外向下倾斜，消灭水袋。

（2）深树洞的整形。

有些较深的树洞，如果按上述方法切除外壳消灭水袋，就会严重破坏边材和大面积损伤树皮，从而降低树木的机械强度和生长势。在这种情况下，就应该从树洞底部较薄洞壁的外侧树皮上，由下向内、向上倾斜钻孔直达洞底的最低点，在孔中安装稍突出于树皮的排水管；当树洞底部低于土面时，安装排水管十分不便，而且很难消除水袋，应在适当进行树洞清理之后，在洞底填入理想的固体材料，并使填料上表面高于地表10～20 cm，并且填料略向洞外倾斜，以利排水出洞。

2. 洞口整形处理

洞口外缘的处理比树洞其他部位的处理更应谨慎，以保证愈合组织的顺利形成与覆盖。

（1）洞口整形。

最好保持其健康的自然轮廓线，保持光滑而清洁的边缘。在不伤或少伤健康形成层的情况下，树洞周围树皮边沿的轮廓线应修整成基本平行于树液流动方向，上下两端逐渐收缩靠拢，最后合于一点，形成近椭圆形或梭形开口。这样，来自树冠叶片制造的营养物质就能输送到洞口边缘各部。洞口的边缘应用利刃削平，尤其在用电锯作业的树木细胞研碎后，更应注意树洞边缘的平整。同时应尽可能保留边材，防止伤口形成层的干枯。如果在树皮和边材上突然横向切削形成横截形，则树液难以侧向流动，不利于愈合组织的形成与发展，甚至造成伤口上下两端活组织因饥饿而死亡。

（2）防止伤口干燥。

洞口周围已经切削整形的皮层幼嫩组织，应立即用虫胶或紫胶漆涂刷、保湿，防止形成层干燥萎缩。

（三）树洞加固

树洞的清理和整形，可能使某些树木的结构严重削弱，为了保持树洞边缘的刚性和使以后的填充材料更加牢固，应对某些树洞进行适当的支撑与加固。

1. 螺栓加固

利用锋利的钻头在树洞相对两壁的适当位置钻孔，在孔中插入相应长度和粗度的螺栓，在出口端套上垫圈后，拧紧螺帽，将两边洞壁连接牢固。在操作中应注意两个问题：一是钻孔的位置至少离伤口健康皮层和形成层带 5 cm；二是垫圈和螺帽必须完全进入埋头孔内，其深度应足以使形成的愈合组织覆盖其表面。此外，所有的钻孔都应消毒并用树木涂料覆盖。

2. 螺丝加固

按上述方法用螺丝代替螺栓，不但可以提供较强的支撑力，而且可以省去垫圈和螺帽，其安装方法如下：

选用比螺丝直径小于 0.16 cm 的钻头，在适当位置钻一穿过相对两侧洞壁的孔，在开钻处向木质部绞大孔洞，深度应刚好使螺丝头低于形成层。在树皮切面上涂刷紫胶漆。在钻孔时，仔细测定钻头钻入的深度，并在螺丝上标出相应的长度，用钢锯在标记处锯口深度约至螺丝直径的 2/3。然后用管钳等将螺丝拧入钻孔。当螺丝完全达到固定位置时，将螺丝凸出端从预先标记的锯口处折断。

对于长树洞，除在两壁中部加固外，还应在树洞上、下两端健全的木质部上安装螺栓或螺丝。这样可最大限度地减少因霜冻产生心材断裂的可能性。

在处理劈裂的树洞或交叉口时，需要在钻孔或上螺栓（丝）之前，借助于临时固定在分叉主枝上的滑轮组，将分叉枝拉到一起。分叉上至少要用两根固定螺栓（丝）加固，并在该处以上的位置安装缆绳，将几个大枝连成一体，防止已劈裂的部分再次分开。

（四）消毒与涂保护剂

树洞处理的最后一道重要工序是消毒和涂保护剂。如果在消毒前，发现有虫害，应先施用除虫药剂。除虫药剂用灭蛀磷原液，用针筒或毛笔涂擦。用除虫药后 1 d 方可用消毒剂，消毒剂主要用硫酸铜，比例为1：30 ~ 1：50 倍，用小型瓶式喷雾器即可。也可使用高锰酸钾消毒。目前消毒材料逐步用季氨铜（ACQ）替代了常用的硫酸铜溶液。ACQ 是烷基铜铵化合物，能被微生物分解，不会导致土壤酸化及环境污染。

消毒之后，所有外露木质部都要涂保护剂。优良的伤口愈合保护剂应具有不透水，不腐蚀树体组织，利于愈合生长，能防止木质爆裂和细菌感染的特性。常用的保护剂有：桐油、接蜡、沥青、聚氨酯黏合剂、虫胶清保护剂、树脂乳剂等。预先涂抹过紫胶漆的皮层和边材部分同样要涂保护剂。

（五）树洞的填充

1. 树洞填充的目的

关于树洞是否填充或开口的问题，历来就有争议。有专家认为，无论填补树洞如何改进，树洞内浸水问题始终无法解决，而封闭的空间更会加剧腐烂的进程，如果定期清理树洞，刮掉腐烂部位，涂刷防腐的保护剂，这样树洞敞开着通风透气，不积水，就不会进一步腐烂。也有专家认为，根据树洞腐朽情况要有区别对待，应确定树洞修补条件，才能做到科学保护。树体腐烂导致材质变松软，致使树体坚固性和抗折性降低，外力作用下很容易劈裂和折断，导致树体和人身安全都得不到保证，这方面事故每年都有发生。随着科学的发展，新的填充材料不断被研制和应用。在某些情况下树洞填充也是树洞处理的重要措施之一。因此，经过清理、整形、消毒和涂保护剂的树洞，是否应该填充、覆盖或让其开口应视处理目的、树体结构、经济状况和技术条件而定。

概括起来，树洞填充的主要目的有：①防止木材的进一步腐朽；②加强树洞的机械支撑；③防止洞口愈合组织生长中的羊角形内卷，为愈合组织的形成和覆盖创造条件；④改善树木的外观，提高观赏效果。

关于目的①前面已经述及，即在心材严重腐朽的情况下，不可能用现行的方法根除引起腐朽的真菌病原，但对腐朽只发生在较外边的木质部和边材或枝桩小孔洞的地方，进行适当的填充是有效的。提倡填充树洞者已经观察到被愈合体完全封闭的小伤口，阻止了腐朽的进一步扩展。如果通过人工的方法完全封住洞口，一定会有类似的效果。然而，伤口完全闭合只能在填料的膨胀系数与木材相同而不妨碍树木摇摆的情况下完成。有些树木栽培工作者认为，不是任何填料都能有效地封闭伤口或防止伤口的重新感染。因为无论在生长季还是在寒冷的冬天，填料与木材或愈伤组织之间存在着许多微小的孔隙。树木一般是白天径向收缩而大多数填料则是白天膨胀，夜间则与此相反。这样，填料与树木之间的可见孔隙随昼夜的变化而变化。这些微小的孔隙使得极小的真菌孢子有侵入机会而造成树木的再次感染。

关于增加树洞结构强度的问题，也不能一概而论。像水泥一类的固体材料，由于比重过大、过于坚硬，在外力作用下，随着树木的摇摆，填料表面的某些棱角还可能成为枝干折断的支点而削弱树木的机械强度。在树洞开放时，伤口附近形成连续的愈伤组织，实际上给树木提供了额外的支撑而增加其机械强度。覆盖于开放洞口的愈伤组织比封闭洞口表面的愈伤组织厚，能承受更大的机械压力。然而，狭长洞口的填充或封闭却能为愈伤组织的形成与覆盖提供牢固的基础，洞口的愈合体不会内卷，其封闭速度也比开口的树洞快得多。

树洞中填充而凝结的大块混凝土，不能随树木的摇摆而弯曲，结果不是混凝土破碎就是木材被摩擦而断裂。目前混凝土也逐渐被收缩性好的聚氨酯发泡剂或尿醛树脂发泡剂所取代，这些材料可最大限度地减少树木发生劈裂的可能。此外，树洞的正确填充与装饰可以大大改善树木的外观，增加树木的观赏价值。

2. 确定树洞是否需要填充的因素

树洞的填充需要大量的人力和物力，在决定填充树洞之前，必须仔细考虑以下几点。

①树洞的大小树洞越大，清除木腐菌的工作越困难；开裂的伤口越大，越难保持填料的持久性和稳定性。

②树木的年龄通常老龄树木愈伤组织形成的速度慢，因此大面积暴露的木质部遭受再次感染的危险性更大。同时，老龄树木也很容易遭受其他

不利因素的严重影响，填充的必要性较大。

③树木的生命力其生命力越强，对填充的反应越敏感。那些因雷击、污染、土壤条件恶化或因其他情况生长衰弱的树木，应首先通过修剪、施肥或其他措施改善树体代谢状况，恢复其生活力，才能进行填充。

④树木的价值与抗性树种不同，其寿命及其对烈性病虫害的抵抗能力不同。因此，树洞填充的必要性也不一样。像臭椿等一类寿命短的树种，完全没有必要进行树洞的填充；在一般情况下，刺槐、花楸及大多数落叶木兰类树种的树洞，都不应该填充；已被某些落叶病真菌侵染的树木也没有填充的必要。

此外，在树洞很浅、暴露的木质部仍然完好，愈伤组织几乎封闭洞口，进行填充需要重新将洞口打开和扩大；树洞所处位置容易遭受树体或枝条频繁摇动的影响而导致填料断裂或挤出；树洞狭长、不易积水以及树体歪斜，填充后不能形成良好愈合组织等情况下，都应使树洞保持开放状态。对于开放的树洞，虽然不进行填充，但仍应进行定期的检查。如果愈合状况不理想，应该进行适当的回切、整形、消毒与涂保护剂，促进愈合组织的形成与发展。

3. 树洞覆盖与填充的方法

（1）洞口覆盖的方法。

用金属或新型材料板覆盖洞口是一种值得推广的方法。特别是有些很老的树木，由于木质部的严重腐朽，结构十分脆弱，树洞不能进行广泛的凿铣和螺栓加固，也不能承受过多的固体填充物的重量等，更应提倡洞口的人工覆盖；还有些树洞，虽然不需要填充，但树洞开口很不美观或在某些方面很不理想而希望封闭洞口，也可采用洞口覆盖或外壳修补的方法。

洞口覆盖有时也可称为"假填充"。这类树洞按前述方法进行清理、整形和洞壁消毒与涂保护剂以后，在洞口周围切除 1.5 cm 左右宽的树皮带，露出木质部的外缘。木质部的切削深度应使覆盖物外表面低于或平于形成层。切削区涂抹紫胶漆以后，在洞口盖上一张大纸，裁成与树皮切缘相吻合的图形。按纸的大小和形状，切割一块镀锌铁皮或铜皮，背面涂上沥青或焦油后钉在露出的木质部上。最后在覆盖物的表面涂保护剂防水，还可进行适当的装饰。

现在也有用一些新型的材料作为封口材料，玻璃钢是玻璃纤维和酚醛树脂的复合材料，具有质轻、高强、防腐、保温等优点，封口后不开裂，使用年限久远，是目前树洞修补的最佳封口材料之一。这种方法虽然对树洞也进行仔细清理，但是洞壁的许多地方仍然会继续腐朽，然而它却花钱不多，能防止有害生物入内，并可抑制腐朽，确实是一种快速简捷的覆盖树洞的有效方法。应该注意的是：洞口覆盖物绝对不能钉在洞口周围的树皮上，否则会妨碍愈合组织的形成，不但愈合组织不易覆盖洞口，而且会妨碍愈合体的生长。

（2）树洞填充的方法。

对于大而深或容易进水、积水的树洞以及分叉位置或地面线附近的树洞，可以进行填充。

①填充前的树洞处理前面所述的树洞清理、整形、消毒和涂保护剂的工作，也是树洞填充的初步程序，在此不再重复，但要注意以下两个问题。

首先，在凿铣洞壁、清除腐朽木质部时，不能破坏障壁保护系统，也不能使洞壁太薄，否则会引起新的腐朽和边材干枯，导致进一步降低树木的生活力，同时还会降低洞壁的机械强度，不能承受填充物的压力。

其次，为了使填充物更好地固定填料，可在内壁纵向均匀地钉上用木馏油或沥青涂抹过的木条。如果用水泥填充树洞，必须有排液和排水的措施，否则这些液体会在填料与洞壁界面聚积。排水系统的设置是在洞壁凿铣许多叶脉状或肋状侧沟和中央槽，使倾斜的侧沟与垂直向下的中央槽相通，将可能出现的积液导入洞底的主排水沟，从安装的排水管内流出洞外。洞壁经过凿铣加工并进行全面消毒、涂保护剂以后，衬上油毛毡（3层），用平头钉固定。油毛毡的作用是防止排水沟堵塞，以便顺利地排除渗到界面的液体。如果为了使洞壁与填料更好地结合在一起，可将平头钉打入一半，另一半与填料浇注在一起。在整个操作中要严格防止擦伤健康的皮层，切忌锤子、凿子和刀子对形成层造成损害。

②填料及其填充方法、优质填料应具备以下3点：一是pH值最好为中性并且不易分解，温度激烈变化期不碎，夏季高温不熔化的持久性；二是材料的收缩性与木材的大致相同，可充满树洞的空隙；三是与木质部的亲和力要强。因此，填充材料可以用水泥砂浆、沥青混合物、木炭或同类树

种的木屑，玻璃纤维、聚氨酯发泡剂或尿醛树脂发泡剂以及铁丝网和无纺布，封口材料为玻璃钢（玻璃纤维和酚醛树脂），仿真材料为地板黄、色料。

水泥砂浆由 2 份净沙或 3 份石砾与 1 份水泥，加入足量的水搅拌而成，是使用最方便、价格最便宜的常见填料。一般用泥刀把砂浆放入洞内充分捣实。大量填充应分层或分批灌注。每次灌入砂浆的宽度和厚度不得超过15 cm，以防因其膨胀与收缩及树木的摇摆、弯曲、扭转而使填料发生碎裂。处理方法是利用 3 层油毛毡叠合，将各层隔开。如果树洞太宽，还应每隔5 cm 铺一垂直层。水泥填料坚硬，易碎不耐久，但适合于小树洞、干基或大根的空洞。因为这些位置一般不会因为树体摇摆而发生弯曲和扭转。

沥青混合物、科学配制的沥青混合物比水泥砂浆的填充效果好，但配制烦琐，灌注困难。常用的沥青混合物是将 1 份沥青加热熔化，加入 3 ~ 4份干燥的硬材锯末、细刨花或木屑，边加料边搅拌，使添加物与沥青充分搅匀，成为面糊颗粒状混合物，灌注时应充分捣实。当树洞很大或混合物太软时，容易从洞口流出，可用粗麻布、草席或薄木板等挡住，待填料冷却变硬后拆除覆盖物，用热熨斗将表面熨烫抹平，并在暴露的表面涂上木馏油、沥青或油漆。沥青混合物的主要缺点是在炎热夏天的阳光照射下，洞口附近的沥青易变软、溢出，但比水泥砂浆柔韧、轻软和防腐。

聚氨酯塑料是一种最新的填充材料，我国已开始应用。这种材料坚韧、结实、稍有弹性，易与心材或边材黏合；重量轻、操作简便、易灌注，并可与许多杀菌剂共存；膨化与固化迅速，便于愈伤组织的形成等优点。填充时，先将经清理整形和涂消毒保护剂的树洞出口周围切除 0.2 ~ 0.3 cm的树皮带，露出木质部后注入填料，使外表面与露出的木质部相平。

弹性环氧胶（浆）该材料色泽光亮，其黏结力达 2.27 MPa。该材料是中国科学院广州化学研究所研制成功的，其方法是用弹性环氧胶（浆）加50% 的水泥、50% 的细沙补树洞，3 年后检查无裂缝，能和伤口愈伤组织紧密汇合生长。而水泥灰沙 1 ~ 2 年后自然脱落，与愈伤组织不能紧密结合，黏结力不到 0.05 MPa。

其他填料包括木块、木砖、软木、橡皮砖等。这些材料大都具有超过水泥和沥青填料的优点。

③树洞填充的质量洞内的填料一定要捣实、砌严，不留空隙。洞口填

料的外表面一定不要高于形成层。这样有利于愈伤组织的形成，当年就能覆盖填料边缘。在实际工作中常见的问题是使填料与树皮表面完全相平，不但会减少愈伤组织的形成，妨碍愈合体的生长，而且会挤压或拉出填料，甚至导致洞口覆盖物的脱落。

另外，在具体处理不同特点的树洞时还得按照各自特点，做针对性的处理方案，大致可以分为：朝天洞的修补面必须低于周边树皮，中间略高，注意修补面不能积水；通干洞一般只做防腐处理，尽可能做彻底，树洞内有不定根时，应切实保护好不定根，并及时设置排水管；侧洞一般只做防腐处理，对有腐烂的侧洞要清腐处理；夹缝洞通常会出现引流不畅，必须得修补；落地洞的修补要根据实际情况，落地洞分为对穿与非对穿两种形式，通常非对穿形式的落地洞要补，对穿的一般不修补，只做防腐处理；对于落地洞的修补以不伤根系为原则。

树洞填充以后，每年都要进行定期检查，发现问题及时处理。

第四节　古树名木养护与管理

古树名木是指在人类的发展历史中保存下来的、历史悠久的树木，它们具有珍贵的历史价值、文化价值、艺术价值，或者是濒危的珍稀树种。对古树名木进行养护管理具有重要意义。

一、古树名木的概念

古树：根据我们的日常习惯和相关规定，一般只要树木生长的时间超过 100 年，我们就可以称其为古树。

名木:稀有、珍贵、奇特的树木，有些具有重要的历史价值和文化价值，有些则具有独一无二的研究价值与保护价值。

古树名木一般包含以下几个含义：已列入国家重点保护野生植物名录的珍稀植物；天然资源稀少且具有经济价值；具有很高的经济价值、历史价值或文化科学艺术价值;关键种，在天然生态系统中具有主要作用的种类。

二、古树名木保护的意义

我国现存的古树、名木种类之多，树龄之长，数量之大，分布之广，声名之显赫，影响之深远，均为世界罕见。对古树、名木这类有生命的国宝，应大力保护，深入研究，发扬优势，使之成为中华民族观赏园艺的一大特色。

我国现存的古树，已有千年历史的不在少数。它们历尽沧桑，饱经风霜，经历过历代战争的洗礼和世事变迁的漫长岁月，依然老态龙钟，生机盎然，为祖国古老灿烂的文化和壮丽山河增添了不少光彩。保护和研究古树，不仅因为它是一种独特的自然和历史景观，而且还因为它是人类社会历史发展的见证者。其对研究古植物、古地理、古水文和古历史文化等都有重要的科学价值。

（一）古树名木是历史的见证

我国的古树名木不仅在横向上分布广阔，而且在纵向上跨越数朝历代，具有较高的树龄。如我国传说中的周柏、秦松、汉槐、隋梅、唐杏（银杏），唐樟等，均可作为历史的见证。山东莒县浮莱山的"银杏王"已有 3 000 年以上高龄；山西太原晋祠的"周柏"也已经有 3 000 余年的历史；陕西省温国寺和北京戒台寺的两株古白皮松（九龙松），均已 1 300 多年，堪称中国和世界白皮松树龄之最。

（二）古树对研究树木生理具有特殊意义

树木的生长周期很长，我们无法用跟踪的方法对其生长、发育、衰老、死亡的规律加以研究，古树的存在把树木生长、发育以时间的顺序展现为空间上的排列，使我们能以处于不同年龄阶段的树木为研究对象，从中发现该树种从生到死的总规律。

（三）古树名木为文化艺术增添光彩

不少古树名木曾使历代文人、学士为之倾倒，吟咏抒怀，它在文化史上有其独特的作用。例如嵩阳书院的"将军柏"，就有明、清文人赋诗三十余首之多。苏州拙政园文徵明手植的明紫藤，其胸径 22 cm，枝蔓盘曲蜿蜒逾 5 m，旁立光绪三十年江苏巡抚端方题写的"文徵明先生手植紫藤"青石碑，此名园、名木、名碑被誉为"苏州三绝"，具有极高的人文旅游价值。此外为古树而作的诗画，为数极多，都是我国文化艺术宝库中的珍品。

（四）古树名木是名胜古迹的最佳景点

古树名木和山水、建筑一样具有景观价值，是重要的风景旅游资源。它苍劲挺拔、风姿多彩，镶嵌在名山峻岭和古刹胜迹之中与山川、古建筑、园林融为一体，或独成一景成为景观主体，或伴一山石、建筑，成为该景的重要组成部分，吸引着众多游客前往游览观赏，流连忘返。如黄山以"迎客松"为首的十大名松，泰山的"卧龙松"等均是自然风景中的珍品。而北京天坛公园的"九龙柏"，北海公园团城上的"遮阴侯"，泰山的"卧龙松"，苏州光福的"清、奇、古、怪"四株古圆柏更是人文景观中的瑰宝，吸引着人们去游览观赏。

（五）古树对树种规划有较大的参考价值

古树多属乡土树种，保存至今的古树，是久经沧桑的活文物，可就地证明其对当地气候和土壤条件有很高的适应性，因此古树是树种规划的最好依据。所以，调查本地栽培及郊区野生树种，尤其是古树、名木可作为制定城镇园林绿化树种规划的可靠参考，从而在规划树种时做出科学、合理的选择，而不致因盲目引种造成无法弥补的损失。

（六）古树名木具有较高的经济价值

古树名木饱经沧桑，是历史的见证，是活的文物，它既有生物学价值，也具有较高的历史文化价值，同时也为当地带来间接或直接的经济价值。主要体现在以古树名木为旅游资源的开发，为发展旅游提供了难得的条件。而对于一些古老的经济树木来说，它们依然具有生产潜力。

三、古树衰老的原因

任何树木都要经过生长、发育、衰老、死亡等过程。在了解古树衰老的原因后，可以通过人为措施使衰老以至死亡的阶段延迟到来，延长树木的生命，使树木最大限度地为人类造福。

树木一生一般都要经过种子萌芽—幼年—性成熟开花—衰老—死亡的

生命周期过程。古树就是处在衰老—死亡的生命阶段。树木由衰老到死亡不是简单的时间推移过程，而是复杂的生理、生态、生命与环境相互影响的一个变化过程，受树种遗传因素及环境因素的共同制约，古树衰老的原因归纳起来为：一是树木自身内部因素；二是环境条件的影响和人为因素的综合结果。

（一）树木自身因素

树木在其一生中都要经过由种子萌发经幼苗、幼树逐渐发芽到开花结果，最后衰老死亡的整个生命过程。树木自幼年阶段一般需经数年生长发育才能开花结实，进入成熟阶段，之后其生理功能逐步减弱，逐渐进入老化过程，这是树木生长发育的自然规律。但是，由于树种自身遗传因素的影响，树种不同，其寿命长短、由幼年阶段进入衰老阶段所需时间、树木对外界不利环境条件影响的抗性以及对外界环境因素所引起的伤害的修复能力等都有所不同。

（二）人为因素

1. 土壤条件

土壤密实度过高。古树名木大多生长在城市公园、宫、苑、寺庙或是宅院内、农田旁等，一般土壤深厚、土质疏松、排水良好、小气候适宜，比较适宜古树名木的生长。但是，随着经济的发展，人民生活水平的提高，旅游已成为人们生活中不可缺少的一部分。特别是有些古树姿态奇特，或是具有神奇的传说，常会吸引到大量的游客，使得地面受到频繁的践踏，密实度增高，土壤板结，土壤团粒结构遭到破坏，通透气性能及自然透水性降低，树木根系呼吸困难，须根减少且无法伸展，水分遇板结土壤层渗透能力降低，大部分随地表流失，树木得不到充足的水分和养分，致使树木生长受阻。

树干周围铺装地面过大。在公园、名胜古迹点，由于游人增多，为了方便观赏，在树木周围用水泥砖或其他硬质材料铺装，仅留下比树干粗度略大的树池。铺装地面平整、夯实，加大了地面抗压强度，人为地造成了土层透气通水性能下降，树木根系呼吸受阻，无法伸展，产生根不深、叶不茂的现象。同时，由于树池较小，不便于对古树进行施肥、浇水，使古树根系处于透气、营养与水分均极差的环境中。

根部营养不足。许多古树栽植在殿基之上，虽然植树时在树坑中换了好土，但树木长大后，根系很难向四周（或向下）的坚土中生长。此外，古树长期固定生长在某一地点，持续不断地吸收消耗土壤中的各种营养元素，导致土壤中营养元素缺乏，并且由于根系活动范围受到限制，加速了古树的衰老。

2. 环境污染

土壤理化性质恶化。随着旅游业的发展，近些年来，有不少人在公园古树林中搭帐篷开各种展销会、演出会或是开辟场地供周围居民（游客）进行锻炼。这不仅使该地土壤密实度增高，同时由于这些人在古树林中乱倒各种污水，以及有些地方还增设临时厕所，造成土壤含盐量增加，土壤理化性质被严重破坏，对古树的生长极为有害。

空气污染。随着城市化进程的不断推进，各种有害气体如二氧化硫、氟化氢、氯化物、二氧化氮、烟尘等造成了大气污染，有生命的古树不同程度地承受着有害气体、烟尘等的侵害与污染，过早地表现出衰老症状。

3. 人为的损害

对于古树人为直接的损害，主要有：在树下摆摊设点、乱堆东西（如建筑材料中的水泥、石灰、沙子等），特别是石灰，堆放不久树体就会受害死亡。有的还在树上乱画、乱刻、乱钉钉子。在地下埋设各种管线，煤气管道的渗漏，暖气管道的放热等，均对古树的正常生长产生了较严重的影响。

（三）病虫危害

古树由于年代久远，在其漫长的生长过程中，难免会遭受一些人为和自然的破坏，从而形成各种伤残，如主干中空、破皮、树洞、主枝死亡等现象，还会导致树冠失衡、树体倾斜、树势衰弱而诱发病虫害。但从对众多现存古树生长现状的调查情况来看，古树的病虫害相对普通树木来说要少，而且致命的病虫更少。不过，多数古树已经过了其生长发育的旺盛时期，步入了衰老至死亡的生命阶段，加之日常对其养护管理不善，人为和自然因素对古树造成损伤时有发生，古树树势衰弱已属必然，这些都为病虫的侵入提供了条件。对已遭到病虫危害的古树，如得不到及时和有效的防治，其树势衰弱的速度将会进一步加快，衰弱的程度也会因此而进一步增强。

（四）自然灾害

古树的衰老除受树木自身因素和人为因素的影响外，还常遭受自然因素的影响，如大风、雷电、干旱、地震等，这些自然因素对古树的影响往往具有一定的偶然性和突发性，其危害的程度有时是巨大的，甚至是毁灭性的。

1. 大风

七级以上的大风，主要是台风、龙卷风和另外一些短时风暴，春夏之交至初秋尤甚。它们吹折枝干或撕裂大枝，严重者可将树木拦腰折断。而不少古树因蛀干害虫的危害，枝干中空、腐朽或有树洞，更容易受到风折的危害，枝干被折断直接造成叶面积减少，枝断者还易引发病虫害，使本来生长势弱的树木更加衰弱，严重时直接导致古树死亡。

2. 雷电

目前古树多数未设避雷针，其古木高耸且电荷量大，易遭雷电袭击。有的古树遭雷电袭击后，干皮开裂，树头枯焦，树势明显衰弱。

3. 干旱

持久的干旱会使得古树发芽迟，枝叶生长量少，枝的节间变短，叶子卷曲，严重者可使古树落叶，小枝枯死，树势因此而衰退，并易遭病虫侵袭。

4. 地震

古树多朽木、空洞、开裂，遭强震袭击后往往造成树木倾倒或干皮进一步开裂。

5. 雪压、雨凇（冰挂）、冰雹

树冠雪压是造成古树名木折枝毁冠的主要自然灾害之一，特别是在发生大雪时，若不及时进行清除，常会导致毁树事件的发生。如黄山风景管理处，每年在大雪时节都要安排及时清雪，以免大雪压毁树木。雨凇（冰挂）、冰雹是空气中的水蒸气遇冷凝结成冰的自然现象，一般发生在 4 ~ 7 月，这种灾害虽然发生概率较低，但灾害发生时大量的冰凌、冰雹压断或砸断小枝、大枝，对树体也会造成不同程度的损伤，会削弱树势。

四、古树名木的养护管理方法

（一）对古树名木调查、登记、分级、存档

1. 调查、登记

由专人进行调查，调查内容主要包括树种、树龄、树高、冠幅、胸径、生长势、病虫害、生境以及对观赏与研究的作用、养护措施等。同时，还应收集有关古树的历史及其他资料，如有关古树的诗、画、图片及神话传说等。

2. 分级、存档

我国通常将古树按树龄分为四级。一级古树是指树龄 1 000 年以上的古树，或具很高的科学、历史、文物价值，姿态奇特可观的名木；二级古树是指树龄 600 ～ 1 000 年的古树，或具重要价值的名木；三级古树是指树龄 300 ～ 599 年的古树，或具一定价值的名木；四级古树是指树龄 100 ～ 299 年的古树，或具保存价值的名木。

对于各级古树名木，均应设永久性标牌，编号在册，并采取加栏、加强保护管理等措施。一级古树名木要列入专门的档案，组织专人加强养护，定期上报。对于生长一般、观赏及研究价值不大的，可视具体条件实施一般的养护管理措施。

（二）古树名木的一般性养护管理技术

1. 支撑、加固

古树由于年代久远，主干或有中空，主枝常有死亡，这会造成树冠失去均衡，树体容易倾斜。又因树体衰老，枝条容易下垂，因而需用他物支撑。如北京故宫御花园的龙爪槐、皇极门内的古松均用钢管呈棚架式支撑，钢管下端用混凝土基加固，干裂的树干用扁钢箍起，收效良好。

2. 树干伤口治疗

对于枝干上因病、虫、冻、日灼或修剪等造成的伤口用合理的方法进行疗伤。

3. 树洞修补

（1）古树树洞的类型。

树洞多是由于古树的木质部或韧皮部受到人为创伤后未及时进行防腐

处理，再受到雨水的侵蚀，引起真菌类危害，久而久之就形成的。如不及时处理，树洞会越变越大，将会导致古树名木倾倒、死亡。根据树洞的着生位置及程度，可将树洞分为以下五类。

朝天洞：洞口朝上或洞口与主干的夹角大于120°。修补面必须低于周边树皮，中间略高，注意修补面不能积水。

通干洞或对穿洞：有两个以上洞口，洞内木质部腐烂相通，只剩韧皮部及少量木质部。只作防腐处理，尽可能处理得彻底，树洞内有不定根时，应切实保护好不定根，并及时设置排水管。

侧洞：洞口面与地面基本垂直，多见于主干上。只作防腐处理，对有腐烂的侧洞要进行清腐处理。

夹缝洞：树洞的位置处于主干或分枝的分权点，通常会出现引流不畅，必须修补。

落地洞：树洞靠近地面近根部，落地洞的修补要根据实际情况，落地洞分为对穿与非对穿两种形式，通常非对穿形式的落地洞要补，对穿的一般不修补，只作防腐处理。对于落地洞的修补以不伤根系为原则。

总之，在对树洞处理前，要分析树洞产生的原因（是病虫害造成的还是外力碰伤所致），及时处理，以防危害扩大，导致树势衰弱。

（2）树洞的处理技术。

树洞内的清腐：用铁刷、铲刀、刮刀、凿子等刮除洞内朽木，要尽可能地将树洞内的所有腐烂物和已变色的木质部全部清除至硬木即可，注意不要伤及健康的木质部。

灭虫、消毒处理：杀灭树洞内的害虫要用广谱、内吸性的药剂如毒枪，可采用200倍稀释液进行涂刷或以800~1 000倍液喷施，待药液晾干后，再用树洞专用杀菌剂处理，对树洞内的真菌、细菌等病菌进行杀灭。过一天后，用愈伤涂膜剂对伤口全面涂抹，防止病虫的侵入，并促进愈伤组织的再生。

填充补洞：树洞填充的关键是填充材料的选择。所选的填充材料除绿色环保外，还要具备pH值最好为中性、材料的收缩性与木材的大致相同、与木质部的亲和力要强等特点。所以，填充材料要用木炭或同类树种的木屑、玻璃纤维、聚氨酯发泡剂或尿醛树脂发泡剂以及铁丝网和无纺布，封口材料为玻璃钢（玻璃纤维和酚醛树脂），仿真材料为地板黄、色料。

刮削洞口树皮：待树洞填完后，用刮刀将树洞周围一圈的老皮和腐烂的皮刮掉，至显出新生组织为止。然后，将愈伤涂膜剂直接涂抹于伤口上，促进新皮的产生。

树洞外表修饰及仿真处理：为了提高古树的观赏价值，按照随坡就势、因树造形的原则，可采用粘树皮或局部造型等方法，对修补完的树洞进行修饰处理，恢复原有风貌。

在修饰外表时要根据不同树洞的形状，注意防洞口边缘积水，有利于新生皮的包裹。然而，在具体处理不同形状的树洞时还得按照各自特点，做针对性的处理方案。

（3）树洞的修补。

开放法：树洞不深或树洞过大都可以采用此法，如伤孔不深无填充的必要时可按前述的伤口治疗方法处理。如果树洞很大，给人以奇树之感，欲留作观赏时可采用此法。方法是将洞内腐烂木质部彻底清除，刮去洞口边缘的死组织，直至露出新的组织为止，用药剂消毒，并涂防护剂，同时改变洞形，以利排水。也可在树洞最下端插入排水管。以后需经常检查防水层和排水情况，以免堵塞。防护剂每隔半年左右重涂一次。

封闭法：较窄树洞时，在洞口表面贴以金属薄片，待其愈合后嵌入树体。也可将树洞经处理消毒后，在洞口表面钉上板条，以油灰和麻刀灰封闭（油灰是用生石灰和熟桐油以 1：0.35 混合而成的，也可以直接使用安装玻璃用的油灰，俗称"腻子"），再涂以白灰乳胶，颜料粉面，以增加美观，还可以在上面压树皮状纹或钉上一层真树皮。

填充法：填充物最好是水泥和小石砾的混合物，也可就地取材。填充材料必须压实，为加强填料与木质部连接，洞内可钉若干电镀铁钉，并在洞口内两侧挖一道深约 4 cm 的凹槽。填充物从底部开始，每 20～50 cm 为一层用油毡隔开，每层表面都向外略倾斜，以利排水，填充物边缘应不超过木质部，使形成层能在其上面形成愈伤组织。外层用石灰、颜色粉涂抹，为了增加美观，并富有真实感，最后可在最外面钉一层真树皮。

（4）设避雷针。

据调查，千年古银杏大部分曾遭过雷击，受伤的树木生长受到严重影响，树势衰退，如不及时采取补救措施树木可能很快就会死亡。所以，高大的古树如果遭受雷击后应立即将伤口刮平，涂上保护剂并堵好树洞。雷电不但可能会致人死亡，而且也会对树木造成致命伤害。因此，对于易遭受雷击的古树名木应安装上避雷装置，尤其是生长在空旷地的高大古树、周围无建筑物遮挡的古树，必须安装避雷装置。

（5）灌水、松土、施肥。

春、夏干旱季节灌水防旱，秋、冬季浇水防冻，灌水后应松土，一方面保墒，另一方面也可以增加土壤的通透性。古树施肥要慎重，一般在树冠投影部分开沟（深 0.3 m、宽 0.7 m、长 2 m 或深 0.7 m、宽 1 m、长 2 m），沟内施有机肥，或适量施化肥等增加土壤的肥力，但要严格控制肥料的用量，绝不能造成古树生长过旺。特别是原来树势衰弱的树木，如果在短时间内生长过盛会加重根系的负担，造成树冠与树干及根系的平衡失调，结果适得其反。

（6）树体喷水。

鉴于城市空气浮尘污染，古树的树体特别是在枝叶部位截留灰尘极多，不仅影响观赏效果，更会减少叶片对光照的吸收而影响光合作用。可采用喷水的方法加以清洗。此项措施因费工费水，一般只在重点区域采用。

（7）整形修剪。

古树名木的整形修剪必须慎重。一般情况下，以基本保持原有树形为原则，尽量减少修剪量，避免增加伤口数。对病虫枝、枯弱枝、交叉重叠枝进行修剪时，应注意修剪手法，以疏剪为主，以利通风透光，减少病虫害滋生。必须进行更新、复壮修剪时，可适当短截，促发新枝。

（8）防治病虫害。

古树衰老，容易招虫致病，加速死亡。应更加注意对病虫害的防治，如黄山迎客松有专人看护来监视红蜘蛛的发生情况，一旦发现即作处理。北京天坛公园针对天牛是古柏的主要害虫，从天牛的生活史着手，抓住每年 3 月中旬左右天牛要从树内到树皮上产卵的时机，往古柏上打二二三乳剂，称之为"封树"。5 月份易发生蚜虫、红蜘蛛，要及时喷药加以控制。7月份注意树上的害虫危害。

（9）设围栏、堆土、筑台。

在人为活动频繁的立地环境中的古树，要设围栏进行保护。围栏一般要距树干 3 ～ 4 m，或在树冠的投影范围之外，处于人流密度大的树木，以及树木根系延伸较长者，对围栏外的地面也要作透气性的铺装处理。在古树干基堆土或筑台可起保护作用，也有防涝效果，砌台比堆土效果好，应在台边留孔排水，切忌围栏造成根部积水。

（10）立标志牌、设宣传栏。

安装标志牌，标明树种、树龄、等级和编号，明确养护管理负责单位，设立宣传栏，介绍古树名木的重大意义与现状，可起到宣传教育和保护古树名木的作用。

（三）古树名木复壮养护管理措施

古树名木的共同特点是树龄较高、树势衰老，自体生理机能下降，根系吸收水分、养分的能力和新根再生的能力下降，树木枝叶的生长速率也较缓慢，如遇不适的外部环境或剧烈变化，极易导致树体生长衰弱或死亡。所谓更新复壮是指运用科学合理的养护管理技术，使原本衰弱的树体重新恢复正常生长，延缓其生命的衰老进程。古树名木更新复壮技术的运用是有前提的，它只对那些虽说年老体衰，但仍在其生命极限之内的树体有效。采取的复壮措施主要如下。

1. 理条促根

在古树根系范围内，填埋适量的树枝、熟土等有机材料，以改善土壤的通气性以及肥力条件，主要有放射沟埋条法和长沟埋条法。前者的具体做法是在树冠投影外侧挖放射状沟 4 ～ 12 条，每条沟长 120 cm 左右，宽为 40 ～ 70 cm，深 80 cm。沟内先垫放 10 cm 厚的松土，再把截成长 40 cm 枝段的苹果、海棠、紫穗槐等树枝缚成捆，平铺一层，每捆直径 20 cm 左右，上撒少量松土，每沟施麻酱渣 1 kg，尿素 50 g，为了补充磷肥可放少量动物骨头和贝壳等，覆土 10 cm 后放第二层树枝捆，最后覆土踏平。

如果树体间相距较远，可采用长沟理条，沟宽 70 ～ 80 cm、深 80 cm、长 200 cm 左右，然后分层埋树条施肥，覆盖踏平。

2. 地面处理

地面处理一般采用根基土壤铺梯形砖、带孔石板或种植地被的方法，目的是改变土壤表面受人为践踏的情况，使土壤能与外界保持正常的水汽交换。在铺梯形砖时，下层用沙衬垫，砖与砖之间不勾缝，留足透气通道。许多风景区采用带孔或有空花条纹的水泥砖或铺铁筛盖，如黄山玉屏楼景点，用此法处理"陪客松"的土壤表面，效果很好。采用栽植地被植物措施，对其下层土壤可作与上述埋条法相同的处理，并设围栏禁止游人践踏。

3. 换土

当古树名木的生长位置受到地形、生长空间等立地条件的限制，而无法实施上述的复壮措施时，可考虑更新土壤的办法。如北京市故宫园林科，从 2012 年起开始用换土的方法抢救古树，使老树复壮。典型的范例有：皇极门内宁寿门外的 1 株古松，当时幼芽萎缩，叶片枯黄，好似被火烧焦一般，职工们在树冠投影范围内，对主根部位的土壤进行换土，挖土深 0.5 m（随时将暴露出来的根用浸湿的草袋盖上），以原来的旧土与沙土、腐叶土、锯末、粪肥、少量化肥混合均匀之后填埋其中，换土半年之后，这株古松重新长出新梢，地下部分长出 2 ~ 3 cm 的须根，复壮成功。

4. 挖复壮沟

复壮沟深一般 80 ~ 100 cm，宽 80 ~ 100 cm，长度和形状因地形而定。可以是直沟，也可以是半圆形或"U"字形。沟内放有复壮基质、各种树枝及增补的营养元素等。

复壮基质采用松、栎的自然落叶，由 60% 腐熟加 40% 半腐熟的落叶混合，再加少量氮、磷、铁、锰等元素配制而成。这种基质含有丰富的多种矿质元素，pH 值在 7.1 ~ 7.8，富含胡敏素、胡敏酸和黄腐酸，可以促进古树根系生长。同时有机物逐年分解与土粒胶合成团粒结构，从而改善了土壤的物理性状，促进微生物活动，将土壤中固定的多种元素逐年释放出来。施后 3 ~ 5 年内土壤有效孔隙度可保持在 12% ~ 15%。

埋入各种树木枝条使树与土壤形成大空隙。增施肥料，改善营养。以铁元素为主，施入少量氮、磷元素。硫酸亚铁使用剂量按长 1 m、宽 0.8 m复壮沟，施入 0.1 ~ 0.2 kg，为了提高肥效，一般掺施少量的麻酱渣或马掌而形成全肥，以更好地满足古树的需要。

复壮沟施工位置在古树树冠投影外侧，从地表往下纵向分层。表层为10 cm 素土，第二层为 20 cm 的复壮基质，第三层为树木枝条 10 cm，第四层又是 20 cm 的复壮基质,第五层是 10 cm 的树条,第六层为厚 20 cm 的粗沙和陶粒。

5. 病虫害防治

病虫害是造成古树衰弱甚至死亡的主要因素之一。北京市园林科学研究所在防治心松柏、古槐等主要病虫害时,主要采用了浇灌法、埋施法及打针法,收到了良好效果。

（1）浇灌法。

浇灌法利用内吸剂通过根系吸收、经过输导组织至全树而达到杀虫、杀螨等作用,解决古树病虫害防治经常遇到的分散、高大、立地条件复杂等情况而造成的喷药难,次数、杀伤天数、污染空气等问题。

方法:在树冠垂直投影边缘的根系分布区内挖 3 ~ 5 个深 20 cm、宽50 cm、长 60 cm 的弧形沟,然后将药剂浇入沟内,待药液渗完后封土。

（2）埋施法。

埋施法利用固体的内吸作用将杀虫、杀螨剂埋施根部,以达到杀虫、杀螨和长时间保持药效的目的。

方法:与浇灌法类似,将固体颗粒均匀撒在沟内,然后覆土浇足水。

（3）打针法。

对于周围环境复杂、障碍物较多,而且吸收根区很难寻找的古树,利用其他方法很难解决防治问题时,可以通过打针法解决。此方法是通过向树体内注射内吸杀虫、杀螨药剂,药剂经过树木的输导组织至树木全身,从而达到较长时间的杀虫、杀螨目的。

方法:用手摇钻（或电钻）在树干基部各个方向钻不同数量的孔,孔径 0.6 cm、深 0.6 cm,与树干呈 35°,然后注入药剂,注完后用湿泥封死孔口。

6. 化学药剂疏花疏果

当植物缺乏营养,或生长衰退时,会出现多花多果现象,这是植物在生长过程中的自我调节现象,但结果却能造成古树营养的进一步失调,后果严重。采用疏花疏果的方法可以降低古树的生殖生长,扩大营养生长,增加树势而达到复壮的目的。疏花疏果的关键是疏花,可以通过喷施化学试剂来达到目的,一般喷洒的时间以秋末、冬季或早春为好。

参考文献

[1]谢学军,张亚雷,王书可.生态林业建设与农业废弃物利用[M].北京:中国农业出版社,2023.

[2]罗启龙.秦汉时期林业文化探源[M].北京:知识产权出版社,2023.

[3]陈建敏.林业法学[M].北京:法律出版社,2023.

[4]王培君.林业生态文明建设概论[M].北京:中国林业出版社,2022.

[5]张爱生,吴艳.林业发展与植物保护研究[M].长春:吉林科学技术出版社,2022.

[6]张艳,赵廷宁.北京地区典型边坡生态防护效果与植物选配[M].北京:科学出版社,2022.

[7]周小杏,吴继军.现代林业生态建设与治理模式创新[M].哈尔滨:黑龙江教育出版社,2021.

[8]王贞红.高原林业生态工程学[M].成都:西南交通大学出版社,2021.

[9]秦涛,陈国荣,顾雪松.林业金融学[M].北京:中国林业出版社,2021.

[10]杨红强,聂影.中国林业国家碳库与预警机制[M].北京:科学出版社,2021.

[11]吴保国,苏晓慧.现代林业信息技术与应用[M].北京:科学出版社,2021.

[12]铁铮.林业科技知识读本[M].北京:中国林业出版社,2020.

[13]周艳涛,王越.林业有害生物监测预报[M].北京:中国林业出版社,2020.

[14] 温亚利. 城市林业 [M]. 北京：中国林业出版社，2020.

[15] 王瑶. 森林培育与林业生态建设 [M]. 长春：吉林科学技术出版社，2020.

[16] 刘润乾，王雨，史永功. 城乡规划与林业生态建设 [M]. 哈尔滨：黑龙江美术出版社，2020.

[17] 谢海涛，张智光. 林业绿色供应链全产业协作机理研究 [M]. 北京：经济管理出版社，2020.

[18] 徐培会，王瑶. 林业资源管理与设计 [M]. 长春：吉林科学技术出版社，2020.

[19] 陈翠俊，马燕，谷涛. 现代园林景观设计与林业发展 [M]. 西安：陕西旅游出版社，2020.